환경이 마음을 만들고
마음이 건강을 만드는

건축의학

KB077677

씨
아이
알

책머리사진 1 건축의학 이론을 바탕으로 지어진 아파트

책머리사진 2 왼쪽으로부터 마쓰나가(松永), 앤드류(Andrew), 데라야마(寺山)

캐나다 코르테스 섬의 와일 박사 저택

책머리사진 3   사무실

책머리사진 4   응접실

책머리사진 5   천장에 낸 창

책머리사진 6   2층 복도에서 보이는 경치

책머리사진 7 와일 박사 저택 전경

책머리사진 8 기(氣)를 밖으로 내보내는 형태

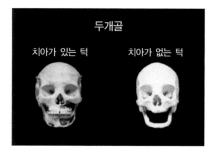

두개골

치아가 있는 턱   치아가 없는 턱

책머리사진 9

650g   280g

책머리사진 10

대뇌의 구분과 미세한 구분의 일례

전운동야 운동야 중심구
보족운동야   체성감각야 두정-후두연합야
전두전야
                          두정엽
                    각회   후두엽
          전두엽   청각야
브로카의 언어중추   측두엽   시각야

검은 선으로 둘러싸여
있는 부분이 각엽   베르니케의 언어중추

책머리사진 11

대상회
뇌궁
유두체
(0.7x)
편도
뇌의 중앙부분을 절단, 우뇌를 본다
해마

책머리사진 12

연막
돌질
돌기   회백질 4. 6m의 두께
신경
세포   백질의 부위를 나타낸다.

피질(灰白質)

편도   (0.7x)
해마

회백질로부터 돌기가 뻗어 해마, 편도, 대상회, 전두전야 등 많은
장소로 연락된다.

책머리사진 13

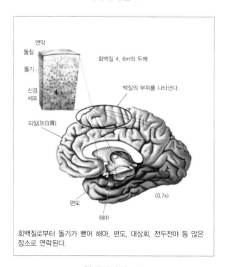

Normal Brain Developement

Age 5   Age 8

Age 12   Age 16

Gray
Matter
Volume

Age 20

Maturing brain, An NIME study of
13 individual over a decade reveals
a process – still under way in the
late teens – in which gray matter
is replaced throughout the cortex,
starting at the rear.

책머리사진 14

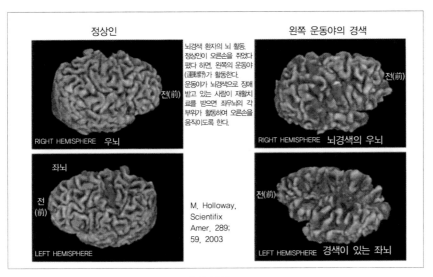

책머리사진 15

뉴스위크 2003년 11월 26월호에 의거

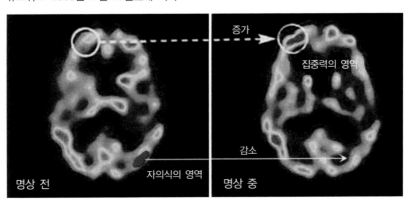

책머리사진 16 명상은 집중력의 영역을 활성화시키고, 자의식 영역의 활동을 감소시킨다.

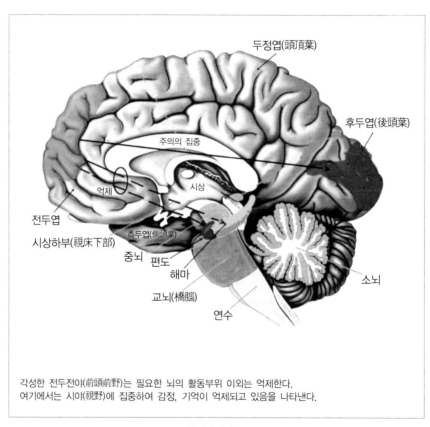

두정엽(頭頂葉)

후두엽(後頭葉)

주의의 집중

억제

시상

전두엽

시상하부(視床下部)

측두엽(側頭葉)

중뇌

편도

해마

소뇌

교뇌(橋腦)

연수

각성한 전두전야(前頭前野)는 필요한 뇌의 활동부위 이외는 억제한다.
여기에서는 시야(視野)에 집중하여 감정, 기억이 억제되고 있음을 나타낸다.

책머리사진 17

책머리사진 18 짙은 보라색(바이올렛)의 인테리어는 뇌종양을 치유한다.

책머리사진 19 갈색(茶色, 브라운)의 인테리어는 뇌경색을 치유한다.

책머리사진 20
갈색(브라운)의 쾌적한 서재는 뇌경색을 치유한다.

책머리사진 21
청록색 인테리어의 침실은 협심증, 심장비대(肥大)를 치유한다.

책머리사진 22
오렌지색 욕실은 간암, 간경변을 치유한다.

책머리사진 23
포도주색의 화장실은 자궁암, 전립선암을 치유한다.

책머리사진 24 황색 인테리어는 위암, 위병을 치유한다.

x

책머리사진 25
겨자색의 화장실은 대장암, 대장폴립을
치유한다.

책머리사진 26
오렌지색 인테리어는
신장병을 치유한다.

책머리사진 27   난소암을 치유하는 붉은색 인테리어

책머리사진 28
녹색 인테리어(양탄자)는 폐암, 폐병을 치유한다.

책머리사진 29 암이 재발하지 않도록 지어진 주거

책머리사진 30 암을 치유하는 색은 오렌지색

AMI에 의한 경로 측정

책머리사진 31

건축의학에 의해 정비된 장(場)(거실)
피험자는 이곳에서 1시간 머문 후 AMI로 측정을 받았다.

책머리사진 32

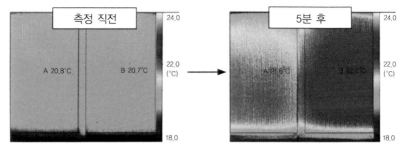

헬스코트(healthcoat) 컨트롤

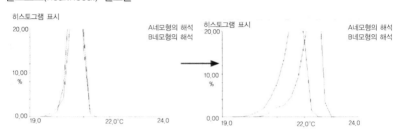

책머리사진 33 시료 가열 시의 온도 변화

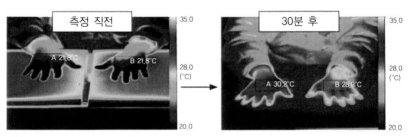

헬스코트(healthcoat) 컨트롤

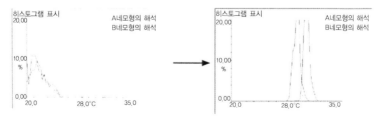

책머리사진 34 원적외선에 의한 손의 온도 변화

머리말

통합의료로서의 건축의학

일본의 의료분야에서는 지금까지 "병을 어떻게 치료하는가?"라고 하는 점이 중시되어 왔습니다. 그러나 근년에는 예방의학·미병의학未病医学의 중요성이 강조되고, "어떻게 사람들이 병에 걸리지 않게 하는가?"라는 문제점이 제기되고 있으며 국가적인 과제로 부상하고 있습니다.

이러한 상황에서 2007년 7월 18일 국토교통성도 '건강증진에 연계되는 주택' 인정제도 도입을 목표로 건축학이나 의학 등의 연구자, 주택 및 설비회사, 후생노동성 등 관계기관으로 구성되는 '건강유지증진주택연구위원회'를 발족하였습니다. 위원회에서는 쾌적하게 잠들기 쉬운 침실의 조명이나 디자인, 학습에 집중할 수 있는 아이들의 방, 건강에 가장 적합한 환기·냉난방 시스템 등을 연구과제로 하여 특정 보건용 식품(통칭 토쿠보特報)과 같은 프레임을 주택에 도입하여, '건강에 보다 더 도움이 되는 집'의 보급을 목표로 하고 있습니다 (일본경제신문 2007년 7월 17일자).

또한 지바 대학千葉大学에서는 본격적으로 sick house 문제를 다루는 프로젝트로 '유해화학물질 없는(케미칼레스chemicaless) 타운 구상'을 수립하였습니다. 실제로 유해화학물질을 적게 투입한 케미칼레스chemicaless 주거시설단지를 지바 대학 환경건강현장과학센터(지바 현 가시와시) 내에 설치하고, 2008년에는 주거환경이 'sick house 증후군에 미치는 영향에 대해 실증실험을 개시할 예정'이었습니다.

이러한 시대의 흐름에 부응하기 위하여 일본건축의학협회가 2006년 11월에 설립되었습니다. 당 협회에서는 건축학, 주거학, 의학, 심리학 및 환경공학 전문가들의 융합·공동 연구를 통하여 환경과 심신의 연계관계를 해명하고, 주거환경과 직장환경을 바꿈으로써 질병의 방지에 그치지 않고 적극적으로 뇌를 조절하여, 마음을 활성화시키는 자극을 주는 주거환경을 만들기 위한 기술체계로서 '건축의학'을 제창하고 있습니다.

　2006년 11월 18일 '대체요법으로서의 주거환경-건축의학의 가능성과 그 미래'라고 하는 제목으로 설립기념 강연회를 개최하였습니다. 주거환경과 건강의 관계에 대하여 관심이 깊은 많은 분들이 모인 가운데 당 협회의 이사 몇 분이 강연하였습니다.

　2007년 4월 14일에는 '건축의학 심포지엄 2007-환경이 마음을 만들고 마음이 건강을 만든다'를 개최하고 해당 협회 이사와 각계 관련 분야 전문가들이 최신 연구 성과를 발표하였습니다.

　이 책은 강연회의 강연내용을 편집·가필을 거쳐 모아 놓은 것입니다. 다양한 각도에서 환경이 심신에 어떠한 영향을 주는가, 마음과 신체가 어떻게 연계되고 있는가에 관하여 기술되어 있습니다.

　현대 서양의학과 대체의료의 융합이 강조되고 통합의학·통합의료의 흐름이 새로운 의학의 커다란 조류로서 주목되는 현재, 통합의료의 한 분야로서 '건축의학'이라고 하는 새로운 학문영역이 탄생하였다는 것은 실로 시의적절하다고 할 수 있을 것입니다.

　이 책을 통하여 독자 여러분 한 사람 한 사람이 "환경, 마음과 건강이 어떻게 깊고 밀접하게 그리고 유기적으로 서로 연계되고 있는가?"에 대하여 이해의 폭을 넓힐 수 있기를 바랍니다.

일본건축의학협회 이사장
마쓰나가 슈가쿠松永 修岳

차
례

01

통합의학과
건강한 환경

의학박사, 일본건축의학협회 명예고문 앤드류 와일(Andrew Weil)

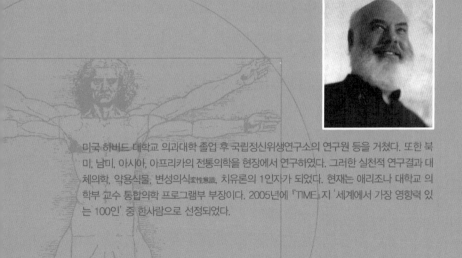

미국 하버드 대학교 의과대학 졸업 후 국립정신위생연구소의 연구원 등을 거쳤다. 또한 북미, 남미, 아시아, 아프리카의 전통의학을 현장에서 연구하였다. 그러한 실천적 연구결과 대체의학, 약용식물, 변성의식變性意識, 치유론의 1인자가 되었다. 현재는 애리조나 대학교 의학부 교수 통합의학 프로그램부 부장이다. 2005년에 『TIME』지 '세계에서 가장 영향력 있는 100인' 중 한사람으로 선정되었다.

01

통합의학과
건강한 환경

　　　　　　　　　　　저는 지금까지 늘 "개인의 건강과
건강한 환경은 상관관계가 있다."라고 가르쳐 왔습니다. 건강하지 않은 세상
에 있으면서 건강하게 지낸다는 것은 무척 어렵습니다. 이 세상에는 건강에 대
한 자연의 위해요인이 많이 존재하고 있습니다. 예를 들면 화산의 분화, 산불
사태, 태양 및 대지로부터 분출되는 방사선, 그리고 식물들로부터 방출되는
에너지 유발물질 등이 있습니다. 또한 인간의 활동, 특히 공업이나 화학약품
을 사용한 농업으로 인해 제반 환경에 지나치게 많은 독소들이 증대되어 왔습
니다.

　환경의학은 조사와 의학적 실천이란 측면에서 중요한 분야의 하나입니다.
그렇지만 이에 관한 조사·연구에는 한계가 있습니다. 아직 의료종사자들 교양
교육의 일부분에도 미치지 못하고 있습니다. 미국 애리조나 대학 건강과학센
터에서 우리들은 통합의학을 배우고 있는 의사들을 대상으로 얼마 전부터 환
경의학에 관하여 가르치기 시작하였습니다. 의사들은 환경이 건강이나 질병에
대하여 미치는 영향에 관하여 고찰하고 있다고 하더라도 그들의 관심사항은
여전히 암을 유발할지도 모르는 물질의 발견 같은 독성에 대해서만 한정되는

경향이 있습니다. 저의 관점으로는 '환경'이라는 용어는 그 활력적이고 미적인 성질을 포함하여 우리들의 모든 거주공간이라는 의미를 내포하고 있습니다.

예를 들면 우리들이 듣는 소리는 신경 시스템과 기분에 많은 영향을 줍니다. 소음공해는 화학물질에 의한 공해와 마찬가지로 건강에 대하여 나쁜 영향을 주며 대도시에서 점점 더 심각한 문제로 대두되고 있습니다. 빛의 문제도 수면에 크게 지장을 준다고 생각하고 있습니다. 환경에서 인위적으로 야기되는 가장 극적인 변화의 일례는 우리들이 밤에 등을 켜놓는다는 것입니다. 이는 캄캄한 밤중에 수면을 곤란하게 합니다. 야간의 불빛은 우리들의 생체리듬을 조절하는 화학물질이며 암에 대한 중요한 방어역할을 하고 있는 멜라토닌의 뇌 내 생성을 억제합니다(여성의 경우 밤에 빛에 노출되는 것은 유방암의 주요 발생 요인이 되는 것으로 드러나고 있습니다).

통합의학은 자연의 치유능력에 경의를 표시하고 있습니다. 저는 세계를 여행하면서 무척이나 풍요로운 자연환경으로부터 많은 혜택을 받고 있는 지역을 방문하였습니다. 그리고 그 아름다움, 힘 및 정신적 에너지에 감동하였습니다. 저는 그중 두 지역에 사는 곳을 선정하였습니다. 애리조나 주 투슨이라는 지역의 외곽에 있는 소노라 사막, 그리고 캐나다 브리티시컬럼비아 주의 코르테스 섬에 있는 태평양 북서부 다우림 지역입니다. 이들 지역은 그 성질상 반대되는 장소입니다. 전자는 바위, 흙과 태양, 그리고 극단적인 기후에 의하여 지배되어 왔습니다. 후자는 바다, 비와 구름 그리고 삼림이 있는 곳입니다. 그 어느 쪽도 모두 저를 섭생해주고 나의 섭생과 건강 유지에 도움이 될 수 있다고 믿고 있습니다.

오늘날 대부분의 사람들이 자주 자연으로부터 유리되어 도시에서 살고 있습니다. 그러나 우리들은 어디에서 생활하고 있더라도 자기의 건강을 지키고 강화할 수 있는 생활환경을 창조하는 기회를 갖고 있습니다. 애리조나에 있는 저의 집은 지은 지 거의 100년이 되었습니다. 애리조나에서는 비교적 오래된 편입니다. 제가 그 집을 매입하였을 때 구조학상으로는 정상이었습니다. 그러나 활력이 있고 경관적인 측면에서 그 집을 기분 좋게 하기 위해서는 상당한 노력을 기울일 필요가 있었습니다. 저는 풍수학 전문가와 상담하고, 우수한 디자이너와 함께 작업하면서 마침내 저의 입장에서 건강하게 느껴지고 또한 자연환경과 조화된 생활환경을 창출하였습니다. 저는 사막의 집을 녹색 식물로 가득 채움으로써 사막 가운데에 오아시스를 만들 수 있었습니다.

코르테스 섬에서는 바다가 보이는 원생림原生林 속에 저의 새집을 지을 기회를 갖게 되었습니다. 이 땅은 제가 일본에 있을 때 좋아했던 것과 매우 유사한 느낌이었습니다. 또한 나는 일본의 전통 건축과 스타일을 매우 좋아하고 있었기 때문에 일본건축을 테마로 이 집을 설계하고 싶었습니다. 나는 태평양 북서부의 부드러운 빛이 들어올 수 있도록 유리창을 충분히 사용하고 거기에 있는 수목 및 돌을 잘 사용하고 싶었습니다. 일본 친구들은 완성된 집을 보고 "일본의 유명한 이즈모 신사를 생각나게 한다."라고 말해주었습니다. 그러나 저의 의도는 '숲과 바다의 강력한 자연환경과 건축스타일의 조화'라는 이른바 일본의 신사에서 받은 느낌을 표현하였을 뿐입니다.

통합의학의 실천자로서 그리고 교사로서 저는 의료행위가 통상적으로 이루어지고 있는 곳이 건강에 좋지 않은 환경이라는 점을 매우 유감스럽게 생각하고 있습니다. 거의 모든 병원과 클리닉은 창과 자연과의 연계도 없이 음침하고 활기가 없습니다. 이들 건축물을 설계 측면에서 보면 이곳에서 시간을 보내는 사람들의 건강에 대한 건축구조 및 건축재료의 효과 또는 미적 감각에 대해서는 거의 고려되고 있지 않은 것입니다. 조금만 개선한다면, 예를 들면 수목 및 하늘의 경치가 보이는 창, 안정감을 주는 색 및 음악, 그리고 에너지가 흐르는 듯한 방을 디자인한다면 의사, 간호사와 스탭 및 방문자의 건강을 지키는 것을 넘어 환자의 회복속도를 촉진시킬 것입니다.

통합의학은 건강과 병을 판단할 때 라이프 스타일의 모든 요소들을 고려하게 됩니다. 그리고 건강문제에 대해 사회적 변화에 대응하여 적극적인 역할을 수행합니다. 예를 들면 애리조나 대학교 통합의학 프로그램에 대해 저와 저의 동료들은 유기농업과 환경오염이 적으면서도 지속가능한 에너지 시스템을 강력하게 지지하고 있습니다. 최근 '건축의학'이라고 하는 새로운 영역이 생겼습니다. 우리들은 이 분야에 대하여 배워야만 합니다. 그리고 통합의료가 제공되는 새로운 힐링 센터를 구상할 때에는 특히 건축의학과 힘을 합쳐야만 합니다.

우리들의 목표는 완전한 통합 안에 있는 것입니다.

2007년 6월 25일 번역 : 오카자키 데쓰로

Integrative Medicine and Healthy Environment

Andrew Weil, MD

I have always taught that individual health and healthy environment are interrelated. It is difficult to be healthy in an unhealthy world. There are many natural threats to health, such as air pollution from volcanic eruptions and forest fires, radiation from the sun and from the earth, and allergens from plants. Human activity has added many more toxins to the environment, especially from industry and chemical—based agriculture.

Environmental medicine is an important field for research and clinical practice, but research in it is limited, and it is not part of the standard education of health professionals. At the university of Arizona Health Science Center, we are just beginning to teach it to physicians studying integrative medicine. Even when doctors do think about environmental influences on health and illness, they usually restrict their attention to toxicity, as in looking for exposures to substances that might cause cancer. In my view the term "environment" encompasses the total space in which we live, including its energetic and esthetic qualities.

For example, the sounds we are exposed to strongly influence our nervous systems and moods. Noise pollution can be as damaging to health as any chemical pollution and is increasingly a problem of large cities. So is light pollution, which I think and significantly interferes with sleep. One of the most dramatic human-caused changes in the environment is that we have lit up the night, making it difficult to get our sleep in complete darkness. Light at night suppresses brain production of melatonin, the compound that controls our biorhythms and has an important role in our defenses against cancer. (In women exposure to light at night appears to be a risk factor for breast cancer.)

Integrative medicine honors the healing power of nature. In my travels around the world I have visited many natural environments that impressed me with their beauty, power, and spiritual energy. I have chosen to live in two of them: The Sonoran desert outside of Tucson, Arizona and the Pacific Northwest rainforest on Cortes Island, British Columbia. They are very opposite in quality – the former dominated by rock, earth, sun, and extremes of weather, while the latter is a place of sea, rain, clouds, forest, and soft, low clouds. Both nourish me and, I believe, help maintain my health.

Most people today live in cities, often separated from nature, but wherever we live, we have a chance to create living environments that can protect and enhance our health. My Arizona home is almost hundred years old for that part of the USA. When I bought it, it was structurally sound but required much work to make it energetically and esthetically pleasing. I consulted a feng shui expert, worked with a good designer, and finally created a living environment that felt healthful for me and in tune with the natural surroundings. I filled my desert house with green plants to make it an oasis.

On Cortes Islands, in a conifer forest overlooking the sea, I had a chance to build a new home. Because this land feels so much like places I love in Japan and because I so appreciated Japanese traditional architecture and style, I wanted to design a house with that theme. I also wanted it to feature local wood and stone, with enough glass to let in the soft light of the Pacific Northwest. A Japanese friend tells me the finished house reminds him of the famous Izumo Taisha Shrine, but my intent was only to suggest what I have felt at a number of shrines in Japan: a harmony of architectural style with a powerful natural environment of forest and sea.

As a practitioner and teacher of integrative medicine I deplore the unhealthy environments in which medicine is usually practiced. Most hospitals and clinics are dismal and depressing, often without windows or connections of any kind to nature. Little thought has been given in their design to the effect of the architecture, building materials, or esthetics on the health of people who spend time in them. Simple improvements, like window with views of trees and sky, soothing colors and sounds, and room designs that facilitated energy flow, could speed the healing process of patients as well as protect the health of doctors, nurses, staff, and visitors.

Integrative medicine considers all aspects of lifestyle in assessing health and illness, and it takes an active role in working for societal change in matters of health. For example, I am my colleagues at the Program in Integrative Medicine of the University of Arizona strongly support organic agriculture and sustainable forms of energy that are less polluting. Now that a new field of Architecture Medicine is coming into being, we must learn about it and join forces with it, especially as we envision new kinds of healing centers where integrative medicine will be offered. Our goals are in complete alignment.

25 June 2007

02

암의 완전치유와
의식의 장(場)

일본건축의학협회 이사 데라야마 신이치(寺山 心一)

1936년 도쿄 출생. 와세다 대학교 제1이공학부에서 물성물리(物性物理)를 공부하고 도시바에
서 반도체 소자 개발 등에 종사. 1984년 우신장암을 앓고 폐 등에 전이되었으나 말기 상태
에서 암이 자연적으로 치유되었다. 현재 세계 각지에서 암을 치유하는 강연·워크숍을 실시
하여 높은 평가를 받고 있다. 일본건축의합협회 이사, 초월의식(超越意識)연구소 대표, 사토루
에너지 학회 이사, 일본 웨일러·산·웨일학회부 이사장, 스코틀랜드의 핀드혼 재단평의원.
미국 사토루 에너지와 에너지의학협회회원(콜로라도). 주요 저서로『핀드혼에의 초대』(산
마크 출판),『암이 사라졌다 – 어떤 자연치유의 기록』(일본 교문사) 등이 있다.

일본건축의학협회 설립기념 강연회(2006년 11월 18일)

암의 완전치유와
의식의 장(場)

성지聖地 핀드혼에서의 '허그' 체험
– 사랑과 만남으로 사라진 암세포

제가 만약 암에 걸리지 않았더라면 결코 이 자리에 있지 않았을 것으로 생각합니다. 암에 걸렸던 까닭에 게다가 치유된 덕분에 여기에 있게 된 것입니다. 저는 그 당시 최첨단의 서양의술로 우신장友腎臟 적출수술을 받고나서 그 후 항암제 주사를 맞고, 방사선을 쐬고 있었는데 암은 폐로 전이되어 "앞으로 수개월 만에 죽을 것"이라는 상황에 처해 있었습니다. 그때 임사臨死체험의 꿈을 꾼 직후에 취각기능이 좋아져 병원 냄새를 더 이상 참을 수 없어서 스스로 병원을 뛰쳐나오게 되었고, 이로써 암은 치유된 것입니다. 따라서 **"그 정도까지 병이 진행된 인간일지라도 치유될 가능성이 충분히 있다."**라는 사실을 저는 어떻게든 모든 사람들에게 전해주고 싶었습니다. 이와 같은 치유는 자기의 신체에 대하여 자기 자신이 져야 하는 책임을 짊어짐으로써 있을 수 있는 것입니다.

집에서 자연요법을 실천하는 중에 자신의 암증상이 점점 약해지고 있다는 것을 자각하기 시작할 무렵, 영국 스코틀랜드의 북방에 있는 '핀드혼'[1]이라고 하는 영적 공동체로부터 초청을 받았습니다. 그곳에 체재하고 있는 동안에 많은 사람들이 저를 '허그'hug:포옹해주었습니다. 다른 사람이 포옹해주는 것은 어린 시절에 어머니밖에 경험해보지 못했을 뿐만 아니라 어른이 되서는 아내가 포옹해주는 정도였습니다.

이 공동체에서 개최된 국제회의 이후 잠시 체류하고 있던 중에도 매일 참가자 및 핀드혼의 회원들인 남성, 여성, 그리고 나이든 사람에서 젊은 사람에 이르기까지 포옹을 받고 정말 기뻐서 날아오를 듯하였습니다.

이 허그가 암의 치유에는 가장 효과가 좋았습니다….

'허그'라고 하는 것은 '사랑을 준다'는 것입니다. 이는 엄마가 아이에게 무조건적인 사랑을 주는 행위 중 가장 중요한 행위의 하나인 것입니다. 그리고 일본에 돌아와서 검사를 받아보았더니 끝까지 남아 있던 작은 암세포마저 사라져버렸습니다. 믿어지지 않는 이야기라고 생각할지도 모르겠습니다만 모두 저의 신체에 발생하였던 사실입니다.

제가 암 투병을 할 때 가장 중요시한 생각과 말은 미야자와 겐지宮沢賢治의 '빗속을 헤치고'였습니다. 그 산문내용은 모두 중요한 것이지만 그중에서 무엇이 가장 중요한가 굳이 말한다면 "욕심을 내지 않고 절대 화내지 않으며 언제나 조용히 웃음 짓는다."라는 대목이었습니다.

그러한 '의식'수준에 이르렀을 때 저의 몸에서 암의 자연치유가 이루어졌습니다….

---

1 『핀드혼에의 초대-누구나 치유되는 불가사의한 곳이 있다』(데라야마 신이치, 산마크 출판사) 그 곳을 방문하면 인생이 바뀐다고 한다. 세상 사람들이 모여드는 '현대의 낙원'이 핀드혼이다. 지금 그곳에서는 무슨 일이 일어나고 있는 것일까. 이 생활공동체에는 지금 연간 1만 명이 방문하고 유엔으로부터 NGO로 정식인가도 받았기에 갑작스레 주목을 받고 있는 핀드혼·커뮤니티의 전모와 그 매력을 소개한다.

그리고 "들판의 소나무 숲 응달진 곳에 억새로 지붕을 이은 작은 집에 있으며"라는 대목이 있습니다.

이곳이 현자가 되기 위해 중요한 장소입니다. 솔松이라고 하는 나무는 나쁜 에너지를 매우 간단히 흡수할 수 있습니다. 그렇기에 모든 사람이 병원에 입원하여 "지쳤다."라는 말이 무의식중에 입 밖으로 새어 나온다면 대체로 건강에 좋지 않은 에너지를 접했다는 것입니다. 이러한 때에 소나무의 작은 가지로 등을 툭툭 쳐주면 단번에 기분 좋게 됩니다. 그래서 정월의 가도마쓰門松 새해에 문 앞에 장식으로 세우는 소나무. 때로는 매화, 대나무를 곁들이며 금줄을 걸침-역자도 의미가 있는 것입니다. 그리고 지금 병원은 건강에 안 좋은 에너지가 가득 넘치고 있습니다. 이는 죽은 사람의 좋지 않은 에너지가 병원에 남아 있기 때문입니다….

자연치유능력을 제고하기 위하여 건강에 좋은 환경을 선택할 것
- 침실을 정비하면 모든 것이 조절된다

암을 완전히 치유하기 위해서 어떻게 하면 좋을까. 그러기 위해서는 건강에 좋은 환경을 선택하는 것 외에 별다른 방법이 없습니다. **건강에 좋은 환경을 선택함으로써 자연치유능력을 높일 수 있도록** 해야 합니다.

우선 자연환경을 선택합니다. 자연환경에서 우선 문제가 되는 것은 '공기'입니다. 공기가 안 좋은 곳에 계속 거주한다면 암은 치유될 수 없습니다. 그럼 어떻게 하면 건강에 좋을 것인가…. 공기가 가장 맑게 되는 시간이 있습니다. 그때는 해 뜨기 전 40분 정도의 시간입니다. 이 시간대는 공기가 가장 맑은 때입니다. 잡초로부터, 나무로부터 새로운 산소가 배출될 때입니다. 작은 새들은 이 신선한 산소를 마시자마자 울기 시작합니다. 이러한 시간대에 일어나 있는 사람은 아주 드물겠지요.

제가 병원에서 집으로 돌아왔을 때는 암 말기 상태로서, 내일조차도 알 수 없는 나날 가운데 이러한 사실을 발견했던 것입니다.

저희 워크숍에서는 일출 1시간 전에 일어나 작은 새들이 울기 시작하는 순간에 아주 맑은 공기를 맛보고 있습니다. 많은 사람들이 울기 시작합니다. 암 환자들도 암에 걸리지 않은 사람들도…. 이러한 일이 저희 워크숍에서는 매번 일어나고 있습니다.

또, '땅'에는 '치유해주는 땅'과 '부정을 타는 땅'이 있습니다. 이는 어떠한 땅인가에 대하여 이해하는 것이 중요합니다. 이른바 신사神社가 존재하는 본래적 의미와 기능을 아는 것입니다. 저는 암 치유 당시 거의 매일 신사에 다녀왔습니다. 신사에 가서 맨발로 대지에 발을 붙여 그라운딩[2]을 하고 심호흡을 하였습니다. 이는 자연치유능력을 제고하고 암을 이겨내는 중요한 과정이었습니다.

그리고 다음으로 신체에 흐르는 혈액을 맑게 합니다. 이 "혈액을 맑게 한다."라고 하는 것이 현대의학계에서는 완전히 도외시되고 있는 상태입니다. 혈액을 맑게 하면 그 사람의 에너지는 아주 깨끗하게 됩니다.

그리고 '기氣'가 흐르기 쉬운 주택에 사는 것입니다. 기가 흐르기 쉬운 주택은 공기가 침체되어 있지 않은 주택입니다. 그와 반대되는 장소는 자주 녹음 등으로 활용되는 무반향실無反響室입니다. 즉, 완전히 밀폐된 방입니다. 이곳은 정말 '병을 만드는 가장 적합한 곳'이라고 해도 좋겠지요. 이 강연회장과 같이 밀폐된 장소는 병을 만들기에는 좋은 곳입니다. 그래서 여러분들은 모두 휴식 시간이 되면 이 건물 바깥으로 나가서 외부의 좋은 공기를 마시는 것이 바람직합니다.

여러분이 하루를 보내는 시간 중 **가장 치유 효과가 잘 나타나는 장소는 잠자는 곳**입니다. 이곳이 철저하게 정비되어 있지 않다면 어떻게 될까요. 역으로 잠자고 있는 장소가 잘 정리정돈되어 있다면 주위가 전부 정리되어 갑니다. 그래서 침실이라는 장소의 상태는 매우 중요한 것입니다.

의식이란 인간 혼魂의 주변 환경이다

이제 의식의 문제에 관하여 저 나름대로의 생각을 피력해보겠습니다.

"의식이라고 하는 것은 인간 혼의 주변 환경이다."라고 저는 정의를 내려보았습니다. 과학의 세계에서는 무엇보다도 의식의 문제가 최첨단 테마가 되어

---

2   그라운딩(Grounding) : 땅에 발을 붙이는 것. 지구의 존재를 느끼고 지구와 연계되는 것.

왔습니다. 그러나 의식이라는 것은 측정할 수 없습니다. 의식을 고양하기 위해서는 어떻게 하면 좋을까요. 우선 피뢰침과 같이 지면에 맨발로 서서 그라운딩을 합니다. 그렇게 하면 온몸의 기氣 흐름이 좋아집니다. 그리고 호흡이 아주 잘 된다는 것을 느끼게 됩니다.

일본에서는 '심호흡しんこきゅう'이라고 하는 용어가 사용되면서부터 '심호흡 방법'을 가르치고 있습니다. 이러한 농담과 같은 것을 제가 말하지 않으면 안될 만큼 이상한 현상에 이를 때까지 가르치고 있습니다. NHK의 '아침체조'에서도 "심호흡을 합시다."라고 하면서 들이쉬는 숨을 우선시하는 호흡방법을 가르치고 있습니다. 그러나 이는 크게 잘못된 것입니다. '호흡'이라고 읽는 글자와 같이 요컨대, 숨을 내쉬고 나서 들이쉬어야 하는 것입니다. 하쿠인 선사[3]도 그와 같이 말하고 있습니다. 일본어의 글자가 가지는 깊은 의미에 대하여 여러분이 잘 이해해주시는 것이 바람직합니다.

또한 혈액의 상태가 의식의 측면에서는 매우 중요합니다. 건강한 사람은 맑은 혈액이 흐르고 건강에 좋은 주택은 건강에 좋은 기氣가 흐르는 곳입니다. **"혈액은 인간의 체내환경이다."**라고 저는 말하고 싶습니다. 혈액을 맑게 하기 위해서 건강에 좋은 음식물을 잘 씹어서 먹고 잘 배설하는 것입니다. 장 안에 숙변[4]이 남아 있지 않도록 하는 것이 중요합니다. 이 숙변을 잘 용해시켜버리면 혈액은 매우 맑게 됩니다. 그러나 숙변이라고 하는 것의 존재조차도 아직 서양의학상으로는 그 어느 것도 해명되고 있지 않습니다. 인체의 신비한 조직구조에 대하여 서양의학은 모르는 것투성이라는 점이 이를 통해 이해될 수 있을 것으로 생각됩니다.

---

3 하쿠인 선사 : 하쿠인 에카쿠(1686~1769)로서 임제종 중흥조로 일컬어지는 에도 중기 선승.
4 숙변 : 수주간 이상 장의 벽에 단단히 달라붙어 있는 변.

마음이 치유를 위하여 수행하는 역할

와일 박사는 『치유하는 마음, 병이 낫는 힘-자연발생적 치유란 무엇인가』(각천서점)라는 저서의 '제6장 마음이 치유를 위하여 수행하는 역할'이라는 내용에서 저의 암 치유 과정을 기적적 치유의 일례로 소개하고 있습니다.

다음은 그 책에서 인용한 것입니다.

"누구나 모두 신神이다."

일례로 어떤 질병의 사례를 간단히 소개하고자 한다. 일본 홀리스틱holistic 의학협회 상임이사이자, 저의 일본인 친구 데라야마 신이치는 암으로부터 살아난 환자이다. 신이치는 전문교육을 받은 인체물리학자이고 컨설턴트이기도 하다. 현재 58세인 그는 놀라우리 만큼 좋은 건강을 향유하고 있는 홀리스틱 의학운동의 국제적 네트워커이고 탁월한 첼리스트이며, 아픈 사람들 특히 암 환자의 카운슬러이기도 하다. 만약 10년 전 암 진단을 받기 이전에 만났다면, 나는 그가 마음에 들지 않았을 것이다. 그 무렵 사진에 보이는 그는 수척하고, 불유쾌한 듯한 표정을 짓고 있었던 것으로 알고 있다. 배려심이 많고, 영적으로 각성한 그와는 전혀 다른 사람이었다.

그때 그는 일 중독증에 걸려 24시간 대기상태에서 일을 하고 있었다. 거의 잠자지 않고 하루에 10잔 내지 20잔의 커피를 마시고 스테이크와 단 것에 사족을 못 쓰며, 생활에 음악이 비집고 들어갈 여유도 없었다. 1983년 가을, 발열이 1개월이나 계속되고 설 수도 걸을 수도 없었지만 검사 결과는 이상이 없었다. 그때 그는 의사와 병원을 지나치게 믿고 있었다고 한다. 수개월 후, 세 번에 걸쳐 혈뇨가 보이

고 피로감을 심하게 느꼈다. 동양의학과 자연식macrobiotic, 장수식사법 :
유기농 곡류(현미)와 채소. 해조류 위주로 섭취하는 식사법-역자에 정통한 민간요법
가인 친구에게 신장 관련 부분이 이상해졌다고 말하였다. 망진望診, 눈
으로 보고 하는 진단과 침에 의한 경락촉진經絡觸診에 근거한 진단이었다. 친
구는 식생활을 근본적으로 바꾸도록 권유하였지만 그는 듣지 않았으
며, 의사는 언제나 이상이 없다고 하였다.

　1984년 초가을, 그는 심한 피로를 느끼게 되고 일도 할 수 없었다.
그저 쉬고 싶었다. 추가검사를 받으러 병원에 가자 복부에 종양이 발
견되고, 이어서 한 초음파검사에서 오른쪽 신장이 3할 정도 비대한 것
으로 인지되었다. 그래도 그는 아무것도 하지 않았다. 1984년 11월,
의사인 아내에게 설득되어 그는 병원에 갔다. 뢴트겐 검사로 종양이
인지되고 의사는 신장을 외과적으로 절제하는 데 동의하도록 다그쳤
다. 그가 그 종양이 양성인지 악성인지 묻자 의사는 그 '중간상태'라고
답하였다. 실제로는 신장암이고 이미 두 허파에도 전이되어 있었다.

　일본은 지금도 환자를 더 좋지 않은 상태에 빠지지 않게 하려는 배
려에서 본인에게는 암 발병 사실을 알리지 않는 것이 통례이다. 그
결과 속임수를 피할 수 없게 된다. 수술 후, 그의 주치의는 '예방적
조치로써' 일정기간 계속 주사를 맞을 필요가 있다고 하였다. 그 주
사는 실은 시스플라틴cisplatin이라고 하는 강력한 화학 요법제였지만
그는 그 사실을 몰랐다. 그가 알았던 것은 그 주사의 작용으로 토하
고 싶다는 점, 턱수염이 희게 되었다는 것, 머리카락이 빠지고 있다
는 것이었다. 그는 예방적 조치기간 도중에 주사를 거부하였다. 주
치의가 다음에 지시한 것은 신장 주변에 대한 '광선요법'이었다. '인
공태양광선'과 같은 것이라고 의사는 말했다. 이 요법을 2, 3회 받고
나면 그는 이상한 피로를 느끼게 되고, 식욕도 없게 되어 온종일 침
대에 누워 있어야만 했다. 어느 날 밤 자기 자신의 장례에 참석한다

고 하는 생생한 꿈을 꾸기도 하였다. 그때 비로소 그는 자신이 중병에 걸려 있고 곧 죽을지도 모른다는 것과 지금까지 병의 상태에 대하여 속고 있었다는 사실을 알아차렸다. 그에게는 또한 후각이 이상하리만큼 민감해지는 아주 희귀한 증상도 나타나는 것 같았다.

"병원의 2층에서 자고 있었는데요."라고 그는 회상한다. "그런데도 4층에서 조리하고 있는 요리의 냄새를 알 수 있었어요. 간호사 전원의 체취도 냄새로 알 수 있었습니다. 6인실에 들어갔기에 방 안 냄새에 견딜 수가 없었습니다. 여기에서 나가지 않으면 안 된다, 이 사람들과 함께 있으면 죽음밖에 생각나지 않을 것이라고 느꼈습니다." 그는 날이 새기를 기다려 침대에서 빠져나와 소리를 내지 않고 걸으면서 자기 자신의 후각이 안전하다고 알려주는 장소를 찾았다. 좋은 냄새라고 생각되는 유일한 장소는 병원의 옥상이었다. 그는 거기에서 신선한 공기를 가슴 가득히 들이켰다.

한편, 그가 없어진 것을 알아차린 간호사는 서둘러 동료들을 부르러 달려갔다. 옥상에 있는 그를 발견한 병원 스탭들이 맨 먼저 생각한 것은 투신자살을 하는 것은 아닌가, 그렇게 된다면 병원의 평판이 나빠지는 점이었다. 추궁을 한 끝에 5명의 간호사가 저항하는 그를 꽉 눌러서 병실까지 운반해 갔다. 다음 날 아침 담당의가 그를 심하게 꾸짖었다. "어제는 큰 소동을 부리셨군요. 병원에 있고 싶다면 규칙을 지키지 않으면 안 되지요. 그렇지 않으면 퇴원하셔야만 합니다." 그 말이 그의 귀에는 음악과 같이 들려 왔다. 그는 그곳에서 서류에 서명을 하고 자택으로 보내졌다. 급히 자연식macrobiotic 전공 친구에게 상담을 하자 현미식에 의한 엄밀한 식사요법에 따르도록 권고를 받았다. "현미식 같은 거 상상도 해보지 않았어요."라고 그는 말했다.

다음 날 눈을 뜨자 그는 자기가 살아 있다는 사실에 경이감을 느꼈다. 아침햇살이 비할 데 없이 아름답게 보여 어떻게든 일출을 보고 싶다고 하는 기분이 엄습하였다. 아파트 8층에 상당하는 옥상으로 올라갔다. 그곳에서는 도쿄의 지평선이 한눈에 들어왔다. 그는 불교의 경문과 시를 읊고 합장하여 기도하면서 해가 나오기를 기다렸다. 태양이 떠올랐을 때, 눈부신 햇살이 가슴속으로 파고들어와서 온몸에 에너지를 전해주는 것을 느꼈다. "무언가 굉장한 일이 일어날 것이라고 하는 예감이 들었습니다. 그리고 울기 시작했습니다."라고 그는 말한다. "살아 있다는 것만으로도 행복했습니다. 태양이 신神으로 보였습니다. 방에 돌아오니 가족 전원의 주위에 오로라가 보이는 것 같았습니다. 누구나 모두 신이라고 생각되었습니다."

심리적心理的 · 영적靈的 변화

그로부터 수주간 그는 엄격한 식사요법을 철저히 지키고 매일 옥상에서 일출을 기다리면서 배례拜禮한다고 하는 중요한 의식을 행하였다. 증상은 불안정하였다. 담당의는 그를 설득하여 자연식을 그만두게 하고 좀 더 수육과 생선을 먹도록 권유했다. 또한 화학 요법제를 복용하도록 권했다. 하지만 그는 거절하였다. 이윽고 그는 친구가 일본 알프스 산록에 개설된 지 얼마 안 된 양생소養生所로 가기로 하였다. 온천과 훌륭한 자연식을 맛볼 수 있는 양생소이다. 그는 그곳에서 휴식하고 숲과 산에 오르내리는 것을 일과로 하게 되었다. 또한 오랫동안 잊고 있던 첼로를 연주하게 되었다.

"맑은 공기와 물이 저를 건강하게 해주었습니다."라고 그는 회상한다. "덕분에 내 몸속은 물론 주위에도, 자연치유능력이 있다는 것을 감지할 수 있게 되었습니다. 그리고 점차 암을 치유한 것은 자기 자신이었다고 알아차리기 시작했습니다. 내가 스스로의 행동으로 암을 퇴치한 것입니다. 그 사실을 알아차리자 내 몸에 있는 암을 사랑하지 않으면 안 된다. 적으로 공격해서는 안 된다는 점을 알게 되었습니다. 암은 내 몸의 일부분이고 나는 나의 모든 것을 사랑해야만 했습니다."

지금 신이치는 단순히 암을 이겨낸 환자만이 아니다. 이전의 자신과는 그 모습도 행동도 전혀 달라진 존재가 된 것이다. 나는 일본과 미국에서 그와 같이 산에 오르고 온천에서 몸을 풀고, 본인의 연주회나 강연회에 출석하며 암 선고를 받은 지 얼마 안 된 몇십 명의 사람들에게 그가 조언해주고 있다는 것을 들을 기회를 갖게 되었다. "자기 몸 안에 있는 암을 사랑해주십시오." 그는 언제나 클라이언트에게 그렇게 말한다. "암은 고마운 선물입니다. 암은 새로 태어난 당신에게 새로운 생명으로 통하는 길입니다."

많은 의사들은 그의 증례症例를 자연치유라고 인정하지 않을지도 모른다. 화학요법과 방사선요법은 도중에 그만둔다고 하더라도 결국 그는 외과수술도 포함하여 암의 표준적인 삼대요법을 모두 수용한 것이다. 신장암은 연구자를 매혹시키는 불가사의한 암이다. 폐로 전이된 신장암 환자의 5년 생존률은 고작 5%에 불과한데 신장암은 왠지 가장 치유가 되기 쉬운 유형 중 하나이다. 신이치의 이야기 가운데 가장 인상적이라고 생각되는 특징은 도쿄의 빌딩 옥상에서 햇빛이 가슴속으로 파고들어 왔다는 경험과 "내 몸에 있는 암을 사랑하지 않으면 안 된다, 적으로 대해서는 안 된다."라고 하는 말로 상징되는 그의 심리적·영적 변화이다. 그야말로 참된 자아수용인 것이다.

거의 대부분 사람들은 자아수용의 자세로 인생을 보내려고 하지 않는다. 오히려 생의 의지에 부담을 지움으로써 제반사를 자기의 형편에 맞게 상황을 지배하고자 함으로써 끊임없이 대결자세를 유지하

고 있다. 고대 중국의 철학자 노자에 의하면 그러한 자세는 생명의
도道와는 정반대되는 것이고 그 자세에 집착하는 사람은 죽지 않으면
안 된다고 한다.

부드럽고, 모가 나기도 둥글기도 한 물이 단단한 바위를 뚫는 것과
같이 생명에 따라 휘어지는 것은 어려운 문제도 해결한다.
"의지가 있는 곳에 도道가 있다."라고 한다. 그렇지만 생명이 숙성하
도록 내버려두고, 익었다면 시들도록 내버려두어라.
의지는 도와는 전혀 다르다.
도를 거절하는 것은 죽는다는 것이다.

(위터 바이너의 영역)

수용, 굴복, 항복 무엇이라고 부르든지 그와 같은 마음의 전환이
치유의 문을 여는 마스터키인지도 모른다.

(『치유하는 마음, 낫는 힘–자연발생적 치유란 무엇인가』, 앤드류 와일, 각천서점)

이러한 충격적인 책이 미국에서 출판되고 뉴욕에서 1년간 계속 베스트셀러
를 차지하였습니다.

저는 와일 박사에게 마쓰나가 이사장이 쓴 오일컬러판 '기氣'의 사진집 『기
가 열어주는 내일로의 문』(일광사)을 증정하였습니다.

그랬더니 와일 박사 쪽에서 "꼭 이 책의 저자를 만나고 싶다."라고 하는 부
탁이 있어서 저는 두 분이 만날 수 있도록 했습니다. 그때를 기념할 수 있는 만
남이 책머리사진 2입니다. 그리고 앤드류 와일 박사는 '일본건축의학협회' 설
립에 즈음하여 "건축의학은 더 이상 이를 데 없는 중요한 시도이다."라는 말을
보내주었습니다.

『치유하는 마음, 낫는 힘-자연발생적 치유란 무엇인가』(앤드류
와일, 각천서점)
현대의학에서 자연생약(生藥), 샤머니즘에 이르기까지 사람이
치유되는 메커니즘을 연구한 와일 박사가 스스로의 임상체험을
근거로 실제 치유방법과 처방을 구체적으로 알기 쉽게 기록하
여 세계적인 베스트셀러가 된 의학 혁명서

『기가 열어주는 내일로의 문』(마쓰나가 슈가쿠, 일광사)
세계 최초의 기 사진집, 옥외, 집, 옥내, 하늘, 사람, 무덤, 각각
의 기를 찍은 것이다. 기란 어떠한 모습을 하고 어떻게 움직이고
있는가. 사진마다 기의 해설도 있다.

대자연과 조화되는 와일 박사의 별장

저는 2006년 7월, 완공된 와일 박
사의 새 주택에 초대를 받았습니다. 이때 찍은 사진을 여러분에게 보여 드립니
다. 이 집은 캐나다의 밴쿠버로부터 북북서 방향으로 150킬로미터 정도 떨어

진 코르테스 섬이라고 하는 곳에 있습니다. 이 사진을 보는 것은 일본에서는 여러분이 처음입니다. 여기가 와일 박사의 사무소입니다(책머리사진 3). 채광이 좋고 기가 흐릅니다. 그리고 여기가 2층에서 찍은 통풍이 잘 되는 곳입니다. 이곳이 응접실입니다(책머리사진 4). 2층 천장의 창입니다. 통풍이 잘 되게 되어 있어 매우 좋습니다(책머리사진 5).

그리고 2층 복도에서 밖을 내다보면 바다가 보입니다(책머리사진 6). 집의 바깥쪽은 전부 원생림입니다. 와일 박사는 이 집을 일본 이즈모 신사의 건축방식을 참고하여 지었습니다(책머리사진 7). 물론 목조입니다. 지금 사진을 조금 확대하여 보면 확실히 이즈모 신사와 같이 전부 앞쪽 끝부분으로부터 기가 빠져 나가는 것 같은 형태로 되어 있음을 알 수 있습니다(책머리사진 8).

와일 박사 자택은 집, 건축 자체가 기를 외부로 흘러나가도록 하는 형태를 취하고 있습니다. 이와 같이 주거의 중요함을 이해하고 있음으로 해서 와일 박사는 '일본건축의학협회'의 명예고문으로 추대받게 된 것입니다.

직감을 뛰어나게 하기 위해 중요한 것

건강에 좋은 환경을 선택함에 있어서는 5감만이 아니고 제6감第六感 즉, 직감이 중요합니다. 어떻게 하면 직감을 뛰어나게 할 수 있을까. 그러기 위해서는 혈액을 맑게 하는 것이 첫 번째입니다. 그리고 몸을 깨끗하게 한다. 이는 목욕을 한다든가 샤워를 한다든가 하여 모공으로부터 독소를 빼내는 것입니다. 그리고 그라운딩을 하여 건강에 안 좋은 에너지를 빼냅니다. 게다가 건강에 좋은 주택에 살고 환경을 정비함으로써 직감이 뛰어나도록 하는 것입니다. **암의 완전치유를 위해서는 자연환경을 좋게 하고 의식수준을 높이며, 몸에 흐르는 혈액을 맑게 하며, 기가 흐르기 쉬**

운 주택에 사는 것입니다.

　2006년 10월에 『암이 사라졌다』(데라야마 신이치, 일본 교문사)란 책이 출간되었습니다. 와일 박사는 책의 서문에서 "데라야마 씨의 치유 과정에서 일어난 가장 경이로운 사건은 자기 자신이 암을 만들었다는 것과 그가 그것을 알아차렸다는 것이다."라고 써주었습니다. 이와 같이 저의 내부에서 일어난 의식 혁명은 실로 장과 깊은 관계가 있다는 것입니다. '일본건축의학협회' 활동을 통하여 신체, 마음, 혼의 건강이 실현될 수 있을 것 같은 '장'이 늘고, '장'과 신체와 마음과 혼이 연계되고 있다고 하는 진실을 깨닫는 분들이 늘어났으면 하고 저는 바라고 있습니다.

『암이 사라졌다』(데라야마 신이치, 일본 교문사)
말기암의 진단, 병원 치료에 대한 의문, 자택요양이라고 하는 선택, 서양의학적 치료를 떠나 왜 암은 사라진걸까? 남은 목숨이 얼마 남지 않았다고 생각하고 있던 암 환자의 발병에서 소멸에 이르기까지 진실하고 분명하게 저술한 자연치유의 기록

03

좋은 장(場)을 만들자
– 자연치유력과 건축의학

일본 건축의학협회 회장 오비쓰 료이치(帶津 良一)

1936년 사이타마 현 출생, 도쿄 대학교 의학부 졸업, 1982년 오비쓰 산케이 병원을 개설, 의료의 동서융합이라고 하는 새로운 축에 의거, 암 환자 등의 치료를 수행. 현재 동 의원 명예원장, NPO법인 일본 홀리스틱 의학협회 회장, 일본 호메오파시homeopathy의학협회 이사장, 일본건축의학협회 회장, 일본 홀리스틱 의학계의 제1인자, 2004년 오비쓰 산케이주크帶津三敬塾클리닉 개설, 의료에 의한 장의 중요성에 주목하여 '생명장生命場 의학'을 제창, 저서에 『기氣·회생하는 생명장』(3A네트워크), 『생명의 장과 의료』(춘추사), 『좋을 장을 만들자』(풍운사), 『암을 치유하는 요법사전』(법연) 등 다수

일본건축의학협회 설립기념 강연회(2006년 11월 18일) 및
건축의학 심포지엄 2007(2007년 4월 14일)

좋은 장(場)을 만들자
– 자연치유력과 건축의학

모든 것은 장場과 연계되어 있다

제가 일본건축의학협회 회장 취임을 의뢰받고 처음에는 사양하였습니다. 그도 그럴 것이 지나치게 많은 각종 회의단체의 회장직을 이미 맡고 있었기 때문입니다. 저는 사실 집이 없습니다. 지금도 임차주택에서 살고 있습니다.

사이타마 현 가와고에 시내의 상가商家에서 태어났기에 나서 자란 집은 자그마한 점포 뒤에 거실과 같은 것이 붙어 있는 그런 곳에서 성장하여 어린 시절부터 집에 대하여 특별히 동경이 있었습니다.

소년시절 친구들 중에는 의원을 경영하고 있는 집의 아이나 변호사의 아들 등 좋은 가정에서 살고 있는 친구들이 많아서 그러한 집을 보면 부러운 생각이 들어 "나도 언젠가 저런 집에 살아봤으면…." 하고 소년시절부터 생각해왔습니다.

그런데 70세가 되어 돌이켜보니 집이 없었던 것입니다. (웃음)

지금은 절반 정도 호텔에 거주하고 있습니다. '호텔 거주'라고 하는 것은 집으로 돌아갈 수 없어서 호텔로 가는 것이 아니라 강연이라든가 회의 등 각종 일 때문에 전국을 다니고 있어서 시내에 숙박하는 경우가 많습니다. 지방에 가서 현지에서 1박하는 경우도 있습니다. 그러한 의미에서 각지의 호텔에 숙박하는 일이 많습니다.

그 외에는 병원과 작은 임차주택에 있습니다. 이미 70세를 넘었기에 지금부터 앞으로 커다란 집에 산다는 것은 생각할 수 없기 때문에 이대로 끝나 버릴지도 모릅니다. 그렇기에 "일본건축의학협회 회장 자리에 대하여 제가 바라는 바가 아니지 않느냐?"라고 생각하는 것이 당연하겠지요.

그러나 운영의원 측으로부터 적극적인 권유가 있었습니다. "선생님은 생명장生命場 의학의 제창자 아닙니까? 일본건축의학협회 회장은 오비쓰 선생님 이외에는 없습니다."라고 말해서 그 한마디에 수락하고 말았습니다.

나는 지금 홀리스틱 의학협회 회장과 사토루 에너지 학회 회장을 맡고 있습니다. 그리고 일본 호메오파시homeopathy, 동종요법–역자 의학회 이사장도 맡고 있습니다. 게다가 이번에는 일본건축의학협회에 가입하여 네 군데에 관여하게 되었습니다만, 그 공통점은 "전부 장場에 관계되어 있다."라는 것입니다.

장場에 관하여 보면, 장場인 이상 거기에는 에너지가 있습니다. 사토루 에너지는 당연히 장과 관련되어 있습니다. 또한 우주의 장場 에너지가 인간의 신체에 대해서는 단전에 집중합니다. 호메오파시도 물질의 에너지만을 끄집어내어 인간 생명의 장場에 주입하는 까닭에 이것도 장입니다. 따라서 모두 장場을 테마로 하고 있기 때문에 '왠지 일본건축의학협회도 맡지 않으면 안 되겠구나.'라는 생각이 들어 이를 수락한 것입니다.

서양의학으로부터 중서결합中西結合의학으로

저는 원래 소화기외과 의사로 식도암 수술을 전문으로 해왔습니다. 도쿄 도립 고마고미駒込 병원에 있을 무렵에는 의욕이 매우 왕성하여 밤낮없이 수술에 임하였습니다. 그러나 서양의학의 한계를 불현듯 깨닫고 "중국의학을 병용하지 않으면 아무 소용이 없다."는 데 생각이 미쳤습니다. "하여튼 중국의학을 아우르자."라고 출발하였습니다.

중국의학에 대한 서양의학 진영의 견해는 생각하시는 바와 같이 본질적인 측면을 보지 않고 있습니다. 그래서 그들은 "이론이 없다.", "경험의학이다.", "통계처리가 안 된다." 등 이러저러한 이유를 내세웁니다. 따라서 제가 중국의학을 병용한 암의 치료, 중서의학결합에 의한 암 치료를 하기 시작했을 때에는 "우선 동료 외과의사 및 간호사, 이러한 사람들이 납득하지 않는다면 세상 사람들에게 이를 이해시키기란 여간 어려운 문제가 아니다."라는 생각이 들어 스스로 다양한 방법을 모색해보았습니다.

그래서 힘들어 찾아낸 것이 엔트로피[1]였습니다. 생명현상에는 에너지 문제와 엔트로피 문제라고 하는 것이 있습니다.

"에너지 문제를 다루는 것이 서양의학일 것이다. 그리고 중국의학이 엔트로피 문제를 취급하고 있다."라는 방식으로 생각하였습니다. 지금 생각해보아도 틀리지 않았다고 생각됩니다. 그것을 알아차렸을 때에는 큰 발견이라도 한 듯한 기분이 들어 일본 동양의학회에서 그와 같은 연제로 발표하였습니다. '이것은 일대 센세이션을 일으키는 것은 아닐까.'라고 생각하며 가슴 두근거리며 발표하러 갔습니다.

---

1   엔트로피(entrophy) : 본래 열역학 기체 속성의 하나였지만 연구가 진행됨에 따라 기체로부터 얻을 수 있는 정보에 관계가 있다는 것이 적시되어 정보이론으로 응용되게 되었다. 일반적으로 '난잡함'을 나타내는 것으로 되어 있다. 에너지가 변할 때마다 엔트로피가 발생하고 점점 늘어나 질서가 흐트러져 건강이 손상되고 이윽고 생명을 잃는다. 그러면 "어떻게 하면 엔트로피를 감소시킬 수 있을 것인가"라고 한다면, 증가되어 온 것을 신체의 외부로 버리는 것밖에는 다른 방법이 없다. '이 엔트로피를 버리는' 것에 주목해온 것이 중국의학이다.
서양의학의 생명현상 가운데 에너지 측면을 수용하고, 중국의학의 엔트로피 면을 수용하여 두 분야가 한 분야로 합쳐져야 비로소 하나의 생명현상이 해결될 수 있다고 본다.

발표가 끝나자 "질문은?" 하고 사회자가 말했습니다. 어느 누구도 손을 들지 않았습니다.

회의장 전체 분위기가 시들해졌습니다. 저도 맥이 빠져버렸습니다. 그러한 경우에는 대체로 사회자가 회의 운영상 무언가 질문하는 것이 보통이지만 그마저도 없었습니다.

그래서 저는 씁쓸하게 "남의 이야기를 듣고도 별 도리가 없다면 그냥 돌아가야지." 하고 그 방을 나왔습니다. 그랬더니만 한 사람 스게이 선생(故人)이라고 우리들보다는 대선배로서 중국에서 장시간 산부인과 일을 해왔던 선생이 뒤쫓아왔습니다. "당신의 견해는 아주 훌륭합니다."라고 칭찬해주었습니다. 회의장에서 발언해주었으면 좋았을 테지만 역시 사람들 앞에서 말하는 것을 꺼렸을지도 모릅니다. 분위기 때문이었습니다. 저를 대단히 격려해주어서 그런대로 낙담하지 않고 집으로 돌아올 수 있게 되었습니다. 이 스게이 선생이 그 이후로 중국의학 관계 회의에서 만나면 언제나 저에게 온화하게 말을 걸어왔습니다.

동양의학은 장場 의학

그다음에 이 문제에 대하여 언급한 사람이 가나자와金沢 공업대학에서 '장場 연구소' 소장직을 10년 정도 맡고 있었던 간토대元東大 약학부의 시미즈 히로시淸水博 선생입니다. 이 분을 어렵사리 만날 수 있게 되어 이러저러한 이야기를 하였더니 "당신은 동양의학에 관하여 어떻게 생각하십니까?"라고 저에게 물었습니다.

저는 "동양의학은 엔트로피의 의학이라고 생각합니다."라고 말했더니 이에 대하여 옳다거나 그르다거나 말도 없이 "나는 **동양의학은 장場 의학**이라고 생각합니다."라고 시미즈 선생은 말하였습니다. 이로써 저의 장場과 공감을 갖기 시작하였습니다.

저 자신은 "중국의학이라고 하는 것은 연관관계를 보는 의학이다. 그러나 서양의학은 부분을 보는 의학이다."라고 보고 있습니다. '부분을 보는 의학'과 '부분과 부분의 연관관계를 보는 의학'을 합침으로써 깊이가 있거나 또는 폭넓은 의학이 될 것이다. 그렇게 생각하고 중서결합의학을 받아들였습니다.

연관관계입니다. 그러면 연관관계는 어디에 있는 것일까? 그렇게 생각하며 신체 속에서 생각을 떠올려보았습니다. 나는 외과의사여서 몸속은 구석구석 알고 있습니다. 거기에는 대단히 많은 틈새가 있다는 점을 생각하기 시작했습니다.

이 틈새에는 얼핏 보면 아무것도 없는 것 같지만 "이 틈새에는 눈에 보이지 않는 연관관계가 있는 것이다."라고 생각하였습니다. 이 점을 어떻게 풀어나갈까. 거기에는 눈에 보이지 않는 연관관계가 마치 전선을 둘러친 것 같이 중층으로 되어 있는 것은 아닐까. 그렇다면 이 네트워크가 안으로 파고들면 장場이 됩니다. 그러한 곳까지 겨우 도달하였을 때에 시미즈 선생은 한마디로 장에 눈을 떴다는 것입니다.

이때 정말로 그렇게 생각해도 좋은가 하고 다소 불안감이 있었습니다. 그 당시 하마마쓰浜松 의대의 생리학 선생은 "예."하면서 "있다."라고도 "없다."라고도 하지 않았습니다.

다시 "그 틈새에 관하여 연구한 사람은 있습니까?"라고 물었더니 "그런 연구를 한 사람은 없지요."라고 응대하였습니다. "한 사람도 없습니까?"라고 재차 물었더니 "없습니다!"라고 답하였습니다. '그런 것 따위를 연구하는 놈은 없다!'라고 하는 느낌을 받았습니다.

다카다高田 선생은 의학분야 문헌에 관하여는 비상하리 만큼 자세히 알고 있는 분이어서 '이 사실은 틀림없다. 누구도 하고 있지 않다면 뭐라고 말하더라도 괜찮을 것이다.'라고 확신감을 갖게 되었습니다. 그래서 장場 의학 세계로 진입하게 된 것입니다.

좋은 장場에 몸을 두는 사람이 치유된다

그 후에 홀리스틱 의학[2] 쪽으로 관심을 기울여 '홀리스틱 의학이라고 하는 것은 장場 의학이다.'라는 생각이 점점 강하게 굳어졌습니다.

외과에서 중서의학 결합을 지향하여 병원을 세운 것은 25년 전입니다. 그 25년 동안 중서의학 결합으로부터 홀리스틱 의학으로 진전되어서 지금 도달한 결론은 "역시 환자가 잘 낫거나 치유되기 위해서는 좋은 장에 몸을 두는 것이 가장 중요하다."라는 것입니다.

환자란 딱히 병이 완치되지 않았더라고 어떤 타협점을 찾아 어느 정도 선에서 증상이 진전되지 않으면 그런대로 좋으며 반드시 뚜렷하게 치유되지 않아도 좋다는 것입니다. 그래도 때로 눈에 띄게 치유되는 사람이 있습니다. 야구선수 이치로가 홈런을 치는 것과 같은 것입니다. 평소 그 사람은 홈런을 치겠다고 생각하지는 않았지만 볼이 너무 잘 맞아서 홈런이 됩니다. 그래서 저는 암 환자가 뚜렷하게 치유되는 것을 그다지 기대하고 있지 않습니다. 그러나 그러한 현상이 때때로 발생합니다. 이러한 사람들의 치유요인을 보아 왔습니다. 공통분모가 있다면 그 방법을 권유하겠기에 열심히 그 공통분모를 찾아왔습니다. 지금까지 좀처럼 그러한 것을 알지 못했습니다. 그런데 2, 3년 전에 겨우 **"장場의 문제다."**라고 하는 것을 알게 되었습니다.

"좋은 장場에 몸을 두는 사람이 치유된다."라고 하는 것입니다. 그 '좋은 장'이라고 하는 것은 병원이라고 하는 장 안에서 환자는 치료를 받고 있기에 당연히

---

2   홀리스틱(holistic) 의학: 홀리스틱 의학을 한마디로 말한다면 인간을 전체적으로 보는 의학이라고 할 수 있습니다. 건강과 치유는 본래 신체만 아니고 눈에 보이지 않는 정신·영성(靈性)도 포함한 인간의 전체성과 깊은 관계에 있습니다. 이는 병에만 한정되는 것이 아니고 인생의 과정 중에 생로병사(生老病死)라고 하는 단계를 생각하여 병을 치유해 나가는 가운데 관련되는 모든 분야의 '치유'도 중요하게 고려하는 것입니다(오비쓰 료이치).

병원의 장이 좋지 않으면 안 됩니다. "장場의 에너지가 높은 수준이다."라고 말은 하지만 그러한 곳을 우리들은 항상 추구하지 않으면 안 됩니다.

인간은 가정이란 장에서 시작하여 학교의 장, 직장의 장, 지역사회, 자연환경, 국가, 지구, 우주, 허공 등 이 정도만 헤아려 보아도 복수複數의 장에 중복하여 몸을 두고 있어 그 각각의 장이 환자에게 영향을 미쳐 왔습니다. "병원의 장場만 좋다면 나중에는 어떻게 되어도 좋다."라고 하는 이치는 없습니다. 다른 장場이 모두 좋아도 병원의 장場이 나쁘면 이것 또한 좋지 않은 것이기에 장場의 문제라고 하는 것을 저는 매우 중시하고 있습니다.

두 겹 생명으로 살아간다
– 자연치유력은 장場 안에 있다

지난날 실은 시미즈 히로시 선생이 신란親鸞불교센터가 주최하는 강연회에서 "두 겹 생명으로 살아간다."라고 말했습니다. 두 겹 생명이란 "보통 우리들 체내에 있는 세포는 두 겹 생명으로 살아 있다."라고 하는 것입니다. 세포로서의 목숨을 지니고 그리고 그 환경으로서의 인간이 생존하게 합니다. 그러나 암세포는 인간이 건강하게 살아가는 것을 방해합니다. 다시 말해서 자기 자신만 생존하기 때문에 한 겹 생명만 사는 것입니다. 더 자세히 말하자면, 우리들 자신도 우리들로서 살아 있지만 그 환경으로서 또한 살아 있는 까닭에 우리들은 두 겹 생명을 사는 셈입니다. 이렇게 생각하면 어떠한 곳에 처한 장場이라고 하는 것이 중요한가를 알 수 있습니다.

우리들은 자연치유력이라고 하는 것을 중심으로 한 의료, 혹은 양생養生이라고 하는 것을 당연히 고려하지 않으면 안 됩니다. 그렇지만 이 자연치유력의 정체가 아직 확실하게 포착되고 있지 않습니다. 면역의 경우까지는 알고 있습니다. 알고 있다고 하더라도 절반 정도일 것입니다. 자연치유력을 모르고 있습니다. "손을 대지 않은 채로"라고 말해도 무방하지는 않을까요. "단서를 잡을 수 있었다."라고 하는 말도 거의 듣지 못했습니다.

저는 2, 3년 전 자연치유력에 대하여 생각하고 있을 때 문득 생각난 것이 있었습니다.

"자연치유력은 장場 안에 있다." 따라서 체내에서만 찾고 있다면 일부분밖에 모르는 것은 당연합니다. 이 환경의 내부에 있다. 그렇기 때문에 바깥세상을 보지 않으면 안 됩니다.

바깥세상을 확실히 살펴본다. 여기서 자연치유력을 찾아간다. 그러한 사실을 고려하지 않으면 안 된다고 생각하게 되는 이치입니다.

양생의 본질은 의료 조치를 버리는 것

2006년 2월 이래 작가인 이쓰키 히로유키五木寬之 씨와 연이 닿아서 대담을 하였습니다. 그리고 "작금의 다양한 건강에 관한 정보를 정리할 수는 없을까?"라고 하는 말이 나와서 '정리하는 것은 어려울 것이다. 이러한 이야기는 거의 단정 지을 수가 없기 때문에'라고는 생각하였지만 '뭐, 이러저러한 이야기를 해보는 것도 나쁘지 않다.'라는 생각이 들어 이쓰키씨와 4시간 정도 대담하였습니다. 그 대담 내용을 정리하여 『건강문답-진실한 경우란 어떤 것인가? 본심으로 말하는 현대의 '양생훈養生訓'』(이쓰키 히로유키·오비쓰 료이치, 평범사)이라는 책이 2007년 4월에 출판되었습니다.

그 대담 중에 다시 '양생법, 건강법이 자주 설명되고 있지만 본래는 **생명의 흐름에 따라 있는 그대로 살아간다면 그것이 가장 좋은 양생이다.**'라고 생각하였습니다. '적절한 조치는 필요없는 것 아닐까?'라고 생각하였습니다.

기공氣功도 조치이고, 워킹walking도 다이어트도 다 조치라고 할 수 있는데 '이러한 것이 필요없는 것은 아닌가?' 전부 포기해버릴 정도로 우리들은 아직 달인의 경지에 있지는 않지만, 어디까지나 조금씩 조치를 포기해나가는 것이 참된 치료방법일 것으로 생각됩니다.

건강, 병 그 자체를 보면 의학 상식에 부합되지 않는 경우가 넘쳐나고 있습니다. 의학 상식 그 자체만 보더라도 상식이라고는 하지만 진리가 아닐 뿐더러 그나마도 그다지 확고한 것이 아닙니다.

홀리스틱 의학에의 길

제가 홀리스틱 의학과 접하게 된 것은 1985년 무렵입니다.

처음에는 부분만을 보는 서양의학과 연관관계를 보는 중국의학을 통합하면 홀리스틱할 것이라고 생각하고 있었습니다. 그러나 그렇지도 않다는 사실을 알아차렸습니다. 먼저 마음의 문제에 대하여는 중서의학의 결합일 뿐이라고는 거의 단정 지을 수 없습니다.

서양의학에도 정신과가 있고 심리치료 내과도 있습니다.

중국에서 심리학은 발달이 지연되고 있는 듯한 감이 듭니다. 역시 유물사관을 주장하는 국가이기 때문에 그 분야의 발달이 지연되고 있는 것 아닌가 저는 생각합니다. 선입관을 갖고 그렇게 볼 수 있을지도 모르겠지만 저는 그 어느 쪽이라 하더라도 "중서결합만으로는 마음에 차지 않을 것이다."라고 생각하였습니다. 그래서 마음의 치료를 더해주는 사안에 따라서 홀리스틱 의학이 된다고 생각한 바 있지만 아무래도 그렇지 않습니다. 단순히 치료법을 병행하는 것만으로 홀리스틱이 되는 것은 아닙니다. 결국 홀리스틱이라고 하는 이상에는 시스템과 스타일이 규칙적이지 않으면 안 됩니다. 치료법이 하나의 시스템 내부에서 그 구성요소가 이루어질 필요가 있습니다. 그렇기 때문에 아직 홀리스틱 의학은 가야 할 길이 멉니다.

지금 저는 가와고에川越의 오비쓰산케이帶津三敬 병원과 이케부쿠로池袋의 오비쓰산케이쥬크帶津三敬塾 클리닉에서 홀리스틱 의학을 추구하고 있습니다. 그 목표가 달라진 것이 없습니다만 아주 손이 미치지 못해서라고나 할까, 제가 살아 있는 동안에는 홀리스틱 의학에 도달하는 것이 무리일지도 모른다고 생각하고 있습니다.

'목표를 향하여 노력하는 하루하루가 홀리스틱이다.'라고 생각한다면 어디에서 종지부를 찍어도 괜찮지는 않을까… 이런 식으로도 생각하고 있습니다. 손에 넣을 수 없는 상태로 그냥 끝나버릴 가능성이 지금은 농후하지만 그것은 결코 좌절되는 것이 아니고, '살아 있는 한 홀리스틱을 향하여 나아가자. 그것만으로도 족한 것이 아닌가.'라고 하는 기분에 젖어 왔습니다.

홀리스틱 의학은 서양의학을 포함한 것

제가 실제로 하고 있는 의료행위에 대하여 이야기해보고자 합니다. 우선, 치료법으로서 서양의학은 규칙적입니다. 서양의학이 규칙적이지 않으면 홀리스틱하게 될 수 없습니다. 환자로서 "저는 홀리스틱 의학의 치료를 받고 싶기 때문에 선생님의 병원을 찾아왔습니다."라고 하는 분이 있습니다. 그래서 어떠한 치료법을 받고 싶으냐고 물어보았더니 "서양의학에 의한 치료는 받고 싶지 않다."라고 하는 것입니다. 그것은 그런대로 괜찮지만 홀리스틱 의학과 서양의학을 별개의 것으로 보고 있는데 그것은 잘못된 것입니다. 홀리스틱 의학은 서양의학을 포함한 것입니다. 환자가 이를 정확히 이해할 수 있도록 먼저 말을 합니다. 게다가 환자가 "서양의학은 충분치 않다. 대체요법만 좋다."라고 한다면 이는 문제가 되지 않습니다. 왜냐하면 나중에 함께 협력해나가면 되기 때문입니다. 그러나 병원의 경우 의사의 서양의학 수준을 높은 수준으로 유지하여야만 합니다. 저는 이러한 의식을 25년간 마음속에 담아 왔습니다. 그러나 마이너스 측면도 당연히 있습니다.

먼저 플러스 측면을 보면 어떠한 상태의 환자라 하더라도 외과적 조치가 필요한 경우가 반드시 있습니다. 그러한 긴급사태에 대하여 신속하게 올바른 대응조치를 할 수 없으면 그때까지 기울여온 노력이 수포로 돌아가버리고 맙니다. 외과적 조치가 필요할 때에는 조속히 대처하고 그 조치가 잘 되었다면 새로이 홀리스틱한 방향으로 나아가면 좋습니다. 그렇기 때문에 외과적 기술을 비롯한 서양의학적인 기술도 최고 수준을 유지할 필요가 있습니다. 그러나 외과전문의가 홀리스틱한 취향을 아울러 가질 수 있다면 더 이상 문제가 없겠지만 좀처럼 그렇게 될 수는 없습니다. 홀리스틱의 '홀'자도 모르는 의사가 담당할 수도 있는데, 이는 저로서는 유감스럽긴 하나 부득이한 경우입니다.

기술적으로는 빈틈이 없기 때문에 이 점이 분쟁의 원인이 될 수도 있습니다. 백점 만점의 완벽함이란 세상사에서는 좀처럼 없습니다. 외과 치료를 우선하고 이를 토대로 병원을 운영해나갑니다. 그렇다면 병원 전체로서의 장의 에너지는 조금 줄어들지만 이는 필요악과 같은 것입니다. 그러한 사안에 대해 우선은 서양의학, 그다음으로 마음의 의학, 그리고 다양한 심리요법 등을 채택하고 있습니다.

마음과 식사와 기공氣功이 기본

사이몬톤 요법의 창사지인 사이몬톤 박사와는 약 10년 전에 만나서 친해졌습니다. 저는 처음 대화를 해보고 단번에 그를 좋아하게 되었습니다. '이 사람은 현장에서 수고하고 있는 사람'이라는 것을 알 수 있었습니다. 그러한 사람들 특징 중 하나는 눈에 슬픔이 스며 있다는 것입니다. 그리고 말하는 내용이 단정적이지 않습니다. 언뜻 보기에는 언동이 시원스럽지 않지만 현장에서 수고하고 있는 사람은 "무슨 일이 일어나고 있는지 모른다."라고 하는 인식이 몸에 배여 있기 때문에 거의 단정적인 표현은 쓰지 않습니다.

사이몬톤 박사는 매년 가와고에川越의 병원에 와서 강연을 해왔습니다. 가와고에의 병원에서는 사이몬톤 요법을 포함하여 마음치료법을 적극적으로 도입하고 있습니다. 식사문제에 대하여는 병원의 급식으로 해결한다는 것 정도로 알려지고 있지만, 개인지도를 하고 있고 기공은 아침부터 밤까지 도장에서 가르치고 있습니다. 이는 양생법에 해당하는 것입니다.

환자를 몸과 마음과 생명의 통합체로 본다

홀리스틱은 인간을 있는 그대로 보기 때문에 병이라고 하는 상황만으로는 그 전모를 포착할 수 없습니다. 생生·로老·병病·사死 전부를 시야에 넣습니다. 그렇기 때문에 우선 양생이라는 개념을 파악해야 합니다. 마음과 식사와 기공이라고 하는 것을 파악하고 나아가 한방, 침, 뜸, 호메오파시, 서플리멘트, 아로마 테라피 등등을 어떻게 조합시킬 수 있는가 하는 것이 하나의 전략으로 수립되어야 합니다. 이러한 일을 매일 아침마다 합니다. 그래서 대화를 통해 대상자에 대한 전략을 결정짓습니다. 단 한 번의 발언으로 그치는 것이 아니고, 한 사람 한 사람이 차분하게 말하기 때문에 시간이 걸립니다. 원칙적으로는 한 사람에게 45분, 그렇지만 바쁠 때에는 세 사람 정도 함께할 때도 있습니다만….

전략을 정하고 이를 실행에 옮길 경우 중요한 것은 다양한 치료법을 통합하는 것입니다. 그렇지 않을 경우에는 그저 주먹구구에 불과합니다. "보잘 것 없는 무기는 그저 숫자 채우기에 그칩니다."라는 것이 현실입니다. 그래서는 분명히 "치료방법이 많고, 즉 전술이 많고 무기가 많을수록 무기가 바닥나지 않아 좋다."라고 하는 이점은 있을 망정 단순히 치료 방법의 합산만으로는 한계가 있습니다. 그 근저에는 치료방법이 통합되어야만 합니다.

지금 우리들이 매우 고심하고 있는 '의료 통합'이라고 하는 것은 무엇보다 먼저 '몸과 마음과 생명을 통합하는 것'입니다. 이는 우리 의료 종사자가 먼저 의료측면에서 통합을 꾀하고 환자들도 동시에 몸과 마음과 생명을 통합하는 것입니다. 그리고 상호 간에 통합체로서 인정해주어야만 합니다.

서로 상대방을 기계로 보지 않고 그 속에 마음과 생명이 갖추어져 있는 하나의 통합체로 보는 것입니다.

서로 그렇게 상대방을 보지 않으면 안 됩니다. 상호 간에 상대방을 몸과 마음과 생명의 통합체로 봅니다. 그렇게 되면 자기 편을 보는 것도 완전히 달라집니다.

환자에 대하여 아직도 고자세를 취하는 의사가 있습니다만, 몸과 마음과 생명의 문제로서 상대방을 보게 되면 자연히 상대방을 공경하는 마음씨를 갖게 됩니다, 이 점이 바로 홀리스틱 의학 분야에서 최초에 요구되는 자세인 것입니다.

파소제네시스病因論와 살루토제네시스健康生成論
- 증거evidence와 직관의 통합

서양의학의 기본 개념은 신체의 일부에서 병의 원인을 찾아내어 이를 치유하는 것입니다. 이를 병인론病因論, 파소제네시스, pathogenesis이라고 합니다. 이에 대하여 생명의 차원에서 고려해보는 것을 건강생성론健康生成論, 살루토제네시스, salutogenesis[3]이라고 합니다. 우리들의 생명 에너지는 나날이 진화하고 향상되어 가는 존재이기 때문에 죽는 날이 정점에 도달할 때입니다. 나날이 진화하는 존재로서의 생명을 포착하고 진화요인을 한 사람 한 사람의 개성에 맞춰서 서포트해 줍니다만, 우리들은 파소제네시스와 살루토제네시스의 양쪽을 조화롭게 살려 나아가야만 합니다. 기계 수리와 같이 "고쳤으니까 이젠 되었다."라고 해서는 안 됩니다. 그리고 현재의 상황에 안주해서는 안 될 뿐만 아니라 다양한 다른 영역들을 통합하여, 이를 의료과정에서 감안하지 않으면 안 됩니다.

중요한 테마로 들 수 있는 것이 증거와 직관의 통합입니다. 증거(과학적 근거)는 중요하지만 구하고자 하여도 입수하지 못하는 경우도 많습니다. 그럴 경우에는 깊숙이 파고들 것 없이 직관을 활용하는 것입니다. 대체요법은 직관에 의한 의료방법입니다. 서양의학은 증거에 의한 의료방법을 취합니다. 이 두 가지 방법을 하나로 통합해나가는 것입니다. 그러므로 **가장 중요한 것은 바로 장場 에너지**인 것입니다. 여러 가지 치료방법을 구사해나가면서 그것을 바탕으로 다양한 통합을 명심하여 계속 대응해나가되 거기에 장 에너지가 주입되어야만 합니다. '병원은 장 에너지가 높은 수준'이어야 한다는 점이 중요시되어야 합니다.

---

3 건강생성론(살루토제네시스) : '건강생성론(salutogenesis)'이란 유대계 미국인인 건강사회학자 아론 안토노프스키(Antonovsky)가 제창한 학설임. '건강을 어떻게 만들어 가는가라고 하는 기본적인 개념'으로서 그것과 대비되는 것이 '병인론(파소제네시스, '질병생성론'이라고 한다)', '왜 병이 걸리게 되었는가를 추구하는 학설'이다. 안토노프스키는 유대인 강제수용소에서 살아남은 사람들의 그 이후의 건강상태를 연구함에 즈음하여 과도한 스트레스에 시달렸으면서도 여전히 건강을 유지하고 있는 사람들이 있다는 사실에 경악하여 그 사람들에게 공통적인 요인 및 조건을 '건강요인(salutery factor)'으로 명명한 것이 건강생성(창성)론을 발전시켜 나가는 발단이 되었다. 그 건강요인 중 핵심이 되는 것으로 'SOC(sence of coherence: 건강유지능력)'라고 불리는 것이 있고 이를 근거로 건강생성모델이 완성되었다. SOC는 '파악가능성'과 '처리가능성' 및 '유의미성' 등 3개 요소로 성립되고 경험을 통하여 후천적으로 획득해나가도록 되어 있다. '파악가능성'이란 자기가 직면한 사건은 모두 예측할 수 있고 설명도 가능하다고 하는 확신, '처리가능성'이란 곤경에 처하였다 하더라도 이를 극복해나가기 위한 유용한 자원을 얻을 수 있다고 하는 확신, '유의미성'이란 발생한 사건 등에 대하여 이에 도전하고 관여하는 데 가치를 부여하는 의미가 있다고 하는 확신이다.

장場 에너지를 제고하는 것의 중요성

처음으로 이츠키 히로유키五木寬之 씨를 만났을 때 그는 "병원에 다니는 일이 거의 없고, 병원이라는 건물 안은 왠지 기氣가 안 좋다."라고 하였습니다. "병원에 가면 병에 걸리고 만다."라고 해서 저는 "잘 아시고 계십니다만 그렇지만은 않습니다. 본래 병원이라는 장의 에너지를 제고함으로써 치유할 수도 있습니다."라고 말했습니다. 여하튼 현실적으로 우리들은 다양한 장場 안에 몸을 두고 있습니다. 그 각각의 장 에너지를 높은 수준으로 유지해야 합니다. 특히 병원의 장은 더더욱 그러합니다. 우리들은 가정의 장을 비롯하여 직장, 지역사회, 자연계, 국가, 지구, 허공 등 다양한 장에 중첩되면서 존재하고 있습니다. 그 장들의 에너지를 각각 높이지 않으면 안 됩니다. 물론 자기 자신이 당사자이기에 다른 사람에게 자기 몸을 맡겨서는 안 됩니다. 장을 높이기 위하여 각자 노력을 하여야만 하는 것입니다. 우선 중요한 것은 그 장 안에 있는 인간의 커뮤니케이션, 네트워크, 의지, 각오 등등 … 이것들은 소프트한 측면입니다.

나아가 그 사람들을 수용하고 있는 건축물은 어떠한가. 어디에 머무르고 있는가, 어떤 교실에서 배우는가, 어떤 직장에서 매일 근무하고 있는가, 어떤 건물에 있는 병원에 들어가는가 이런 것들과 인생은 역시 무관하지 않습니다. 저는 "건축의학은 지금까지의 홀리스틱 의학을 추진해나가는 과정에서 결코 등한시해서는 안 된다."라고 생각하기에 이르렀습니다.

대단한 생명의 흐름이라고 하는 것은 허공에 퍼져 있는 많고 많은 장입니다. 우리들이 거기에서 살고 죽는 것도 결국에는 장의 문제로 귀착될 것으로 생각됩니다. 그렇기에 이 영역을 열심히 탐구할 만한 가치가 있다고 봅니다.

여행의 정감을 받아들이는 공간으로서의 집, 직장, 병원

　　　　　　　　　　　　그리고 최근에 또한 "장과 인간의
마음을 함께 묶는 것이 있다. 그것은 '여행의 정감'이다."라는 것을 깨닫게 되
었습니다. 바로 여행의 정감입니다. 가슴속 깊이 와 닿는 여행에 대한 상념이
라고 하는 것일까요…. 우리들은 나그네인 것입니다. 허공으로부터 와서 허공
으로 돌아가기에 "이 세상 살고 있다."라고 하는 것은 "여행의 정감 속에서 살
고 있다."라고 하는 것입니다.

　미즈우에 츠토무水上勉 씨는 어떤 책 속에서 "우리들은 허공으로부터 와서 허
공으로 돌아가는 고독한 나그네"라고 말하고 있습니다. 그는 "그렇기에 살아
있다고 하는 것은 혹은 산다고 하는 것은 슬픈 것이다."라고 풀이하고 있습니
다. 저도 그렇게 생각하였습니다. 얼마 전에 이나야伊那谷의 노자老子라고 불렸
던 구와지마 쇼조加鳥祥造 씨와 대담한 적이 있었습니다. 구와지마 씨는 딱 하나
도저히 동의할 수 없다고 하였습니다. "'산다는 것은 슬픈 것이다'에 대하여는
도저히 동의할 수 없다."라는 것입니다. 그때 저는 "지금 정정하겠습니다."라
고 응답했습니다.

　슬프고 외롭다고 하는 것은 다를 바가 없지만 그 이상으로 역시 기쁨이 있다
면 희망도 있고 그리고 가슴 설렘도 있습니다. 여행의 정감이라고 하는 것은
매우 복잡한 감정 덩어리입니다. 그래서 "어느 쪽인가 하면 산다는 것의 본질
은 슬픔과 외로움만 아니고 이른바 여행의 정감이 아닐까?"라고 구와지마 씨
에게 말했더니 그도 수긍하였습니다. 왜 제가 이런 말을 꺼냈는가 하면 문예춘
추文藝春秋에서 언젠가 "잊을 수 없는 은사님"이라고 하는 테마로 원고를 의뢰받
은 적이 있었는데 이것이 계기가 된 것입니다. 저는 도쿄 도립 이시카와都立小石
川 고교 시절에 고지마 노부오小島信夫라고 하는 아쿠다가와상芥川賞 수상작가로
금년(2006년) 10월에 세상을 떠난 선생님으로부터 영어를 배운 바 있습니다.
그분은 정말 명강의를 하였습니다. 교과서는 서머싯 몸의 『코스모폴리탄즈』[4]

였습니다.

그 수업 중에는 잡담을 나누는 학생은 물론 조는 학생도 없었습니다. 모두들 그 수업시간을 즐겼습니다. 역시 고지마 선생님의 일본어 번역본이 우리들의 심금을 매우 울렸다고 봅니다. 그래서 저는 그 선생님에 대하여 『잊을 수 없는 은사님』(문예춘추사)을 썼습니다. 그리고 다시 한 번 더 『코스모폴리탄즈』의 일본어 번역본을 읽어보았습니다. 그리하여 이 소설의 테마가 인생은 여정旅情이었다는 것을 알게 되었습니다.

저는 "고지마 선생님은 우리들 고교생의 어린 가슴속에 여정을 불러일으켜 주신 것은 아닌가. 그리고 이것이야말로 교육의 본질이 아닐까"라고 생각하였습니다. 이 여행의 정감을 되새겨보고 넘쳐흐르게 하면서 하나의 공간을 여행의 정감으로 가득 채우면서 살아갑니다. 이것이야말로 우리들이 본래 가져야 할 생활방식이 되어야 하는 것은 아닐까. 따라서 집도 직장도 병원도 "비바람을 견딜 수 있다면 좋다."라고 하는 데 그치지 않고 이러한 여행의 정감을 받아들일 수 있을 듯한 공간이 되어야 한다고 보는 것입니다.

그러한 곳을 제 나름대로 추구해보고 싶다고 생각하고 있습니다.

4　서머싯 몸의 『코스모폴리탄즈』: 무대는 유럽, 아시아의 양 대륙으로부터 미나미시마(南鳥), 요코하마(橫浜), 고베(神戸)까지. 고국을 떠나 이국에 사는 외국인들의 일상생활에 내재하는 각각의 사건들. 『코스모폴리탄』 잡지에 1924~1929년에 연재된 주옥 같은 소품 30편.

04

인체의 신비로움에서 배우는
건축의학의 미래

일본건축의학협회 이사 데라카와 쿠니미쓰(寺川 國秀)

치의학 박사, 일본건축의학협회 이사, 메트로폴리탄 플라자 알프스 치과 명예이사장, 1959
년 도쿄 치과대학 졸업 후, 도쿄 대학교 의학부 치과구강외과에 취업, 1973년 일본치학센터
를 설립, 1979년에 현재의 신주쿠(新宿) 알프스 치과를 설립한 후, 일본치과동양의학회, 일본
치과심미학회의 부회장을 역임. 현재는 일본치의학의 대표적 존재로 널리 해외에서도 활약,
치과 계통 명의이며 동시에 다른 사람의 마음을 즐겁게 이끌어주는 명의이기도 하다.

일본건축의학협회 설립기념 강연회(2006년 11월 18일) 및
건축의학 심포지엄 2007(2007년 4월 14일)의 강연내용

04

인체의 신비로움에서 배우는
건축의학의 미래

환자의 '마음'을 치유하는 의료행위란?
– 티베트에서는 애정이 깊고 자비심이 많은 사람이 의사가 된다

2006년 11월에 달라이라마를 만나볼 기회가 있어서 티베트에 다녀왔습니다. 해발 평균 3,000미터 정도 되는 곳입니다. 버스를 잠깐 타고 나서 산을 올라가면 3,800미터 정도 되는 고지대가 됩니다. 후지산의 표고가 3,776미터이므로 그보다 더 높은 곳입니다. 기압이 낮고 산소가 희박하며 자외선이 강하여 생물이 살기에는 매우 혹독한 조건인데도 많은 풀과 나무들이 무성하게 자라고 있었습니다. 그 풀들을 오물오물 씹어 먹고 있는 염소와 양들이 소박하고 보기 좋았습니다.

11월에 3,800미터 이상의 고지대는 기온이 영하의 상태입니다. 가혹한 기후조건 아래 초목의 열매 등을 먹고 있는 동물들의 모습을 보니 그들은 정말 건강하고, 자연스러운 아름다움을 보여주었습니다.

도쿄에서는 최근 땅값이 부동산 버블로 크게 올라가 "평당 몇백만 엔이다, 몇천만 엔이다."라고 할 정도로 어수선합니다만 티베트의 고원에 올라가보니 그저 얻는다고 해도 큰일이라고 할 정도로 광대한 토지가 아득히 저편까지 펼쳐져 있습니다. 그 땅은 관리하는 것만으로도 엄청난 일이 됩니다.

그곳에서 중국대륙을 당당히 흘러가 바다로 향하는 황하의 발원지를 보고 있습니다.

많은 양들이 초원을 가로 누비고 있는 곳에 한 갈래 길이 나있습니다. 근대 공업문명의 상징이라고도 할 수 있는 간선도로가 자연을 둘로 나누면서 질주하고 있습니다. 그 길로 많은 염소떼들이 누비고 있습니다. 인간보다도 염소 숫자가 많았습니다. 자동차가 경적을 울리자 염소들도 알아차렸는지 길가로 붙어서 걸어 갔습니다.

티베트에서 저는 티베트 의학 본연의 실체에 관한 설명을 듣고 감동하였습니다. 티베트에서는 의사가 되기 전에 먼저 사원에서 티베트 불교의 수행을 해야 합니다. 결국 승려들 중에서 **가장 자비심이 깊고 사려심이 있는 사람들이 의학공부를 한다**고 합니다. 병에 걸린 사람의 '마음'을 치유하는 것입니다. 그와 같은 의학이 오랫동안 그야말로 몇천 년에 걸쳐서 보호 육성되어 온 티베트가 지금 정치적으로는 이러저러한 문제를 안고서 괴로운 상황에 처하여 있다고 하지만 '일본이 온통 잃어버리고만 것이 이 광대한 초원 속에 있다'고 생각해보았습니다.

의료행위 본연의 모습이란?

저는 쇼와昭和 34년(1959) 도쿄 치과대학 졸업시험이 끝나던 날 자동차 조수석에서 뇌내출혈을 수반하는 안면두부파열상과 흉부타박, 입술 등 30바늘을 꿰매는 교통사고로 1개월 동안 입원하였습니다. 움직일 수 없는 상태로 안면을 붕대로 감고 있던 날 저를 돌봐주고 있는 간호사의 손거울에 병원 창문을 통하여 사각형의 푸른 하늘이 눈부시게 비쳤다는 것을 기억하고 있습니다. 응급실 의사와 간호사의 재빠른 수술과 적절한 간호로 제 목숨을 건지게 되었습니다.

얼굴과 두피 안에 박힌 작은 자동차 앞면 유리창 파편을 수술로는 끄집어낼 수 없기 때문에 상처가 치유되기를 기다려 조금씩 떠올라오는 것을 하나씩 제거해주는 상냥한 간호사의 손. 요추천자_{바늘을 가지고 뇌척수액을 직접 뽑아내는 것-역자}, 링거, 근육주사, 정맥주사 등의 처치를 할 때마다 따뜻하게 마음을 담은 '말'이 전신을 따스하게 감싸고 가슴을 뭉클하게 한다는 느낌이 들었습니다.

24살이었던 저는 6년간 치과대학 커리큘럼의 마지막 날 교통사고로 인한 외상으로 입원환자로서의 귀중한 체험을 하였습니다. 그리고 응급외과 처치로 목숨을 구하게 된 저는 '외과공부를 하고 싶어' 퇴원한 후 도쿄대 구강외과 선발시험에 합격하여 취업하였습니다.

온후하고도 다소 조용한 성격의 가와노 야스오河野 康雄 주임교수의 처음 하시던 말씀이 지금도 마음속에 남아 있습니다….

"구강외과학은 치아를 능숙하게 빼내기 위하여 존재하는 것이 아닙니다. 치아를 도와주고, 턱을 도와주고, 사람을 도와주는 학문입니다. 여러분이 빼낸 치아에 치석이 붙어 있다면 치아를 도와주는 노력을 했다고 할 수 없습니다. 치과의로서는 실격인 셈이지요. 치아의 중요함, 구강의 의의意義를 가장 잘 알고 있는 사람은 자네들일 테니까…."

구강외과에 취업한 후 반년 정도 지나 품위 있어 보이는 초로의 부인의 마지막 남은 치아를 뺐습니다. 부인은 정말 기뻐해주었습니다. 그리고 "신경 쓰이던 치아를 쉽게 정성 들여 빼내주셔서 감사합니다. 또 한 가지 부탁이 있습니다. 통증은 없어졌지만 오늘부터 치아가 없는 생활이 시작됩니다. 부디 이번에는 건강하고 양호하게 먹을 수 있도록 좋은 치아를 만들어주셨으면 합니다."라고 말했습니다.

외과의사의 경우 병든 환부의 적출은 마지막 처치단계입니다. 구강외과의사의 경우에도 이를 빼는 것이 마지막 처치일 겁니다. 그러나 환자의 입장에서는 치아가 없는 생활이 시작되는 때입니다.

단정한 용모로 완전히 치아를 잃어버리게 된 그 부인의 목소리가 쓸쓸하고 슬프게 느껴졌습니다. 졸업하고 나서 바로 구강외과 공부를 시작하였던 나에게 치아를 잃어버린 아픈 마음을 일깨워준 최초의 환자이고, 건강하고 양호하게 식사를 할 수 있는 좋은 치아 만들기에 관한 공부의 출발점이기도 하고, 많은 선배와 세계의 앞서 간 스승들과의 만남을 위한 여행의 출발점이기도 하였습니다. 그때 능숙하게 절개하고 봉합하는 것만이 아니고, 환자의 '**건강하고 자연스럽게 있는 그대로, 바로 그러한 상태로 생애 최후의 날까지 살고 싶다**' 고 하는 바람을 들어줄 수 있기 위하여 노력하는 것이 의료행위 본연의 모습이 아닐까? 그렇게 저는 생각해봅니다.

치아가 없게 되었을 때 없어진 곳에 무언가를 만들어 넣어준다. 그야말로 살아 있는 인체를 활용하는 건축학이고, 어떠한 치아를 어떠한 소재를 써서 어떻게 만들 것인가, 그 자체가 치과의 중요한 과제입니다. 그 치아를 아름답고 건강하게 유지하며 우리들은 살아갑니다. 살기 위해서는 먹지 않으면 안 됩니다. 아무리 훌륭하고 쾌적한 환경 속에 있더라도 먹지 않으면 살 수 없습니다. 태어난 바로 그날부터 죽음을 맞이하는 최후의 날까지 식사를 함으로써 우리들은 살아갈 수 있습니다.

'먹는 것'과 '입는 것', '머무는 것(사는 것, 거주하는 것)'과 '자연' 바로 그것들이 목숨을 지탱해주는 것입니다.

치과의 역사는 돌이켜보면 우선 여러분은 이가 아프면 참을 수 없습니다. 무엇보다도 먼저 아프기 때문에 당장 무언가를 하고 싶어 합니다. 아프지 않게 되면 그다음에는 그 기능이 회복될 수 있기를 바랍니다. 두 번 다시 그와 같은 생각을 하고 싶지 않습니다. 그리고 우리 온몸과의 관계가 중요합니다. 그와 동시에 어렵게 해넣은 치아가 아무래도 의치라고 하는 인공적인 감각은 도저히 견딜 수 없습니다. 역시 보기 좋고 자연스럽고 멋졌으면 하고 바랍니다. 게다가 그 사람의 개성을 살린 듯한 생활방식과도 연계되지 않으면 안 됩니다. 왜냐하면 입은 얼굴의 일부분이기 때문입니다. **얼굴은 그 사람의 인생을 반영하는 거울**인 것입니다.

수명과 치아
– '영齡'이라고 하는 글자 속에 왜 '치齒' 변이 들어 있는 걸까?

수년 전의 설문조사에 의하면 "귀하는 무엇을 구하고 있습니까? 그리고 무엇을 가장 바라고 있습니까?"라고 물었을 때 가장 많았던 응답이 우선 '건강'이었습니다. 그다음에 마음과 몸의 건강. 몸만이 아니라 마음도 건강하고 싶다, 그다음은 무엇입니까 물었더니 '젊디 젊음'이었습니다. 건강을 지켜내는 그런 젊음입니다. 다시 그다음은 아름다움. 아름답고 싶다는 것입니다. 그리고 네 번째는 풍요로움. 마음도 몸도 건강하고, 젊디 젊고 아름답고 풍요로웠으면 한다. 이것이 여러 분야의 직업을 가진 다양한 연령층 사람들의 성별을 초월한 희망이었습니다. "병들고, 노쇠하고, 추하며 가난한 것이 좋다."라고 하는 사람은 없습니다. "언제나 건강하고 젊음이 넘치고 아름답고 풍요롭기만 하다면 목숨도 필요치 않다."라고 말했습니다(웃음).

그러면 사람은 도대체 몇 살까지 살 수 있을까요?

일본인의 평균 수명은 남녀 공히 세계 제일입니다. 남성은 78.53세, 여성은 85.49세(2006년 7월 일본후생노동성 발표)로 100세 이상의 고령자는 1만 5,000명을 넘고 80% 이상이 여성입니다. 일본은 전례 없는 세계적인 장

수, 초고령 사회가 되었습니다.

인간의 평균 수명은 얼마까지는 계속 늘릴 수 있겠지요. 수명에는 한계가 있는 것일까요. 또한 현재와 같은 의식주와 환경오염의 상황에서는 평균 수명 41세설도 나오기 시작하였습니다.

자연계의 포유동물에는 대단히 재미있고 불가사의한 공통점이 있습니다. **포유동물은 성년이 될 때까지 걸린 시간의 5~6배를 살 수 있다.** 그것이 바로 그 동물의 수명이라는 것입니다. 쥐와 코끼리는 그 크기, 체중, 성장하는 속도, 수명도 전혀 다릅니다.

무기를 갖지 않고 약하며, 작은 쥐는 수명도 짧기 때문에 동작은 재빠르고 성장도 빠르며, 종족의 보존을 위하여 단시간에 많은 자손을 남기지 않으면 멸종되어버리고 맙니다.

한편, 육상에서 가장 크고 강한 코끼리는 동작도, 성장도 느리고, 더군다나 자연계의 천적이 없는 코끼리는 새끼의 숫자도 적고, 조용하고 여유로운 생활을 하고 있습니다. 그러나 상아를 구하고자 하는 인간이 코끼리의 천적이 되었습니다. 수명이 짧은 쥐와 수명이 긴 코끼리에게는 완전히 같은 공통점이 있습니다. 그것은 쥐와 코끼리의 일생 동안 하는 호흡수와 심장박동수가 같다고 하는 것입니다. 즉, 호흡이 빠르고 심장 박동도 빠른 쥐는 성장도 빠르고 새끼수도 많지만 그와 더불어 수명과 세대 교체도 빠르다는 것입니다.

포유동물로서의 인간의 수명 '영齡'은 몇 살 정도일까요…?

연령의 '영齡'자에는 '치변齒辺'이 들어가 있습니다. 살아가는 데 기본이 되는 '치아'가 수명을 나타내고 있습니다. **인간의 탄생과 성장, 목숨의 기한은 '치아'에 의하여 결정됩니다.**

모든 포유동물은 초식동물이든 육식동물이든 태어날 때에는 치아가 없습니다. 치아가 있으면 어미의 유두와 유방을 씹는 등 상처를 내면서 젖을 먹기 때문입니다.

모든 인류는 엄마의 젖에 달라붙어 엄마 심장의 고동소리를 들으면서 자라게 됩니다. 그 무렵에 그 엄마의 젖을 미워하며 질투심, 성냄과 경쟁하는 마음…. 그러한 것들이 있을 수 있을까요. 부드럽고 따스하며 자상하고 온화함이 있는 그 엄마젖에서 나오는 젖은 나오기 전까지는 엄마의 혈액이었습니다. 아이들은 엄마의 혈액을 받아 먹고 자랍니다. 그렇게 자란 사람들이 왜 다투게 되는 걸까요. 우리들은 다시 한 번 이 점에 관하여 깊이 생각해볼 필요가 있다고 봅니다.

아기 치아의 뿌리는 두개골 속에서 가만히 밖으로 나오기를 기다리고 있습니다. 젖을 빨아먹으면서 조금씩 커지게 되면 음식물을 갉아먹는다든지 잘게 부수기 위하여 아기의 갈기 전 이빨, 즉 '수유기 치아'가 맨 처음 나오게 됩니다. '전치前齒'가 나오려고 하면 잘게 쪼갠 음식물을 갉아 부수기 위해 필요한 속니, 즉 '제1젖어금니乳臼齒'가 나옵니다.

조금씩 성장하면서 고기 등을 깨물어 찢는 이빨의 '유견치乳犬齒'가 나옵니다. 조금 더 큰 속니인 '제2젖어금니'가 아이들의 두개골 속에서 잘 석회화되어 씹는 힘이 점점 크고 강해지고, 얼굴과 머리가 성장하기 시작합니다. 젖니가 전부 갖추어지는 데 3년이 걸립니다.

이 치아가 성장해가는 상태와 두개골의 성장 과정을 뢴트겐사진으로 보면, 생명의 멋진 성장 리듬이 성스럽게까지 느껴집니다. 유치열乳齒列이 완성된 3년 후부터 아기의 치아는 성장이 멈추고 성인의 치아인 '영구치永久齒'가 나오기 시작합니다.

초등학교 입학 연령인 6세에 최초의 어른치아인 '제1대구치大臼齒'가,

중학교 입학연령인 12세에 두 번째 성인의 치아인 '제2대구치'가,

고등학교를 졸업하는 18세에 제3대구치사랑니가,

치과 및 의과대학을 졸업하는 24세에 턱의 관절이 완전히 석회화되고 뼈가 완전히 굳은 시점에서 성인이 되는 것입니다.

$3 \times 2 = 6$, $6 \times 2 = 12$, $6 \times 3 = 18$, $6 \times 4 = 24$로

실로 멋진 6년 주기의 치아가 돋아나는 순서와 성장과정이 인간이 성숙하는 기본으로 되어 있습니다.

인간의 성장, 성숙, 노화, 수명도 '치아'가 갖고 있는 '생명의 섭리'에 따르는 것입니다.

과학적인 근대치과의학 지식이 전혀 없던 고대 중국 사람들이 치아의 상태로 인간의 성장과정 및 나이 먹어가는 모습을 관찰하여 한자를 만들 때 연령의 '영'이라고 하는 글자에 '치변'을 붙였다고 하는 뛰어난 지혜에 다시금 새로운 감탄을 금할 수 없습니다.

인간이 24세에 성인이 되면 **포유동물의 법칙에 따르면, 인간의 수명은 120세에서 144세까지 된다고 합니다.** 굉장하지 않습니까…. 실로 '건강하게 100세를 사는 시대' 바로 그것입니다. 현재의 평균 수명은 치과의학적으로 본다면 고작 절반 정도될 뿐입니다.

인간의 수명
- 포유동물의 수명 -
원칙 : 성인이 될 연월수의 5~6배

3세 … 유치(乳齒)
6세 … 제1대구치(第1大臼齒)
12세 … 제2대구치(第2大臼齒)
18세 … 제3대구치(第3大臼齒)
24세 … 턱관절(顎關節)

성인으로 될 때까지의 연월수×5=120
성인으로 될 때까지의 연월수×6=144

씹는 것과 웃는 것이 장수의 비결

수명을 늘렸다고 하더라도 죽지 않을 수는 없습니다.

지금부터 200년 이전에는 사망원인의 첫 번째가 이질, 티푸스, 유행성 장관련 병, 소화기 계통 병들입니다. 1900년대 초반 무렵에는 호흡기 계통 병, 결핵 및 폐염 등이 사망원인의 으뜸이었습니다. 그 무렵에는 암으로 사망하는 경우는 거의 없었습니다.

1900년대 초 뉴욕 대학교 의학부 학생들이 급작스레 대학교에 소집되어 "자네들이 장래 의사가 되면서부터 이와 같은 희귀한 병들을 접하게 될지도 모른다. 잘 진단해보도록." 하면서 소리를 가다듬어 학생들에게 병리 해부하여 보여준 것은 복막으로 전이된 말기 위암이었습니다. 그 당시 암은 대단히 희귀한 병이었던 것입니다.

현재 첫 번째 사망원인은 암이고 두 번째는 심장질환, 세 번째는 뇌졸중 등의 뇌질환입니다.

또한 죽음에까지는 이르지 않더라도 또 하나의 중요한 문제는 알츠하이머 및 노인성 인지증認知症이 고령 사회에서 중요한 문제로 대두되고 있습니다. 암, 심장질환, 뇌졸중 등에 걸리지 않고 인지증을 앓지 않는 치료방법이 있다면 목숨이 붙어 있는 한 멋진 인생을 보낼 수 있습니다. 무언가 좋은 방법은 없을까요?

실은 '잘 씹는 것과 잘 웃는 것' 그것이야말로 신비의 특효약입니다. '잘 씹을 수 있는 치아'와 '웃을 수 있는 입'을 잘 가다듬는 것이 중요시되어 왔습니다. 이것이야말로 생체건축의학生體建築醫學 그 자체입니다. 이를 연장한 것이 '건축의학'인 것입니다.

도시샤 대학同志社大学 니시오카西岡 교수의 발표에 따르면 같은 조건에서 자란 쥐를 두 개의 그룹으로 나누어 하나의 그룹에게는 딱딱한 모이를, 그리고 또 다른 하나의 그룹에게는 부드러운 모이를 같은 양의 발암물질을 섞어서 사육하는 실험을 했습니다. 딱딱한 모이를 먹은 쥐 그룹의 발암률은 부드러운 모이를 먹은 쥐 그룹의 발암률보다 10분의 1 이하라고 하는 현저하게 낮은 발암률을 보이는 것으로 나타났습니다.

잘 씹어 먹음으로써 침이 분비되어 몸에 필요한 것은 흡수되지만 몸에 좋지 않은 것은 침에 포함되어 제거됨으로써 발암률이 억제된다는 훌륭한 발표 성과를 보였습니다.

또한 인간에게는 심장이 다섯 개 있습니다.

하나는 본래의 심장이고, 나머지 네 개는 턱, 양손, 양발, 횡격막의 운동입니다. 이것들은 모두 혈액의 순환을 촉진하는 펌프 역할을 하여 심장의 부담을 경감시켜주는 것입니다. 멋진 자연의 조직원리라고 할 수 있습니다. 네발을 가진 동물은 머리와 심장과 배와 엉덩이의 위치가 지구의 인력에 대비하면 같습니다. 그렇기 때문에 개나 고양이가 뇌일혈 및 뇌빈혈, 위하수 및 치질에는 잘 걸리지 않습니다. 그렇지만 인간은 두 발로 서 있기 때문에 심장으로부터 머리와 손발 끝까지 혈액을 보내고, 그 혈액이 심장으로 되돌아오게 되어 있습니다.

음식물을 씹어서 턱을 움직여주는 것은 인력에 비하여 심장보다 높은 위치에 있는 뇌에 혈액을 공급해주고, 내뿜는 펌프와 같은 중요한 역할을 하고 있는 것입니다.

오랫동안 자동차 운전을 한다든지 피곤해졌을 때 껌을 씹는다든지 노래를 부른다든지 하면, 즉 두뇌를 잘 돌아가게 하면 뇌의 혈류가 원활하게 됩니다. 또한 심장으로부터 가장 멀리 떨어져 있는 손발의 모세혈관의 혈류가 원활하게 되도록 하기 위해서는 수건을 손으로 짜는 것 같은 운동 및 손놀림이 가장 좋습니다. 또 모래 위를 맨발로 걷는다든지 죽마竹馬를 탄다든지 하는 것도 매우 좋습니다.

또 한 가지는 호흡입니다. 호흡을 가다듬으면, 횡격막이 상하운동을 하여 내장에 잘 흐르지 않는 혈액을 심장으로 되돌려 보내는 훌륭한 역할을 하게 됩니다. 잘 씹어 먹고, 호흡을 가다듬고, 양 손발을 잘 사용하면 사망의 3대 원인을 억제하는 훌륭한 생활습관이 됩니다.

또한 "**알츠하이머 환자의 거의 대부분이 무치악**無齒顎, 치아 전부를 상실해 버린 턱 **으로 취미라는 것을 잃어버리게 된다.**"라고 하는 후생노동성의 통계도 대단한 흥미를 야기합니다. 씹는 힘의 자극과 정신적인 자극을 상실한 두개두頭蓋頭는 쓸모없게 되어 인지증認知症에 걸리게 되고 맙니다. 환언하면 저작, 즉 씹는 일이 심장의 부담을 줄여주고 뇌의 혈액순환을 촉진하며, 씹는 힘은 뇌에 적당한 자극을 주어 인지증의 예방에도 도움이 됩니다.

한편, 1992년 6월에 삿포로札幌에서 개최된 심신 의학회心身 医学會에서 매우 흥미진진한 발표가 있었습니다. 말기암 환자로서 몽블랑 등정에 성공한 "'사는 보람 치료법'을 실천적으로 지도"하고 있는 의사인 이타미伊丹 씨가 암 및 난치병에 대하여 웃음과 유머라는 수단을 도입하여 **웃음이 실제로 면역기능에 어느 정도 작용하는가**를 조사한 결과를 발표하였습니다. 이는 오사카大阪 남부지역에서 실험된 것이지만 대략 3시간 정도 만담과 코미디를 즐긴 암 및 협십증 환자 20명으로부터 연극개막 전과 코미디를 즐기고 난 후의 혈액을 각각 채집하여 암세포 병원균을 공격하는 면역기능의 지표로 쓰고 있는 내추럴 킬러 natural killer 세포, 즉 NK세포의 활성화가 어떻게 되는지를 조사하였습니다.

모든 인간의 **면역기능이 35%에서 50% 이상이나** 향상되고 있음을 알 수 있었습니다.

웃음은 건강의 원인이 되고, 마음과 몸의 관계를, 또한 옛날부터 "병은 기氣로부터"라고 하는 속담을 과학적으로 실증하였다고 해서 화제가 되었습니다.

웃으면 얼굴 윤곽 근육이 느슨해져 눈꼬리가 아래로 쳐지고, 광대뼈의 근육이 수축하여 입을 끌어올림으로써 입언저리가 올라갑니다. 불가사의하게도 입언저리가 올라가면 흉선胸線이 자극되어 흉선호르몬은 내추럴 킬러NK 세포를 활성화하게 합니다.

> 웃는 얼굴은 입언저리를 중심으로 한 표정근육에 의하여 만들어집니다. 치아가 입을 변형시켜 입은 얼굴을 바꾸고, 얼굴은 표정을 자아내고, 표정은 새로운 인생을 창조합니다. 그야말로 치아가 인생을 만들어내는 것입니다….

지구상에 생명이 탄생하고 단세포로부터 다세포로 진화해가는 과정에서 최초로 만들어진 것이 입입니다. 원시적으로는 구강입니다. 그 입으로 음식물을 어떻게 다룰 수 있는가. 그 음식물이 어떤 장소에 도달할 수 있는가. 음식물을 탐색하는 감각기관 및 음식물에 빨리 도달하는 그 운동기관의 중추가 입 주위에 모여듭니다.

진화는 입으로부터 비롯됩니다. 음식물과 그 음식물을 다루는 방법, 먹는 방법이 진화방향을 결정하게 됩니다.

또한 발생학적으로도, 아직 양 손발이 없을 때에 이미 구강에는 치아가 배태되기 시작하였습니다.

입이 생명을 육성하고 씹는 운동이 두개頭蓋를 키우며, 삼켜진 음식물이 신체를 성장시키는 과정이 치과의학의 총체적인 기본이 됩니다. **생명의 시원에는 입이 있기 마련입니다. 심신의 건강은 실로 입으로부터** 나옵니다.

발암요인의 3분의 2는 입과 관련되어 있다

우리들은 수명이 다하는 날까지, 즉 목숨이 다하는 날까지 병과 재난이 없이 살아갈 수 있다면 이처럼 좋은 일은 없을 것입니다. 그리고 최후의 날로부터 3일 정도 전에 "아~ 좋은 인생이었잖아~. 즐거웠어~. 그동안 여러 가지 일이 있었지. 슬픔도 괴로움도 근심 걱정도 있었지만 정말 다양하고 즐거운 생애였어."라고 생각하며 자기가 살아온 데 익숙해진 방에서 친한 사람들에게 작별을 고하면서 "자, 이제 죽게 되는 걸까."라고 말하면서 눈을 지그시 감았다가 떠보았더니 어느새 '저 세상'에 와있다면, 가장 좋을 거라고 생각되지 않습니까?

몸속에는 갖가지 파이프가 갖추어져 있어, 의식과는 무관하게 2년이고 3년이고 지탱할 수 있기 때문에 주위 사람들로 하여금 쓰라린 생각을 자아내게 하여 "이전에 이지적이었던 분이 어째서 이렇게 비참한 생애로 최후를 맞이할 수 있을까…"라고 탄식하게끔 합니다. 그와 같은 임종은 누구나 다 맞이하고 싶지 않을 것으로 여겨집니다.

인생이란, 자연으로부터 태어난 우리들이 자연으로 되돌아가는 하나의 노정路程**입니다.**

제가 대학교 구강외과에서 겪은 가장 쓰라렸던 일은 설암 수술은 성공하였지만, 혀를 잃게 된 환자의 병실에 매일 항암제 주사를 놓으러 가지 않으면 안되었던 것입니다. 환자가 말이 안되는 말로 이야기를 하여야 하는 모습을 볼수밖에 없었습니다.

발암원인이 되는 비율이 가장 높은 것은 음식물과 담배입니다. 입에 관련되는 원인이 거의 발암 원인의 3분의 2를 차지하고 있습니다.

도시샤 대학同志社大學 니시오카西岡 교수의 실험결과에 따르면 "암을 억제하는 기능이 침에 있다."라는 것입니다. 그래서 저는 구강외과에 재직하고 있을 때 "암에 걸리고 난 후에 암을 치료하는 것이 아니고, 암에 걸리지 않을 환경, 즉 암에 걸리지 않는 생활습관을 통하여 암에 걸리지 않은 채 생애를 보내고 싶다."라고 곰곰이 생각해보았습니다.

치아와 인지증認知症
- 씹는 힘이 두뇌를 활성화시킨다

우리들은 매일 무언가를 먹고 있습니다. 그리고 먹어야 한다는 것이 당연시됩니다. 따라서 견과류 등을 씹어먹을 때에도 별 생각 없이 아삭아삭 씹어 으깹니다. 생각하면서 먹는 사람들은 음식 맛이 없을 테지요. 그러나 저 아삭아삭 견과류를 씹어 으깨어버릴 때의 힘은 도대체 어느 정도의 압력이 되는 걸까요. 손가락으로 견과류를 으깰 수 있는 사람이 있을 수 있을까요. 저는 그러한 사람을 아직까지 보지 못했습니다. 저 견과류를 입속에서 갈아 부술 때에는, 마루 위에 견과류를 놓고 구두 밑창으로 짓밟아서 구두를 한 바퀴 돌릴 정도의 힘이 드는 것입니다. 고작 1제곱센티미터 정도 면적의 치아에 50~60킬로그램 정도의 힘이 실리고 있는 것입니다. 1제곱미터로 환산하면 600톤이나 됩니다. 건축학에서 제곱미터당 600톤을 감내할 수 있는 건축물은 아직 이 지구 상에는 존재하지 않습니다. 이는 **300층 빌딩의 밑바닥에 가해지는 힘과 같습니다.**

이상에서 인간의 몸이 굉장하다는 것을 쉽게 상상할 수 있습니다.

이와 같이 씹는 힘이 단순히 입속의 문제만이 아니고 아래턱에서 시작하여 위턱을 거쳐 코 및 눈을 통하여 뇌에 전달됩니다. 이러한 힘이 도대체 무슨 일을 하고 있는가 하면, 실은 전부 뇌하수체腦下垂体 주변에 모이도록 되어 있습니다. **씹을 때마다 두개골 안의 뇌가 활성화되는 것입니다.**

지금 세상에는 부드러운 것, 훌쩍 마셔버릴 수 있는 음식물이 많아졌지만, 그 때문에 먹을 것을 씹지 않고 먹는 사람이 많아졌습니다. 씹지 않는 사람, 씹을 수 없게 된 사람의 뇌는 활성화되지 않습니다.

치아가 있어서 아래·위턱이 서로 꽉 물려 씹어야만 비로소 턱관절의 뒤에 있는 귓속 달팽이관이 바르게 기능을 합니다. 이 달팽이관이 자세를 관장하는 부위인 것입니다. 달팽이관에 이상이 생기면 자세도 따라서 이상하게 됩니다.

자세가 바르지 않으면 생각이 바를 수는 없습니다. 왜일까요. 자세가 이상하면 척추에 이상이 생기고, 뇌가 척추 위에 있으므로 척추가 왜곡되면 뇌도 당연히 정상적인 기능을 할 수 없습니다. 씹는 힘은 자기의 체중과 같은 정도입니다. 그 힘이 씹을 때마다 아래턱으로부터 위턱으로 전이되고, 또 위턱에서 코와 눈을 거쳐 언제나 뇌를 활성화시킵니다.

치과의학은 과학기술이고 예술이며 철학이다

지난 2000년 도쿄국제포럼에서 "브러싱Brushing인가 아니면 죽음인가"라고 하는 테마로 치주병齒周炳, 음식물 찌꺼기나 치석의 자극으로 잇몸에 염증이 생기는 병-역자과 전신질환의 관계에 대한 포럼이 개최되었습니다. 그 캐치프레이즈가 신문에서도 다루어져 일대 센세이션을 일으켰습니다.

아래의 사진은 치과의사 만나기를 싫어해 30년간 한번도 치과의사를 찾아가지 않았던 사람의 치아입니다. 앞니에는 치석이 달라붙어 있습니다. 이것을 제거하였습니다. 치석은 조금씩 빨리 제거합니다. 치석이란 음식찌꺼기와 박테리아균의 덩어리입니다. 치석이 생기면 턱뼈까지 염증이 생길 수도 있습니다.

수술 전 상태

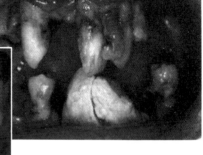

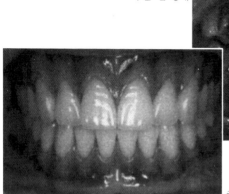

수술 후 틀니를 넣은 상태

이 환자의 수술을 마치고 나서 인공치아를 만들었습니다. 잘 씹을 수 있고 모양도 좋고, 씹는 힘이 뇌를 활성화시켜서 이 사람은 자기 나름의 특유한 표정을 지을 수 있게 되었습니다. 그야말로 생체에 건축의학이 응용된 것입니다.

"틀니같이 보이지 않을 정도로 자연스럽고 생생하게 만들어지지 않았는가." 라고 하면서 의욕적으로 만들었습니다. 이 분은 치아를 바꿈으로써 인생이 완전히 바뀌어졌습니다. 살아가는 방식도 사물을 대하는 방식도…. 치아가 없는 상태에서 이 사람의 얼굴에 맞는 형태, 색깔과 크기와 기능, 그리고 개성을 갖춘 치아가 완성되었습니다.

자연이라고 하는 장場 안의 '인체'라고 하는 하나의 자연의 장場 안에서 우리들은 생활하고 있습니다.

"자연의 장 안에서 도대체 인간의 장이란 무엇일까?"라고 하는 것을 '먹는다'고 하는 측면에서 고찰해보고 싶습니다.

치과의학은 과학입니다. 치과기술은 다양한 치아를 만드는 예술입니다. 치과의료는 환자의 마음을 그리고 생활방식을 바꾸어갈 수 있을 정도로 큰 힘이 있는 것입니다.

치과의료란 과학이고 기술이며, 예술이고 실천종교이며, 한편으로 의료행정에 관련지어 의미를 부여한다면 정치이고 철학, 곧 도道이기도 합니다.

치아가 없는 두개골은 그 무게가 절반 이하

치아가 있는 두개골과 치아가 없는 두개골을 비교해보면 재미있는 사실을 알 수 있습니다. 치아가 있는 두 개골은 뼈가 단단한 구조를 갖고 있어서 적절한 기능을 합니다. 무게를 계량해보면 650그램 정도 됩니다. 치아가 없게 되면 무게가 절반 이하로 됩니다. 책머리사진 9, 10을 참조하여주십시오. 뼛속에 틈이 많이 생겨 골다공증이 됩니다. 이러한 데에 연유해서 일본치과골다공증학회가 창설되었습니다. 이러한 사실을 여러분들에게 꼭 알리고 싶습니다. 치아만의 문제가 아닙니다. 사용하지 않는 뼈는 쓸모 없게 됩니다. 인간은 무엇 때문에 먹습니까? 배가 고프기 때문에 먹는 것만은 아닙니다. **씹는 힘이 두개골을 활성화시키기도 하기 때문입니다.**

치아가 없게 된 두개골의 귓쪽 부분을 관찰하여보면 그 부분의 뼈가 파손되어 있습니다. 그와 같이 된 것은 씹는 위치가 일정하지 않게 되어버렸기 때문입니다. 이 뼈가 파손됨과 동시에 삼반규관三半規管. 자세의 위치를 컨트롤하는 기관의 기능이 정상적으로 작동하지 않게 되었다는 것입니다. 두개골은 1분간 15회에서 16회까지 수축과 팽창을 되풀이하고 있습니다. 다시 말해서 호흡을 하고 있는 것입니다.

아기의 머리를 보면 머리가 보드랍다는 것을 알 수 있습니다. 아직 뼈가 생성되지 않았기 때문에 아기의 머리를 꼭 누르면 안 됩니다.

치아가 없으면 두개골이 움직일 수 없게 되어 유착되어버리고 맙니다. 두개골이 유착되어 움직이지 않게 될 때에 비로소 '머리가 굳어지게 된' 상태라고 합니다. 이러한 사람들에게는 정치가로 나서 달라고 부탁하고 싶지 않습니다 (웃음).

씹는 힘과 온몸 근력과의 관련성

씹는 힘이라고 하는 것은 어느 정도일까요? 수년 전, 주간지에 씹는 힘咬合压을 나타내는 흥미 있는 기사가 실렸습니다. 영국의 한 젊은 부부가 스위스로 여행을 갔었는데 눈 있는 산에서 조난되었던 것입니다. 돌연 강풍으로 미끄러져 내릴 듯이 위태롭게 된 남편을, 아내는 로프를 입에 물고 멈춰 세웠습니다. 60여 킬로그램의 체중이 나가는 남편의 몸을 구조대가 올 때까지 장장 6시간이나 치아로 지탱하였습니다.

'씹는다'고 하는 힘은 본래 바로 그 정도의 체중을 지탱하는 힘을 갖고 있다는 것입니다.

여러분이 똑같은 상황에 처하여 로프를 손으로 잡고 있었다면 곧 로프를 놓치고 말았을 것입니다. 그때는 어떻게 하면 좋을까…. 로프를 입으로 깨무는 것입니다. 6시간은 아니겠지만, 손만의 힘보다는 훨씬 오래 물고 견딜 수 있습니다. 그 정도의 힘이 턱에 있습니다. 팔 힘보다도 다리 힘보다도 사물을 깨무는 턱의 힘은 훨씬 더 굉장합니다.

저의 친구인 마에바라前原 선생이 "쥐의 이빨 한쪽 편 절반을 없앤다."라는 실험을 하였습니다. 씹을 수 없게 되면 도대체 어떠한 일이 발생할 것인가? 그랬더니 2, 3개월이 되어 이빨을 제거한 쪽의 눈에서 눈물이 나오는 것같이 되고, 3, 4개월이 지나자 걸을 수 없게 되어 주저앉아 버렸습니다. 쥐의 이빨을 없애면 등골이 휘어져버립니다(아래 사진 참조).

씹는다고 하는 것, 먹는다고 하는 것, 두개頭蓋가 씹는 작용을 한다는 것은 인간의 경우 건축에서 말하는 '대들보' 그 자체인 것입니다. 온몸의 자세 그 자체와 그것이 서로 조화롭게 맞물린다는 것은 밀접한 관계가 있습니다.

마에바라 선생은 씹는 힘과 등 근력과의 상관관계를 조사하였습니다. 초등학교 학생을 대상으로 실험을 해본 결과, 입을 벌린 상태로 조사하면 등의 근력은 54킬로그램이었습니다. 이를 꽉 다문 채로 몸을 곧추세우면 62킬로그램이었습니다. 그리고 입안에 잔뜩 물질을 넣어서 측정해보면 69킬로그램이나 되었습니다. 이와 같이 **씹는 힘이 온몸의 근력과 상관관계가 있는 것입니다.**

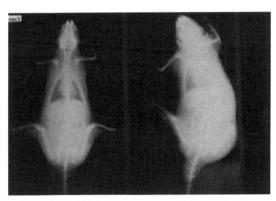

이빨을 제거하지 않은 쥐   이빨을 제거한 쥐

먹는 행위에 의하여 온몸의 급소가 자극을 받는다

내장과 골격을 포함한 온몸의 모든 부위의 급소가 발바닥에 있습니다. 그리고 또 하나 놀랍게도 그 **온몸의 급소가 발바닥과 마찬가지로 잇몸의 주위에도 있습니다.**

야생 동물들은 먹이를 철저히 씹어서 잇몸 주위에 있는 급소를 활성화시키고 있습니다. 지금의 아이들은 부드럽고 맛있는 것만을 먹음으로써 온몸을 활성화시키는 잇몸의 급소를 자극하도록 하는 기회를 상실해버렸습니다.

'먹는다'고 하는 행위는 '이 지구 상의 여타 생물들의 목숨을 먹어치우는 것'을 의미합니다. 즉, 건강한 다른 생명체를 먹는다는 것입니다. 이야말로 '먹는다'는 것과 '산다'는 것의 본질입니다. 그렇기 때문에 '참으로 감사하면서 먹는다'는 것이 얼마나 중요한가를 꼭 아이들에게 전해주고 싶습니다.

두개골은 4층 건축물

인간의 두개골에는 입과 귀, 눈 그리고 뇌가 있습니다. 자세히 관찰하여보면 인간의 얼굴은 4층 빌딩과 같은 것입니다.

1층이 입. 2층이 코. 3층이 눈. 4층이 뇌입니다.

그렇지만 지금의 의학에서는 치과, 이비과, 안과, 뇌외과로 구별하고 있습니다. 그러나 이 부분들은 우리들의 신체 가운데에서는 결코 나누어져 있을 리가 없습니다. 오직 하나인 것입니다. 씹는 힘은 아래턱에서 위턱으로 전해지고 코와 눈을 거쳐서 머리에 도달하면서 언제나 뇌를 활성화시키고 있습니다.

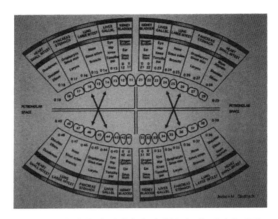

입과 온몸의 장기 및 경락과의 관계(독일, 홀 박사의 연구)

'씹는 기능'은 음식물을 먹는다고 하는 데서 출발하여 아랫니로부터 윗니로 가고, 거기에서 코를 거치고 눈을 지나 뇌에 다다릅니다. 이 순환이 마음과 몸을 양성하여 줍니다. 이 가운데에 하나의 에콜로지ecology가 존재합니다. 이와 같이 서로 연계되는 가운데 생명이 보호 육성됩니다. '생명의 시원에는 입이 있는 법'입니다. 입이 없는 얼굴은 의미가 없습니다. 치아가 없는 입도 의미가 없는 것입니다.

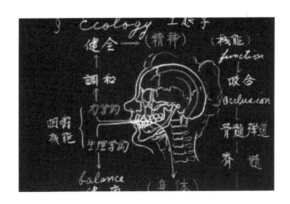

인체는 뛰어난 건축구조물

손발 끝으로부터 머리 정수리까지 인간의 몸속에는 206개의 뼈가 있습니다. 빌딩과 마찬가지로 골조가 있고 그 주위에 근육이 있으며, 한 개의 뼈에 3종류씩 근육이 붙어 있습니다. 그렇기 때문에 내장 등의 근육을 포함하여 몸 전체에는 654개의 근육이 붙어 있습니다. 근육이 신축이완을 반복함으로써 온몸의 모든 신체운동이 가능하고 이 신체운동은 근육들 전부의 종합운동입니다.

공룡 골격의 기능적인 형태가 현대 건축학의 교량 설계에 활용되고 있습니다.

자연에서 배움으로써 뛰어난 건축물이 태어나고 있습니다. 그러나 지금까지의 건축학은 구조건축학입니다. 유감스럽지만 그 건축물 안에 살고 있는 사람의 마음이나 사는 보람에 대한 의식과 "살고 있는 사람이 적어도 좋은 인생을 보내고 싶다."라고 하는 바람은 그 어디에도 없습니다.

우주비행사가 우주 속으로 들어가 무중력상태에서 3, 4개월 있다가 돌아옵니다. 그러면 뼛속에 있는 칼슘성분이 거의 다 빠져나옵니다. 왜 이런 현상이 생길까요.

지구와 인간의 난자卵子는 유사합니다. 난자가 수정하여 하나의 생명체가 되는 것입니다. 달의 표면과 치아의 표면도 잘 닮아 있습니다. 마이크로와 매크로는 연계되어 있습니다.

아메바에서 물고기로 되고, 양생류로 되고, 파충류로 되고, 새 그리고 코요테, 원숭이, 고대인, 현대인으로 진화의 과정을 보여주고 있지만 야생동물에도, 고대인에도, 충치 및 치주병, 골다공증, 위하수 및 치질은 없었습니다. 왜 현대인은 이러한 질병에 걸리게 되었을까요.

어째서 그들 스스로를 파괴하고 있는 걸까요. 모든 동물에게는 선천적으로

털, 추위와 더위를 막는 가죽, 자연의 먹이를 자연상태로 먹는 지혜가 있습니다.

태아는 엄마의 몸으로부터 영양분을 태반의 혈관을 통하여 받고 있습니다. 바로 식물이 대지로부터 뿌리를 통하여 영양분을 흡수하고 있는 것과 같습니다. 그리고 태아는 10개월 10일 동안, 즉 38주간에 38억 년이 걸린 생명 진화의 전부를 엄마의 뱃속에서 되풀이합니다.

자그마한 아기가 점점 크게 자라 이윽고 노화와 동시에 허리가 구부러집니다. 왜 허리가 구부러지는 걸까요. 그것은 턱뼈의 위치가 바뀌기 때문입니다. 정상적인 뼈는 단단하지만 골다공증에 걸리게 되면 뼈가 무르게 되어 이러한 현상이 발생하게 됩니다.

이는 건물에 빗대어보면 철근과 시멘트의 관계입니다.

그렇지만 일단 만들어진 철근은 성능이 나빠지게 되지만 생물체 뼈의 경우는 사용하면 사용할수록 활성화됩니다. 왜 그런 현상이 생길까요. 뼈를 만드는 세포와 뼈를 파괴하는 세포가 항상 활동하고 있기 때문입니다. 이것이 살아 있다고 하는 것의 멋입니다.

대체로 2년 반에서 3년에 걸쳐 모든 뼈는 새롭게 대체되어 버립니다. 그렇기 때문에 3년 전에 약속한 것은 이미 잊어버려도 좋은 것입니다. 그때에는 지금의 여러분들은 없을 테니까요(웃음).

뼈도 피부도 전부 대체됩니다. 다만, 그렇다면 곤란하기 때문에 뇌의 세포와 치아만은 최후까지 대체되지 않고 남아 있습니다. 그렇기 때문에 뇌의 병과 치아의 병은 자연치유가 되지 않습니다. 그러면 뇌란 무엇일까요? 이는 비단 생물학적인 문제만이 아니라 마음이라고 하는 문제와도 연계되어 있습니다.

환경오염에 의한 스트레스가 병을 낳는다

　　　　　　　　　　　　　　전쟁 전에는 병의 원인이 거의 대
부분 바이러스, 세균 및 곰팡이의 감염, 그리고 기생충 등이었습니다. 항생물
질의 개발로 그 태반의 치료가 가능해졌습니다. 그러나 지금 일어나고 있는 중
요한 문제는 무엇일까요? 식품 중에는 조미료, 방부제 등 다양한 화학물질에
의한 오염, 중금속 오염 그리고 최근에는 치아 속에 들어간 금속, 특히 아말감
(수은)의 중독 등도 문제가 되고 있습니다. 게다가 입안의 금속에 의하여 발생
되는 센서 교환식 전류 문제가 거론되고 있습니다. 이와 동시에 전자파와 자장
과 같은 것이 생체에 다양한 영향을 미치고 있습니다. 이것들이 정신적·육체
적 스트레스 요인이 되는 것입니다. 이것들을 방지하기 위해서는 생체를 둘러
싸고 있는 환경을 바꾸어야 합니다. 그 환경 중에서도 중요한 것은 무엇일까
요? 의·식·주가 물론 중요합니다.

빈약하게 사는 환경이 빈약한 마음을 낳는다

　　　　　　　　　　　　　　음식물은 입으로부터 식도를 통하
여 위에서 삭고 십이지장으로부터 장을 통해 빙빙 돌아서 배설됩니다. 인간은
간단히 말하면 입과 항문을 연결한 파이프와 같은 것입니다. 다만 그 파이프
의 길이가 어떻게 되어 있는가, 그 내용이 좋은가 나쁜가라는 정도의 문제입
니다. **또한 부엌과 화장실을 맺어주는 파이프와 같은 것입니다.** 그 파이프의
어디가 막혀도 건강하지 않게 됩니다. 그렇지만 최근 주방 겸 식당이 딸린
방 한 개 형태의 아파트를 봐주십시오. 현관에 들어서면 바로 입구 옆에 화
장실이 있고 바로 그 옆에 부엌이 있습니다. 안쪽에는 침실이 있습니다. 입

74

의 옆에 바로 항문이 붙어 있는 것과 같은 괴상한 모양입니다. 이러한 곳에 젊은 사람이 살고 있다면 좋은 발상이 떠오를 리가 없습니다.

식사는 편의점에서 사가지고 와서 전자레인지로 데워서 먹고 쿨쿨 자고 나서 다음 날 또 학교나 회사에 갑니다. 그러한 라이프 스타일로는 21세기의 세계, 인류의 미래, 우주의 전개, 무한한 사람의 생명에 대한 존엄 등을 느낄 수 있는 풍요로운 마음과 감성을 키울 수는 없습니다. 신단神壇도 없고 불단佛壇도 없습니다. 이래서는 "나는 어디에서 와서 어디로 가는 걸까, 나의 꿈은 어떤 것인가, 장래는…"라고 하는 데 대한 사유도 또 그에 대한 이해도 할 수 없습니다. 콘크리트로 되어 있는 벽으로 둘러싸여 독방이나 병원보다도 더 나쁜 환경입니다.

출생·성장·성숙·죽음을 돌보는 것이 미래의 집

원래 집이라고 하는 것은 현관이 있고 거실이 있으며 도코노마일본건축물의 객실 정면에 설치하여 미술품 등을 장식, 감상하는 중요한 장소-역자가 있고 육아방과 식당이 있으며 화장실이 있습니다. 그리고 서로 사랑하는 두 사람이 다음 세대의 자녀를 낳는 침실이 있습니다. 출생, 성장, 성숙과 죽음이라는 것을 돌보는 곳이 집 그 자체인 것입니다.

그러나 문명이 발달해옴에 따라서 자신의 집에서 출산을 할 수 없게 되어버렸습니다. 자녀를 기르는 것도 보육원 등에 맡기지 않을 수 없게 되었습니다. 죽을 때에는 병원에서 임종을 맞이하는 사람이 거의 대부분입니다.

제 여동생이 태어났을 때 저는 5살이었습니다. 어머니가 시골집 거실에서 고통을 겪으면서 출산하였습니다. 그때 저는 그곳에서 벗어나 조용히 기다리고 있었습니다. 1시간, 2시간 야릇한 분위기 속에서 여동생이 태어나기를 기다리고 있었습니다. 3시간, 4시간을 지날 무렵에 "앙-, 앙-, 앙-" 하는 소리가 들려 왔을 때 할아버지가 "야-, 잘 됐다. 잘 됐다. 잘 됐어." 하면서 부르시기에 어머니의 베갯머리 쪽으로 가보았더니 거기에 작디 작은 여동생이 있었습니다.

"아-, 얘가 내 여동생이잖아." 하면서 곰곰이 생각하였습니다. 이것이 부모자식, 형제, 자매, 그리고 사람들 관계의 시작입니다. 그러한 출생과 죽음이 이제는 집 안에서 사라지게 되었습니다. 부모자식, 형제자매, 부모의 애정 어린 육아 등도 주거환경 그 자체인 것입니다. 집이란 바로 그런 것입니다.

황금분할비율
- 유전자와 인체 및 건축물에 숨어 있는 자연의 예지

건물에는 그리스의 파르테논 신전이나 피라미드와 같은 대단히 뛰어난 것들이 있습니다. 왜 우리들은 이러한 건축물에 마음이 끌리는 걸까요. 얼굴 한복판의 치아와 콧방울 및 눈꼬리를 연결하면 삼각형이 됩니다.

사람은 보고, 냄새 맡고, 입으로 먹는다고 하는 관계가 성립합니다. 이를 두 개골 쪽에서 보면 아래턱의 크기와 딱 들어맞습니다. 저는 치과의사이기 때문에 치아를 만들 때에는 이러한 사실에 재미를 느끼면서 작업을 해왔습니다.

'황금분할' 쿠프 왕의 피라미드와 파르테논 신전

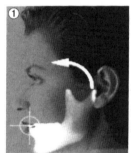 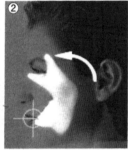 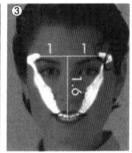

'데라카와寺川의 안면삼각이론'

아래턱뼈의 상부를 기점으로 하여 안면 앞부분까지 사진 ②와 같이 회전시킵니다. 다음에 좌우의 눈꼬리를 연결한 직선을 긋고 그 사이의 중심에서 아래턱뼈까지 직선을 내리긋습니다. 그러면 눈썹 사이를 중심으로 하여 좌우의 눈꼬리까지가 1:1로 되고, 아래턱뼈까지는 1:1:1.6의 황금분할비율을 만들어냅니다.

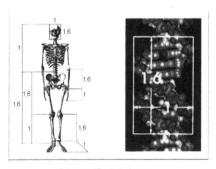

'황금분할' 인체와 DNA

그리고 유전자의 파장波長과 파고波高의 비율은 1대 1.618입니다. 이는 도대체 무엇을 의미하는 것일까요. 그렇습니다. 바로 황금분할의 비율인 것입니다.

그리고 아래턱을 거꾸로 회전시켜 얼굴에 대어 보면 바로 얼굴의 중앙에 황금분할이 출현합니다. 눈꼬리와 눈꼬리를 연결한 길이의 절반과 그 연결선상의 한복판에서 치아와의 길이는 1대 1.618의 비율이 성립합니다. 치의학계에서는 잃어버린 치아를 대체할 때에 어디에 새로운 치아의 위치를 두는가에 관하여 감각적으로 만들어 왔지만 결정적인 이론이나 방안도 없었습니다. 그렇지만 이 황금분할에 근거하여 잃어버린 치아를 되찾고자 한다면 보기 좋게 다듬어진 얼굴이 됩니다. 저는 이를 **'데라카와寺川의 안면삼각이론(황금분할비율에 근거한 치아의 되찾기修復 이론)'**으로 제창하고, 이를 실천하고 있습니다.

황금분할비율이 유전자 속에도 있기 때문에 우리들은 황금분할비율에 근거한 구조물을 볼 때에 "아－, 멋지구나."라고 생각합니다. 몸을 보았을 때에는 얼굴의 폭과 길이, 배꼽 아래의 길이와 배꼽 위의 길이가 황금분할비율이 됩니다. 이는 유전자 그 자체에 의한 황금분할비율인 것입니다.

21세기는 제3세대 과학의 시대

20세기에 들어와 과학기술의 경이적 발전은 달까지 인류의 족적을 남길 정도가 되었습니다. 또한 생활은 보다 윤택해지고 빠르고 편리하고 쾌적해졌습니다. 그러한 과학 기술에 의한 혁명적인 산업기술의 발달 결과는 21세기의 인류에게 커다란 부정적인 대가를 초래하고 있습니다. 산업혁명 이래 근대공업화를 서두른 나머지 대기는 오염되고, 태양광선으로부터 지구를 보호하고 무수한 생명을 탄생시키고 몇억 년에 걸쳐 수많은 생물을 진화시켜온 지구의 오존층은 지금 원상복구가 위협받을 정도로 파괴되고, 온난화와 동시에 지구 자체가 위기상황에 빠져들고 있습니다. 21세기를 맞이하여 인간 진화의 역사, 살아가는 환경, 인간의 생활방식, 그리고 자연과의 관계, 인구와 식량, 유전자에 이르기까지 영향을 미치는 환경호르몬, 부상, 질병 및 수명 등 인류 그 자체의 존망存亡에 관한 새롭고 중대한 과제가 산적되고 있습니다.

다음 세대 아이들을 위한 교육, 체육, 덕육德育, 지육智育, 그리고 식사교육 및 초고령 사회에서의 의료행위를 포함한 정치 및 사회의 제반현상 등에 관한 문제들을 도대체 누가 해결해나갈 수 있을까요. 지구의 미래, 인류의 장래, 모든 생물체들을 누가 배려할 수 있을까요. 정치가입니까, 경제학자입니까, 생태학자일까요, 아니면 의사일까요, 교육자에게 맡긴다면 잘 되어나갈까요. 지구의 위기를 바로잡고 치유하는 의사가 지금 당장 필요합니다. 이는 우주에서 그리고 은하계에서 지구를 바라볼 수 있는 세계관을 가진 인간입니다.

자연을 관찰함으로부터 비롯된 제1세대 과학은 그 원인을 추적하여 해명하고 분석함으로써 세분화되고 전문화된 제2세대 과학으로서 엄청난 발전을 해왔으며, 자연과학, 사회과학을 포함하여 무수한 새로운 과학분야를 구축하여 왔습니다.

데카르트의 심신이원론心身二元論 이래 의학은 정신 및 마음의 문제는 종교상의 문제로서 유보해두고 신체를 다루는 과학적, 물리학적인 해석이 큰 비중을 차지하게 되었습니다. 그러나 세포, 기관, 장기 및 신체를 분석한 것과 부분들을 단순히 조합하는 것만으로는 인간의 전체 형상이 보이지 않을 뿐만 아니라 인간의 마음을 풀이할 수도 없습니다. 사람은 누구나 건강하고 젊음이 넘치며 아름답고 풍요로운 생애를 원합니다.

제3세대 과학은 유기적인 시스템으로 통합되고, 포괄적인 전체의 모습으로 보이는 것이어야 합니다. 의학 분야에서는 '심신일여心身一如의 인간학' 그 자체가 요청되고 있습니다. 제2세대 과학은 바야흐로 제3세대로의 진화가 요구되고 있습니다. 원시시대에 인간이 최초로 한 투쟁은 혹독한 자연환경 속에서 여하히 적응하고 어떻게 음식물을 획득하여 살아가야 하는가 하는, 생존을 위한 기본적인 투쟁이었습니다. 원시수렵시대의 시작입니다. 원시의 음식물을 씹는 기관咀嚼器官은 투쟁기관이기도 하였습니다.

음식물을 확보하는 것과 동시에 자연을 모방하여 농경을 시작하고, 불을 활용할 줄 알게 된 인간은 살아 있는 동물로서의 인간으로부터 인류의 독특한 문화를 창조하였습니다. 농경시대의 시작이라고 할 수 있습니다. 음식물을 획득하면서 집단으로 자연 속에서 살아가는 가운데 다음과 같은 커다란 과제가 외상, 감염, 감염에 의한 발병 등의 부상 및 질병과의 투쟁이고, 마지막에는 죽음에 이르는 병에 대한 공포와 직면하는 것이었습니다. 탄생의 신비와 죽음의 공포 가운데에서 인류를 가장 괴롭히고 또한 놀라게 한 것이 통증, 즉 심한 아픔이고 몸과 마음의 병이었습니다.

인류의 역사를 돌이켜보아 간단히 정리해보면

1. 자연에 대한 도전과 순응 ········· 수렵시대
2. 경작과 식료품 획득, 보존 ······· 농경시대
3. 공업 생산과 관리 ····················· 과학공업시대
4. 글로벌화한 고도 정보화 ········· 우주시대

어떠한 시대에도 공통된 중요한 문제는 부상과 질병, 투병, 통증에 대한 대응이었습니다. 인간은 출생·성장·성숙 단계를 거쳐 이윽고 늙어서 죽음을 맞이하는 생로병사와 의식주를 해결해야 하는 생활환경에 처하여 있다고 할 수 있지요. 그리고 이러한 문제들을 어떻게 극복하고 해결하여 왔는가가 각각의 시대를 특징짓고 있다고 할 수 있겠지요. 산업혁명을 거쳐 공업화시대, 정보화시대, 그리고 우주시대로 이어지는 21세기 오늘날에도 여전히 똑같이 중요한 과제입니다.

치과의학의 역사를 회고한다
– 현재 추구되고 있는 심신일여心身一如의 의료

                           A.마슬로우는 인간의 욕구를 5단계로 나누어 욕구 계층론을 서술하고 있습니다.

첫째, 생리적 조건의 욕구
둘째, 생존하는 사회 환경 가운데에서의 안전욕구
셋째, 가정 및 직장에의 소속감 및 애정을 대상으로 한 존재의식
넷째, 자기존재에 대한 존경욕구
다섯째, 자기실현 욕구

이것들은 인류 200만 년 역사를 응축하여 표현한 것이고 또한 인간 개개인의 성장 및 역사의 진전 단계이기도 합니다.

한편 우리들 치과의 임상분야를 회고해보면 일본에서는 기계 및 기구, 재료 및 기술 등이 지금이야말로 이전에 경험한 바 없었을 정도로 풍부해지고 또한 치과의사의 수도, 기공사, 위생사의 수도 무척 많아졌습니다. 일반 국민의 생활수준도 세계적 수준으로 되었음에도 불구하고 현재 의료의 황폐 및 의료의 위기가 화제로 되어 많은 사람들이 치과 의료를 싫어하고 치과 의료의 미래를 비관하고 있습니다. 왜일까요? 환자는 대체로 무엇을 치과의사에게 요구하고 있을까요? 진료실은 치과의사의 공간일까요? 치과의학은 누구를 위한 학문일까요? 전문학회는 무엇을 위해서 누가 주체일까요? 21세기에 들어오면서 많은 과제가 제기되고 있습니다. 다만 치과의사가 종래와 똑같은 견해와 방식으로 치과의사의 형편대로 치료제품 및 기술을 일방적으로 제공한다고 하면, 치과의사 자신도 환자에게 부응하지 못하는 불행한 결과만을 대가로 받게 될 것입니다.

치과임상에서는 기술 및 자재가 우선시되고 치아를 상실한 환자의 마음고통, 사회생활에서의 입맵시 및 희로애락의 표정, 매력적인 미소 등에 대하여 인간학으로서의 관심을 나타내는 일이 지금까지는 거의 없었습니다. 또한, 치아가 돋아남과 씹는 작용 및 두개頭蓋의 성장, 치아의 성숙과 수명, 치아의 상실과 노화 혹은 온몸과의 관계, 음식물의 종류와 인간성의 관계, 지구자원으로서의 음식물과 인구문제를 포함한 문화론적인 문제에 이르기까지 종래 치과의사가 관여해온 바는 거의 없었습니다.

환자는 단 하나의 질환을 갖고 있을 리가 없고 나아가 통증 및 씹는 행위 장애, 치아의 결손에 의한 용모의 변화를 비롯한 심리적 사회적인 고통을 갖고 있는 경우가 많습니다. 이와 같은 광범위한 조치를 필요로 하는 환자에 대하여 **치료행위가 기능적, 생리학적, 심미적일 뿐만 아니고 전체적, 유기적으로 아울러 환자의 마음까지도 치유하면서라고 하는, 이른바 심신일여**心身一如**의 의료가 요망**되고 있습니다.

마슬로우의 분류에 따라 치과의 임상분야를 돌이켜보면,

제1세대 치과의료는 급성염증에 의한 심한 통증에 대응하는, 통증억제Pain Control를 중심으로 하는 것이었습니다.

제2세대 치과의료는 통증을 제거한 환자의 기능회복Functional Reconstruction입니다.

제3세대 치과의료는 치아의 맞물림咬合과 온몸과의 관계를 범위로 하는 온몸 치료로서의 치과의료라고 할 수 있지요.

제4세대 치과의료는 심미적 요구 그야말로 심미치과Esthetic Dentistry이며 그리고 지금 참된 건강미Total Beauty가 요청되고 있는 것입니다.

제5세대 치과의료는 생애의 마지막 날까지 건강하고 젊음이 넘치며 아름답게 계속 살아가는 삶의 질 QOLQuality of Life을 유지하는 의료이고, 나아가 행복하고 젊디젊은 인생의 의미 있는 마지막, 즉 유종의 미가 일컬어지고 있는 것입니다. 언체인징Unchanging : 나이 먹기 거부, 그리고 뷰티플 에이징Beautiful Aging : 아름답게 나이를 먹음, 헬시 에이징Healthy Aging : 건강하게 나이 먹음이 테마가 되고 있습니다. 즉, 심미성보다 더욱 질이 좋은 심신의 아름다움, 개개 환자에 대응하는 개성적인 생활방식이 요청되고 있는 것입니다. 모든 조치가 아프지 않고 쾌적하며, 밝고 우아하며, 아름답지 않으면 안 됩니다. 정말 총체적인 전체적, 포괄적, 유기적, 심신일여의 의료입니다.

제6세대 의료는 마음과 정신과 영혼이 자타 공히 치유될 수 있는 깨달음의 의료일 것입니다.

제3세대 과학도 제4세대, 제5세대로 이어지고, 살아가는 데 기본이 되는 치과의학은 바야흐로 제5세대, 제6세대의 치과의료를 지향하지 않으면 안 됩니다.

건축의학이란 제5세대 및 제6세대의 건축학

건축의 영역에서도 이와 같은 진화가 요구되고 있는 것은 아닐까요.

제1세대의 건축학, 설계학은 비바람을 막으면서 견디는 것이고,

제2세대가 리폼Reform 기술의 향상이며,

제3세대가 사용하기 쉽고 지내기 편안함을 추구하는 기능성의 향상이고,

제4세대는 미적, 예술적인 뛰어남을 추구하는 데 있다고 각각의 위치를 부여할 수 있을지도 모릅니다.

그리고 제5세대의 건축학으로 등장한 것이 실로 집 안에 살고 있는 사람의 심신을 건강하게 하는 것을 목표로 하여 우리 일본건축의학협회가 제창하고 있는 '건축의학' 바로 그것입니다. 더욱이 제6세대 건축학도 건축의학을 그 범

위에 넣어 그것을 지향하도록 하고 있습니다. 실로 **마음과 정신과 영혼이 자타 공히 치유될 수 있는 장場을 창조**해나가는 것, 즉 신체적 건강, 정신적 건강, 사회적 건강이 실현되고 나아가 그러한 지향점에 있는 영적spiritual인 건강이 실현될 수 있는 장場의 창조가 우리 협회에 부과된 테마입니다.

개인의 자녀는 개인만의 자녀가 아닙니다. 우리들의 자녀는 38억 년이나 되는 지구의 역사 중에서 면면히 이어져 온 생명체인 것입니다. 이 생명이 출생하고 성장하며, 성숙하고, 이윽고 죽음을 맞이하여 다음 세대로 이어져 이러한 생명을 육성하는 장場으로서 '집'이 있는 것이라는 것을 여러분에게 한 번 더 강조하고 싶습니다.

가장 중요한 것은 잘 씹을 수 있는 치아를 가지고 있는 것과 웃을 수 있는 환경을 조성하는 것입니다. 이러한 사회환경, 경제환경, 가정환경, 부모자식관계를 구축하는 것이 지금부터 시작되는 21세기의 일본에 요구되는 가장 기본이 될 것으로 여겨집니다. 여러분이 건강하고 장수하기 위하여 중요한 것은 잘 씹어 먹을 것, 그리고 아주 멋진 주거환경이 필요합니다.

세상만사와 조화될 수 있는 계기가 일본건축의학협회를 통하여 이루어질 수 있기를 진심으로 바라는 바입니다.

"오래 살기 위해서는 후루룩츠루츠루 : 鶴 마시지 말고, 잘 씹으세요카메 : 亀. 싱글벙글 웃으면서 활발하게 걸으세요!!"

05

뇌와 마음
— 의학과 종교의 접점

의학박사, 하마마쓰(浜松) 의과대학 명예교수 다카다 아키오(高田 明和)

1935년 시즈오카 현(静岡県) 출생. 게이오기쥬쿠(慶應義塾) 대학 의학부 졸업, 동 대학원 수료. 뉴
욕 주립대학교 조교수, 하마마쓰 의과대학 교수 역임 후 2001년 하마마쓰 의과대학 명예교
수, 2003년 쇼와(昭和) 여자대학교 객원교수에 취임. 생리학 및 혈액학 전문의.
1989년 중국과학원으로부터 국제응고(凝固)·선용(線溶) 심포지엄 특별상 수상, 1991년 폴란드
의 비알리스크 의과대학으로부터 명예박사 학위 수여. 2000~2004년 아시아 퍼시픽 혈전
지혈(血栓止血) 학회 회장, 명예이사장 역임. 저서로 『스트레스를 해소하는 마음호흡』(리용
사), 『뇌의 영양실조』(강담사), 『스트레스로부터 나를 지키는 뇌의 메커니즘』(각천서점),
『40세를 넘기고 나서의 현명한 뇌 창조 방법』(강담사) 등 다수 집필. TV 및 라디오 전국 순
회강연을 통하여 마음의 건강에 관한 폭넓은 계몽활동에 적극 참여.

건축의학 심포지엄 2007(2007년 4월 14일)

뇌와 마음
– 의학과 종교의 접점

반야심경에서 배운다
– 이론으로는 결코 파악할 수 없는 마음의 세계

저는 지금 '마음을 중요하게 여기지 않으면 우리들은 행복해질 수 없지 않을까.'라고 생각하고 있습니다.

석가모니가 말씀하신 것을 대승불교화할 때 『대반야경』이라고 하는 방대한 경전이 탄생하였습니다. "그 대반야경의 진수가 262개 문자 속에 들어 있다."라고 일컬어지고 있는데 그것이 유명한 『반야심경』입니다. 그리고 이 반야심경으로 전해지고 있는 것은 "현대의 최첨단 자연과학, 양자물리학 등의 측면에서 보더라도 오류가 없다."라고 합니다. "석가모니가 말씀하신 것은 현대과학과 모순되지 않는 훌륭한 것이다."라고 자주 말해지고 있지만 혹시라도 불교가 논리적으로 정당하다고 하면 특별히 이는 불교가 아니라 논리학이라고 해도 좋을 것입니다.

그렇지만 이 반야심경 후반부의 4분의 1은 "주문을 외웁시다."라고 하는 말입니다.

'시대신주是大神呪'는 '이 위대한 신비적인 주문',

'시대명주是大明呪'는 '이 미묘한 주문',

'시무상주是無上呪'는 '이 매우 뛰어난 주문',

'시무등등주是無等等呪'는 '이 비할 데 없는 주문'

이라고 하는 의미입니다.

그리고, "이 주문은 모든 고통을 없애준다."라고 하며 갸테갸테羯諦羯諦라고 하는 말로부터 주문이 시작됩니다. 이 주문은 다양한 번역이 존재하고 있지만 저는 "우리들은 모두 부처다."라고 번역하면 좋지 않았을까라고 생각해 봅니다.

경전을 이와 같이 '이는 신비적인 힘으로 우리들의 고통을 모두 없애 주는 것이다.'라고 생각하면서 외우는 것과 그렇지 않은 것으로 생각하면서 외우는 것은 그 효과에 엄청난 차이가 있습니다. 이 점이 그다지 강조되고 있지 않기 때문에 그에 관한 책을 썼습니다. 책 이름은 『운세를 넓히는 반야심경의 처방전』(춘추사)으로 2006년 12월에 출판되었습니다.

메이지유신明治維新 영웅들의 살아가는 모습이 투영된 마음의 풍요로움

저는 2006년 11월에 NHK의 '라디오 심야편'이라는 프로그램에 출연하여 '마음의 시대, 깨달음을 추구하며, 시미즈 지로쵸清水次郎長와 야마오카 데츠부네山岡鉄舟에게 배운다'는 재담을 하였습니다.

저의 할아버지는 시미즈 지로쵸의 손자에 해당하는 분입니다. 메이지시대의 인간관계에 관하여 다방면으로 조사해보면 "아군·적군 사이라도 상호 간에 진실되게 마음을 터놓고 있다."라는 것처럼 느끼지 않을 수 없습니다.

야마오카 데츠부네는 본인이 막부幕府의 신하였기 때문에 우에노 창의대上野
彰義隊가 어쨌든 반란을 일으키지 않도록 침식을 잊고 근무를 하였습니다. 그렇
지만 교섭이 잘 진척되지 않았고 마침내 다음 날 사이코 다카모리西鄕隆盛가 인
솔하는 막부타도군이 우에노를 공격하였습니다. 그때에 가쓰가이슈勝海舟에게
사이고 다카모리는 "나는 내일 우에노를 공격합니다. 그러나 야마오카 님이 잠
도 자지 않고 근무하고 있는 것을 고려하면 정말로 마음이 아픕니다."라고 말
하며 눈물을 뚝뚝 흘렸다고 합니다.

우에노에 사이고의 동상을 세울 때 가쓰가이슈를 초청하여 그의 말을 듣고
자 하는 계획이 있었습니다. 그러나 가쓰가이슈는 몸이 안 좋아서 그 장소에
오지 않고 대신 단가短歌를 지어 보내왔다는 것입니다.

그대 살아 있다면 할 말이 많으시겠지, 나무아미타불, 나도 이제
늙었어요.

도대체 현재 일본의 2대 정당인 자민당과 민주당의 영수가 이러한 말을 서로
나눌 수 있을까요?

또한 오쿠보 도시미치大久保利通는 기오이마치紀尾井町에서 암살되었지만 그가
살해된 마차 속에서 읽고 있었던 것이 오쿠보가 외유하고 있을 때에 사이고가
보낸 편지였다는 것입니다. 메이지유신을 성공리에 수행한 맹우였던 사이고
다카모리를 '세이난 전쟁'에서 격파하고 자살로까지 몰아넣은 장본인이었던
오쿠보 도시미치가 피살되기 직전까지 죽은 사이고를 생각하고 있었습니다….

역사소설가인 가이온지 쵸고로海音寺潮五郎는 그 사실을 알고 "메이지가 다카
모리였어야 한다."라고 기술하고 있습니다. 저는 **'마음의 문제가 해결되지 않**
는 한 현재 혼미상태에 있는 여러 가지 문제들은 해결할 수 없지 않나.'라고 생
각하여 여러 가지 책을 쓰고 말을 해보기도 합니다.

뇌는 부위에 따라 활동이 다르다

그러면 우리들의 마음 상태와 뇌는 어떠한 상관관계를 갖고 있는 것일까요?

이것에 대하여 제가 이해할 수 있는 최신 과학적 연구성과 등을 곁들여 이야기하고 싶습니다. 우리들의 뇌는 뇌 전체로서 여러 활동을 하는 것이 아니고 부분적으로 각자 담당하고 있는 기능이 다릅니다. 이를 '**국지적 존재**局在'라고 합니다.

여러분이 무언가를 보고 있을 때 책머리사진 11 두뇌도頭腦圖의 가장 뒤쪽 부분, 즉 '시각피질'이라고 하는 것이 활동합니다.

시각피질이라고 하는 것은 물체의 소리와 사람의 음성을 듣는 장소입니다. '운동피질'은 몸을 움직이게 하고 운동하는 장소입니다.

이 녹색 부분 '감각피질'은 여러분이 손가락으로 신체의 어느 부분을 꼬집으면 '아프다'고 하는 감각이 생기는 장소인 것입니다. 그 이외에 매우 많은 부분이 언뜻 보기에는 특별한 기능이 없는 것 같이 여겨집니다.

뇌의 앞부분에 있는 '연합야連合野'라고 하는 곳은 현대의학에서는 "전체 제각각의 기능을 합치는 부위이다."라고 정의하고 있습니다."

감정을 관장하는 변연계辺緣系

생물은 하등 포유류였던 때에는 그다지 어렵게 생각하지 않아도 좋았습니다. 다시 말해서 본능만 있으면 생활할 수 있었습니다.

그렇지만 사회가 성립되고 그 안에서 활동하게 되면 어떤 경우에는 욕망을 억제하지 않으면 안 됩니다. 또한 어떤 상황에서는 감정이 일어나더라도 어떻게 감정을 표시하여야 하는가를 주위의 상황을 파악하여 선택하지 않으면 안 됩니다.

책머리사진 12의 대상회帶狀回·편도扁桃·해마海馬라고 하는 곳이 우리들의 감정을 통제하고 있습니다. 이들 부위는 뇌의 안쪽에 눌려져 있습니다. 뇌의 안쪽, 주변부에 눌려져 있기 때문에 이들 부위는 '변연계辺緣系'라고 이름 붙여져 있습니다.

뇌는 층상구조層狀構造로 되어 있다

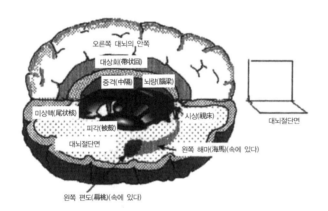

대뇌 한가운데를 잘라서 오른편 안쪽을 본다. 동시에 왼쪽의 대뇌를 평면으로 자른다. 이때 시상(視床)과 대뇌기저핵(大腦基底核)이 남는다.

그림 1

뇌의 안쪽 깊숙한 곳에는 대뇌기저핵大腦基底核이라고 하는 부위가 있습니다.

이 부위는 운동도 담당하고 있어 이 부분이 파괴되면 파킨슨병이 생기기도 합니다. 이 대뇌기저핵은, 예를 들면 코브라 등은 적이 다가오면 머리를 크게 하고 방울뱀 등은 달각달각 소리를 내는데 다시 말해서 상대방을 위협하는 것과 같은, 달리 말면 '상대방을 괴롭히는 뇌'입니다. 이 대뇌기저핵은 뇌의 안쪽에 있습니다.

이와 같이 뇌는 층상구조_{層狀構造}로 되어 있습니다.

뇌의 구조와 불교의 인식론

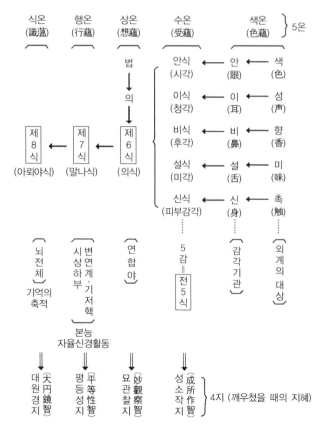

5감(五感)·4지(四智)·5온(五蘊)의 대응도

그림 2

그림 2는 5감, 뇌의 부위와 불교의 '4지四智·5온五蘊'을 대응시킨 그림입니다.

불교에서는 우리들의 5감, 보고, 듣고, 냄새 맡고, 맛보고, 접촉하여 느낀다고 하는 5감을 전5식前五識으로 명명하고 있습니다.

"나의 눈에 비치고 있는 사람이 누구일까."라는 것을 알기 위해서는 이러한 현상을 정리해보아야 합니다. 이것이 바로 조금 전에 말한 연합야의 기능입니다. 이것을 불교에서는 6식六識이라고 합니다. 눈에 비치기 전에는 사사로운 마음이 들어올 여지가 없지만 그의 눈에 들어온 인간이 내가 돈을 빌려준 사람인데 "얼마 전에 돈을 빌려주었는데 아직 갚지 않고 있다."라든가, "이전에 나를 매우 괴롭혔지."라고 하는 기억이 있으면 변연계, 기저핵 등의 작용에 의하여 '미움'이라든가, '노여움'이라고 하는 감정이 생깁니다. 그렇게 되면 우리들은 본래 보았던 것, 들었던 것의 해석을 틀리게 하고, 그것이 뇌 속의 이른바 불교에서 말하는 바의 제8식第八識(아뢰야식阿賴耶識)으로 들어가게 됩니다. (제8식은 현재로서는 뇌 전체와 대응되고 있지는 않다고도 합니다.) 다시 말해서 있는 그대로가 아니고 감정의 개입에 의하여 왜곡된 정보가 들어와버리는 것입니다.

예를 들면, 가엾은 상황에 직면한 사람을 보았을 때 우리들의 마음에 본능적으로 '저 사람은 가엾다.'라는 생각이 확 떠오릅니다. 그러나 그 생각에 의거하여 그대로 행동으로 옮기면 좋지만 '그런데 과거 저 녀석이 나한테 돈을 빌려주지 않았지.'라는 과거의 기억이 떠오르면 '도와주는 것은 그만 두자.'라는 생각에 이르러 행동으로 옮기는 마음을 접게 됩니다.

이와 같이 감각정보가 의식 속을 들락날락할 때에 있는 그대로 들락날락하는 것을 방해하는 망상妄想의 주된 것을 말나식末那識이라고 불교계에서는 파악하고 있습니다.

뇌의 발달은 오래된 뇌 위에 새로운 뇌를 보태어서 이루어져 왔다

파충류의 뇌 : 교제, 위협, 식욕, 성욕 등 ; 뇌간腦幹과 대뇌기저핵
변연계 : 하등포유류 ; 애정, 감정 등 ; 대상회帶狀回, 해마, 편도扁桃 등
대뇌피질 : 이성理性, 기획 등 ; 고등포유류로 발달

　뇌는 진화해가는 과정에서 오래된 뇌를 버리는 것이 아니고 원래 있는 파충류의 뇌, 다시 말해서 상대방을 괴롭히는 것과 같은 뇌 위에 조금 더 고등 감정을 생기게 하는 변연계가 형성되고, 나아가 그 위에 포유류의 "그런 일을 할 수는 없다. 아이들은 어느 정도는 귀여워하지 않으면 안 된다."라고 하는 인식에 의하여 사회활동을 하기 때문에 본능을 억제하는 피질이 형성되어 가는 것입니다.

　이 3층 구조가 있기 때문에 인간은 "충분히 이성으로 억제하지 않으면 본능적·충동적인 행동으로 치닫게 될 것입니다. 그러나 이성이 지나치게 앞서 가면 애정이 없는 냉정한 인간으로 되어버린다."라고 하는 상황에 처하게 됩니다.

왜곡된 정보가 뒤틀린 행동을 낳는다

　　　　　　　　　　그러면 지금까지 기술한 현상을 현대 과학적으로 고찰하여 봅시다.

　먼저 외계의 자극이 5감을 통하여 뇌 속으로 들어옵니다. 그렇게 되면 "이야말로 저 사람이구나."라고 하는 것 같은 인식이 생깁니다. 그때에 "이전에 저 사람으로부터 무척 봉변을 당했다."라는 기억에 의하여 왜곡된 판단이 서면 올바른 정보가 마음의 본체에 와 닿지 않습니다.

　그렇기 때문에 "저 사람은 가엾구나―."라고 하는 순수한 마음이 설령 생겼

다고 하더라도 그 마음도 도중에 뒤틀리게 되어 "조금 도와주어야지."라는 기분조차도 들지 않게 됩니다(그림 3 참조).

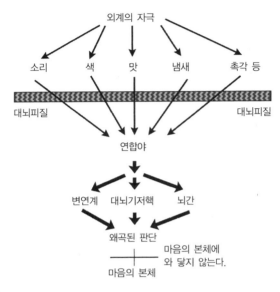

5감에 의해 뇌 속에 들어온 정보는 연합야로 정리된다. 그러나 본능의 장(場)인 변연계 대뇌기저핵, 뇌간에 의해 정보는 왜곡되고 틀린 판단을 하게 된다.

그림 3

마음의 뒤틀림이 없어지는 것이 깨달음

명상, 좌선, 독경讀經과 같은 것을 하고 있으면 방금 술회한 것과 같은 망상의 마음이 일단 전부 중지되고, 왜곡된 마음이 사라지며 외계의 자극이 직접 마음으로 뛰어 들어오게 되면, 마음이 자기의 본체라는 것을 알게 됩니다. 불교에서는 이것을 '깨달음'이라고 일컫고 있습니다. 불교에서는 "마음이란 불생불멸 영원히 지속되는 것으로서 본래 우주에 충만하고 있다."라고 가르치고 있습니다.

말로 설명하기가 너무 어렵지만 불교에서는 다음과 같은 비유를 사용하여 '마음'이라고 하는 것에 대하여 설명하는 경우가 있습니다.

우리들 마음이라고 하는 것은 우리들이 태어나기 전에는 큰 바다와 같은 상태입니다. 그리고 우리들이 태어난다고 하는 것은 그 큰 바다에서 바가지로 물을 퍼올리는 것과 같은 상태인 것입니다. 이 바가지로 퍼올려진 물이 '나'라는 것입니다. 그리고 죽을 때에는 바가지 속에 있던 물이 큰 바다로 되돌아가는 것이라고 여겨지고 있습니다.

예를 들면, "죽음이란 마음이 대우주 본래의 마음으로 돌아오는 시점이다."라고 해석하면 비교적 이해하기 쉽지는 않을까요? 그래서 나의 마음과 다른 사람의 마음은 본래 전혀 다른 것이 아닙니다. 그러나 똑같지도 않습니다. 이를 이해하는 것이야말로 우리들이 이 세상을 살아가는 데 매우 중요한 것이 아닐런지요.

뇌의 발달 프로세스

뇌의 발달
- 대뇌피질의 신경세포는 생후 거의 늘어나지 않는다.
- 대뇌피질의 신경의 연계, 시냅스Synapse 연접, 한 뉴런에서 다른 세포로 신호를 전달하는 연결지점-역자는 생후 2년 정도에서 최고가 되고 점차 감소한다.
- 대뇌피질과 감정 등의 변연계, 기저핵의 연결은 25세 무렵 완성된다.

뇌의 발달에서 실제로 신경세포는 태어나서부터는 거의 늘어나지 않습니다.

어째서 신경세포가 늘어나지 않는데 우리들은 말하고 들을 수 있을까요? 신경의 연계가 점점 발달하기 때문입니다. 그러한 연계가 늘어나는 부위는 대체로 대뇌피질大腦皮質, 즉 뇌의 바깥쪽입니다. 바깥쪽 피질의 연계는 대체로 생후 2년 정도에서 피크가 되고 그 후는 점차 감소되어 갑니다.

지금까지 뇌 과학에서는 이 부분만이 매우 강조되어 왔기 때문에 "인간은 대체로 3세 무렵에 정해져버린다."라고 여겨왔습니다. 그러나 혹시 3세 정도에서 인생이 결정되어버리는 것이라면 새로운 것을 학습하더라도 아무런 의미가 없을 것입니다. 그런데 최근 **"뇌 속에 있는 감정을 잘 제어하는 것에 대하여 실은 25세 무렵에 이르지 않으면 완성되지 않는다."**라는 것을 알 수 있습니다.

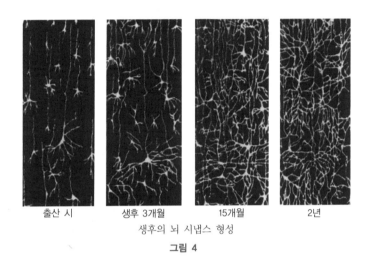

| 출산 시 | 생후 3개월 | 15개월 | 2년 |

생후의 뇌 시냅스 형성

그림 4

그림 4의 출산 시 시냅스의 상태를 보아서 알 수 있는 바와 같이 태어난 직후는 신경세포의 돌기가 적다는 것입니다. 그러나 2년 후의 상황을 보면 이미 돌기가 이렇게 신장되어 있다고 하는 것은 세포의 수는 더 이상 늘어나지 않는다는 것을 의미합니다. 그러나 세포는 늘어나지 않더라도 점점 연계가 정글과 같이 많아지기 때문에 다양한 행동, 기억, 인식이 더욱더 가능하게 됩니다.

책머리사진 13에 나타나 있는 바와 같이 대뇌피질은 바깥쪽 6mm 정도 되는 곳에 있습니다. 지금 저는 이것을 사용하여 이 글을 쓰고 있습니다. 여러분은 이것을 사용하여 이 글을 읽고 있습니다. 이 대뇌피질 전체는 약 150억 개

세포로 되어 있다고 일컬어지고 본능적인 감정을 여기에서 억제하고 있습니다. "본능을 억제하기 위한 뇌 내의 연계는 25세 무렵에 이르지 않으면 완성되지 않는다."라고 최근 알려져 왔습니다. 저도 18세에 대학을 입학하였을 때에는 천하라도 잡아 줄 작정이었지만 "실은 대학생으로서는 아직 미숙한 상태이다."라고 하는 사실을 충분히 자각하고, 주위의 사람들도 알도록 한다는 것은 매우 중요하다고 할 수 있습니다.

책머리사진 14에서는 대뇌피질과 뇌 속의 부위와의 연계를 파란색으로 표시하고 있습니다. 5세 무렵에는 거의 안쪽과 연결되지 않습니다. 이것이 점점 뒤쪽에서부터 연결되어 갑니다.

다시 말해서 25세 무렵이 되면 어느 정도 대뇌피질의 전체와 뇌 속의 부위와의 연계가 완성됩니다.

뇌는 피질과 그 속 부위와의 연계에 관하여 본다면 60세 정도에서 피크에 달합니다. 그 후 서서히 쇠퇴해갑니다. 그렇기 때문에 우리들은 끊임없이 수행修行해야 할 뿐만 아니라 노력을 하지 않으면 안 됩니다. 감정, 욕망을 정말로 바르게 제어할 수 있게 되는 것은 60세 무렵이 되어야 합니다.

스트레스는 뇌와 몸의 장애요인이다

스트레스는 본래 투쟁하거나 도주할 때에 경험하는 현상이다.
- 동물은 커다란 노획물과 투쟁하는 경우 혹은 천적에게 습격당하는 경우에 발생하는 반응이다.
- 고대인의 경우는 수렵, 타 종족을 공격할 때에 생기는 반응이다.
- 투쟁에 필요한 에너지로서의 혈당수치를 올리고 포도당을 조직에 보내기 위해 심장박동 수를 높인다.

스트레스는 뇌와 몸의 장애요인입니다.

그러면 스트레스란 무엇일까요? 동물은 커다란 노획물과 투쟁한다든가, 천적에게 습격당하는 경우에는 도피해야 합니다. 그 같은 투쟁이나 도주할 때에 필요한 에너지는 포도당입니다. 따라서 스트레스가 있는 경우에는 혈중에 포도당이 많아지고 혈당수치가 올라갑니다.

투쟁하거나 도주하는 동안에는 더더욱 포도당을 계속 공급해주어야 합니다. 혈액을 통하여 몸 안에 포도당을 보내기 위하여 심장이 두근두근 박동치는 것은 신체 구조적인 운동입니다(그림 5 참조).

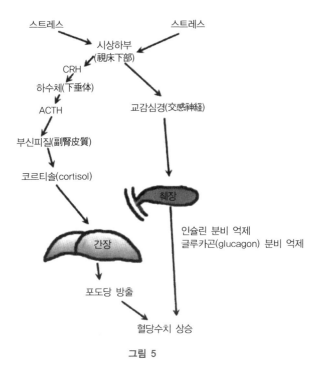

그림 5

언제나 불안, 공포가 엄습하고 있어 스트레스 상태에 있다면 혈당수치가 그때마다 올라가는 상태로 됩니다.

'당뇨병은 비만자에게 일어나는 병'이라고 많은 사람들이 생각하고 있지만 후생노동성이 일본의 당뇨병 환자의 체중을 조사하여보았더니 당뇨병에 걸린 사람과 그렇지 않은 사람의 체중 차이는 거의 없었던 것으로 나타났습니다. 살 쪄야 하는가, 살을 빼야 하는가로 우리들이 끊임없이 염려하고 공포심을 갖게 된다면 혈당수치는 올라가 당뇨병에 걸리고 맙니다.

심장이 두근두근 박동치고 있을 때에는 혈압이 올라갑니다. 혈압이 올라간다고 하는 것은 동맥경화가 발생하는 것과 연관이 됩니다. 다시 말해서 우리들이 과잉 스트레스 상태가 되면 혈관은 동맥경화가 되고 심장은 심근경색이 그리고 뇌는 뇌경색 현상이 발생합니다. 따라서 현대에는 생활습관병을 고치기 위하여 가장 중요한 것은 "어떻게 스트레스를 컨트롤하는가."라는 점을 알게 되었습니다.

스트레스를 받으면 최종적으로 혈당수치가 올라갑니다. 혈당수치가 올라가고 있으면 당뇨병에 걸립니다. 두근두근거리고 있다면 동맥경화가 되고 심근경색이나 뇌경색으로 된다는 것을 그림 6에서 의학적으로 나타내고 있습니다.

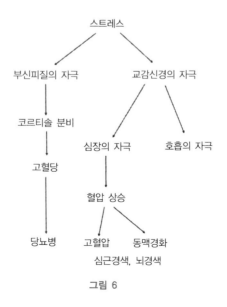

그림 6

스트레스란 본질적으로 무엇일까요?

구미 지역에서 어떠한 사람이 정말 스트레스를 느끼고 있는가에 관하여 조사한 결과에 의하면 인간은 바쁜 경우에만 반드시 스트레스가 생긴다는 것이 아니라는 사실입니다. 사람에 따라서는 "바쁘다는 것은 내가 유명하다는 증거이다."라고 기뻐하는 사람도 있답니다. 도대체 스트레스는 어떠한 경우에 느껴지는 걸까요?

스트레스는 장래를 예측할 수 없을 때 가장 강하게 느껴진다

· 동물이 장래를 예측할 수 있고 그 대책을 세울 수만 있다면 스트레스로 인한 충격은 강하게 느껴지지 않는다.
· 장래에 대하여 불안을 느끼고 대책이 없으면 스트레스는 심신의 장애요인이 된다.

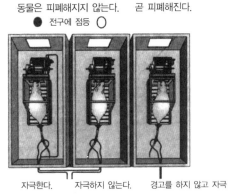

동물은 피폐해지지 않는다.　　곧 피폐해진다.
● 전구에 점등 ○

자극한다.　　자극하지 않는다.　　경고를 하지 않고 자극
동물은 미래를 예측할 수 있으면 스트레스를 강하게 느끼지 않는다.

그림 7

그림 7에서 보는 바와 같이 쥐를 상자에 넣어 바닥에 전류를 흐르게 하면 극심한 고통 때문에 쥐는 "꽥" 하고 소리 지릅니다. 그리고 동시에 혈압이 올라갑니다. 이를 몇 번이고 되풀이하면 쥐는 극도로 피로해져서 움직이지 않게 되어버립니다. 이러한 상태에서 미리 전구를 설치하여 "빨간색 전구가 들어오면 전류를 흐르게 하고, 그렇지 않으면 전류를 흐르게 하지 않는다."라는 조건을 정하고 그와 같이 자극을 주게 되면 이 쥐는 좀처럼 피로를 느끼지 않게 됩니다.

그렇지만 빨간색 전구를 켜더라도 전류를 흐르게 하고 또 전구를 켜지 않더라도 전류를 흐르게 함으로써 조금 전의 규칙을 깨뜨려버리면 그 즉시 쥐는 극도로 피로해지고 맙니다. 결론적으로 "우리들은 끊임없이 불안 속에 살고 있습니다. 그러나 이에 대한 대비책을 적절하게 강구하고 있으면 스트레스를 받지 않는다."라고 하는 사실을 이 실험결과를 통하여 알 수 있습니다.

옛날엔 여러 가지 일에 대하여 비교적 예상하기가 용이하였던 것은 아닐까요?

"초등학교에서 공부하고 중학교, 고등학교, 대학교에 들어가서 졸업하고 좋은 회사에 취직하여 과장, 부장이 되고 마지막에는 정년을 맞이하고…."라고 말입니다.

현재에는 "해보지 않으면 알 수 없다."라고 하는 일들이 매우 많습니다.

경기대책, 교육문제, 북한문제 등 "정말 이 대책은 정당한 것일까요?"라고 물어 왔을 때 누구라도 선뜻 대답할 수 없는 문제가 매우 많고, 그래서 우리들의 마음과 몸은 상당한 상처를 입게 됩니다. 결국 스트레스라고 하는 것은 미래를 예측할 수 있으면 마음과 몸이 고통스럽지 않게 된다는 이치가 됩니다.

스트레스는 기억력을 저하시킨다

만일 한 노인이 애지중지하고 있던 손자를 교통사고로 잃게 되면 그는 급격히 멍청해지고, 한편 아이가 부모의 이혼이라든가 전학 등으로 스트레스를 받으면 공부가 잘 되지 않습니다. "강도가 높은 스트레스가 뇌에 장애를 주고 있는 듯하다."라고 하는 점이 오래전부터 지적되었습니다. 이것이 사실이라는 점을 베트남전쟁에서 귀환한 병사에 관한 연구에서 알 수 있었습니다.

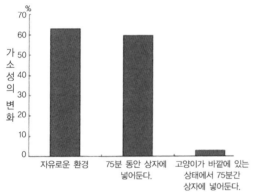

공포는 해마의 가소성을 변화시킨다.
가소성의 변화는 장기증강(長期增强)(그 가운데 감도가 좋은 PBP라고 하는 것)으로 측정
J.J.Kim & D.M.Diamond Nature Reviews Aeuroscience 3; 453, 2002

그림 8

그림 9

그림 8은 '해마'라고 하는 기억과 관련이 있는 뇌 부위의 가소성을 나타내고 있습니다. 기억력 유지수준이라고 이해하여주십시오. 쥐를 자유로운 환경 속에서 노닐 수 있도록 놓아둘 때에는 60% 이상 기억할 수 있습니다. 유리상자에 넣더라도 거의 기억력은 변하지 않습니다. 그러나 그림 9와 같이 바깥에 고양이를 두면 쥐는 고양이에게 습격당하지 않더라도 그 즉시 뇌는 활동하지 않게 되어버립니다. 다시 말해서 **공포심이 뇌의 기능을 억제하고 있는 것입니다.**

스트레스가 해마海馬를 작게 한다

대뇌 변연계 안에는 감정을 지배
하는 곳이 있습니다. 그곳을 자극하면 어떤 때에는 매우 화가 나게 됩니다. 그
작용을 하는 것이 해마입니다. 기억이 주입되는 입구인 동시에 감정을 관장하
고 있다고 알려져 있습니다. '편도偏桃'라고 하는 부위도 감정과 관련이 됩니다
(그림 10 참조).

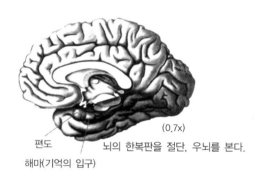

편도
해마(기억의 입구)

(0.7x)
뇌의 한복판을 절단, 우뇌를 본다.

그림 10

'해마'의 크기는 전쟁터의 최전선에 있는 것과 어떠한 관계가 있을까요. 이
를 조사해보았더니 1년 동안 전쟁터의 전방에 있으면 30% 정도 작게 되어버
립니다(그림 11 참조). 2년 동안 있으면 40%가량 작게 됩니다. 3년 동안 전방
에 있으면 해마의 크기는 그 절반 정도로 되고 맙니다. 왜 이런 현상이 생기는
걸까요? 그림 12와 같이 실은 우울증도 이와 같은 현상이 발생하는 것입니다.
최근 일본에서는 우울증 환자가 엄청나게 늘어나고 있습니다. 지난번 일부 상
장기업의 초청을 받아 강연을 한 적이 있었습니다. 그 회사 직원에게 물어보았
더니 회사 내에는 우울증 환자가 지나치게 많고 그 회사의 사장은 "우울증 환
자가 있다고 하는 것은 저희 회사가 일류 기업이라는 증거지요."라고까지 말하

더랍니다. 우울증에 걸리면 해마가 작게 되는데 그 이유는 스트레스입니다.

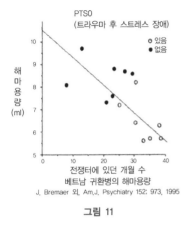

PTSO
(트라우마 후 스트레스 장애)

해마용량 (ml)

○ 있음
● 없음

전쟁터에 있던 개월 수
베트남 귀환병의 해마용량
J. Bremaer 외, Am.J. Psychiatry 152; 973, 1995

그림 11

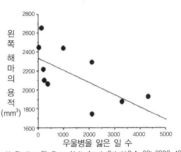

왼쪽 해마의 용적 (mm³)

우울병을 앓은 일 수
Y. Sheline 외, Proc. Nati. Acad. Sci. U.S.A. 93; 3908, 1996

그림 12

부신피질에서 분비되는 코르티솔이 뇌세포를 죽인다

우리들의 혈당수치가 올라가는 것
은 부신피질에서 분비되는 코르티솔에 의한 것입니다. 코르티솔이 많아지면
해마 등의 뇌세포를 최초에는 기능부전機能不全이 되게 하고 마지막에는 세포
자체를 죽여버린다는 사실을 알게 되었습니다. 그림 13과 같은 구조에서 우리
들이 스트레스를 받는다면 부신피질에서 코르티솔이 분비됩니다. 통상 스트레
스가 없어지면 코르티솔 분비가 중단되지만 스트레스가 생기면 바로 그 코르
티솔에 장애가 발생하여 뇌세포를 죽이고 맙니다(그림 13 참조).

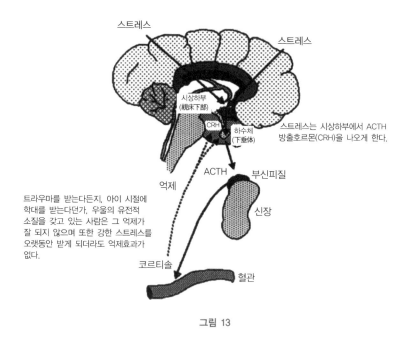

스트레스

스트레스

시상하부
(視床下部)

CRH

하수체
(下垂体)

스트레스는 시상하부에서 ACTH
방출호르몬(CRH)을 나오게 한다.

ACTH

부신피질

억제

신장

트라우마를 받는다든지, 아이 시절에
학대를 받는다던가, 우울의 유전적
소질을 갖고 있는 사람은 그 억제가
잘 되지 않으며 또한 강한 스트레스를
오랫동안 받게 되더라도 억제효과가
없다.

코르티솔

혈관

그림 13

뇌 내의 물질은 마음을 변화시키고 마음은 뇌 내의 물질을 바뀌게 한다
– 우울증 해명의 역사를 고찰한다

뇌 내腦內의 물질이 마음을 변화시

킵니다. 알코올을 마심으로써 의식이 몽롱하게 된다고 하는 것은 익히 알고 있

지만 기쁨, 슬픔 등의 감정 그 자체가 뇌 내 물질에 의하여 정해진다는 것을 알

게 된 것은 그다지 오래되지 않았습니다. '이런 일은 아무리 생각해봐도 별 방

도가 없다'라고 생각할 수 있는 것처럼 마음을 아프게 하는 일을 왕왕하고 있

습니다. 예를 들면 '내일 상급자를 만나야만 한다.'라고 걱정하는데 그 생각이

머리에서 좀처럼 떠나지 않습니다. '그런 일은 잊어버리자.'라고 생각해도 잊

혀지지 않습니다. 그러한 때에 종교는 다양한 처방을 내놓고 있습니다. 힌두교에서는 "불안할 때에는 인도뱀나무蛇木의 뿌리를 빨아라."라고 가르치고 있습니다. 인도뱀나무라고 하는 식물의 뿌리를 입으로 빨면 불안이 치유된다는 것입니다. 인도의 내과의사가 "인도뱀나무의 뿌리 속에는 정신을 안정시키는 물질이 함유되어 있다고 생각된다."라는 논문을 발표하였습니다. 그래서 세상 사람들이 놀라서 "이 식물의 뿌리 속에 도대체 무슨 성분이 들어 있는 것일까."라며 다투어 해명하고자 하였습니다. 스위스 제약회사의 한 연구자가 그 성분을 추출하여 레세르핀reserpine이라고 명명하였습니다. 레세르핀을 투여하면 확실히 초조함이 억제되기 때문에 그 제약회사는 레세르핀을 진정제로 출시하는 매출계획을 세웠습니다.

그러나 이 약을 사용하면 혈압이 내려간다는 사실을 알게 되었습니다.

이 세상에는 고혈압으로 고생하는 사람이 매우 많기 때문에 이 제약회사는 레세르핀을 혈압강하제로 판매하였습니다. 대단히 효과가 좋았기 때문에 세계적으로 사용되었는데 일본에서도 전후에 한창 사용되었습니다. 그런데 사용하는 사람 가운데 우울증상을 보이는 사람이 나왔던 것입니다.

'무슨 일이든 하고 싶지 않다.', '장래 희망을 기대할 수 없다.', '나는 하찮은 인간이다.', '사는 보람도 없다.' 등 이렇게 생각하는 사람이 늘어나고 있었습니다. 놀라서 레세르핀을 투여한 사람의 상태를 조사해보았더니 노르아드레날린noradrenalin이라고 하는 뇌 내 물질이 거의 사라져버리고 있음을 알 수 있었습니다. 또한 세로토닌이 없어진 것도 알게 되었습니다.

이전에 결핵은 불치병이었습니다. 그러나 스트렙토마이신으로 치료할 수 있게 되었지만 고령자에게는 '난청'이라는 부작용이 발생하였습니다. 과학적으로 합성한 물질로서 이러한 부작용을 해소하려고 몇 가지 물질이 만들어졌습니다.

그중 하나가 이프로니아지드iproniziad라고 하는 물질인데 이것을 사용하면 단지 결핵만 치유되는 것이 아니고 모든 사람이 매우 건강하게 활기를 띠게 되었습니다. 도대체 무슨 일이 일어나고 있는지를 조사해보니 뇌 내 물질인 세로토닌, 도파민, 노르아드레날린이 늘어나고 있음을 알게 되었습니다. 그중에서도 특히 세로토닌이 무척 늘어났습니다.

세로토닌이 줄어들면 우울증에 걸리고 세로토닌이 늘어나면 건강하게 됩니다.

세로토닌을 늘리는 약을 사용하면 우울증은 치유되지 않을까라고 현대의학에서는 고려하고 있습니다. 그렇기 때문에 우울증으로 의사에게 가보면 100% 뇌 내의 세로토닌을 늘리는 약을 처방하여 줍니다.

실제로는 음식물 속에 트립토판이라고 하는 아미노산이 뇌 속에 들어와 그때부터 세로토닌이 뇌 내 신경의 말단으로부터 방출되어, 다음의 신경 수용체 受容体와 결합한다는 정보가 전해지고 있습니다.

이 세로토닌은 사용된 후 한 번 더 제자리로 돌아가 분해됩니다.

그러나 현대의 약은 이 세로토닌이 되돌아오는 통로를 차단하여 세로토닌이 그 자리에 장시간 머물러 있게 됩니다. 그러나 이러한 약을 사용하더라도 우울증은 좀처럼 치유되지 않아서 환자는 증가 일로에 있습니다. 그래서 우울증에 대한 새로운 해설이 등장하였습니다.

우울증은 마음가짐의 병이다

우울증 치료약이 점차 개발되고 있는데 미국에서도 우울증 환자 및 자살자 수가 늘어나고 있습니다. 10대 청소년 사망원인의 세 번째가 자살이고 15% 정도가 우울증을 경험하고 있습니다.

그리고 일본에서는 자살자와 우울증 환자가 급증하고 있습니다. 자살비율은 미국의 2.5배에 달합니다.

이러한 상황에 대한 하나의 해결책으로서 "우울증은 사고방식을 바꾸기만 하면 치유될 수 있는 병은 아닐까."라는 설이 등장했습니다.

트립토판tryptophan이 세로토닌으로 바뀌는 과정에서 빛과 운동 및 수면과 더불어 '그저 그런 마음가짐'이 영향을 미치고 있습니다. 예를 들면 회사가 구조조정되는 경우, 그 자체가 우리들의 마음을 다치게 하는 것은 아닙니다. "구조조정으로 인해 실직되더라도 더 좋은 회사에 근무할 수 있다."라든가 "내가 자립하여 사업을 일으켜도 성공할 수 있을 것이다."라고 생각하면 스트레스는 생기지 않습니다.

구조조정되면 "나는 장차 어떻게 될 것인가.", "나는 모든 사람들에게 바보 취급당하는 것은 아닐까.", "가족, 자녀교육은 어떻게 될 것인가."라고 하는 불안한 마음이 우울증상으로 발전하여 마침내 자살로 치닫기도 합니다.

이와 같이 마음에 상처를 주는 감정을 낳는 마음가짐을 '비뚤어진 마음가짐'이라고 합니다.

비뚤어진 마음가짐의 대표적인 사례로서 '백인가 흑인가'라는 견해가 있습니다.

중국의 원자바오溫家寶 총리가 2007년 4월에 일본을 방문하였을 때 TV 취재에 응하여 "소이小異는 그대로 두고서 대동大同으로 가자."라고 말하는 장면을 보았습니다.

이에 대하여 TV 시사해설가가 "일본인은 작은 일에 너무 집착함으로써 일처리가 잘 안 된다."라고 말하였습니다.

우리들이 우울증에 걸리는 것은 바로 이러한 이유에 기인합니다. 예를 들면 일류대학교에 입학할 수 없었던 사람이 아무리 약을 먹고 노력하더라도 "입학할 수 없었다."라는 사실은 변할 수 없습니다.

마음가짐으로 해결할 수 없다면 우울증은 치유되지 않겠지요.

저는 이전에 롯폰기六本木 힐즈에서 '전국 우량소기업사장 모임'의 회의석상에서 강연을 한 적이 있습니다. 참가자들은 각자 지역사회에서 회사 대표라든가 로터리클럽 회장직 등을 맡고 있어 대단히 존경받고 있는 분들이었습니다. 그 분들과 대화를 해보면 이른바 일류대학을 나오지는 않았다고 합니다.

"중소기업의 사장이 되는 것보다도 일부 상장기업의 임원이 되고 싶다."라고 하는 사람은 상장기업 임원의 자녀가 얼마나 우울증에 많이 걸리고 있는지를 모르고 있습니다.

"우울증 등 마음의 병은 마음을 바꾸지 않는 한, 아무리 약을 먹더라도 그 정도로는 치유되지 않는다."라고 하는 사실을 꼭 이해해주었으면 합니다.

뇌는 개조할 수 있다

우리들의 뇌는 개조할 수 있습니다. 우리들의 뇌세포는 그 내부에 수상돌기樹狀突起가 뻗어 난다든가 여러 갈래로 가지가 나누어지기도 합니다(그림 4 참조). 이는 자극에 의하여 늘어나는 현상입니다.

지금부터 소개하고자 하는 주제는 "대학을 나오는 것이 반드시 좋다."라고 하는 의미는 아니라는 점을 이해하여주십시오.

교통사고로 사망한 사람의 뇌 일부를 끄집어내어 현미경으로 신경의 길이와 가지수를 치밀하게 조사한 사람이 있었습니다.

고졸 이하, 고졸, 대졸자의 경우를 비교하여보면 장기교육을 받은 사람의 신경의 길이가 매우 긴 것으로 나타나 결론적으로 학력수준과도 연관이 된다고 봅니다. 고학력자는 동시에 가지분기 수도 많습니다(그림 14, 15 참조). 게다가 이와 같이 신경이 길게 뻗친 사람은 인지증에 잘 걸리지 않는다는 것입니다.

이는 교육이라는 요인에 의하여 뇌세포의 상태가 변하고 있음을 드러내고 있는 것입니다.

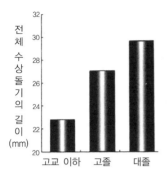

학교교육과 추체세포(錐体細胞) 돌기의 길이

20명 오른손잡이의 베르니케(Wernike) 중추(中枢)로 조사하였다.
각 사람 20개의 신경세포에 대하여 측정하였다.
연령의 오차는 바로잡았다.
B.Jacob 외. J.Comp.Neurol.327;97,1993

그림 14

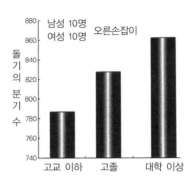

교육과 대뇌피질 돌기의 분기 수

UCLA의 연구
좌우 상두정회(上頭頂回) 피질의 세포
B.Jacob 외. J.Comp.Neurol.327;97,1993

그림 15

뇌를 바꿀 수 있는 유일한 인간은 자기 자신

손가락을 움직이고자 할 때에는 뇌의 운동야가 손가락을 움직이게 합니다.

어떤 사람이 가운데손가락을 사고로 잃어버렸다면 그 가운데손가락에 대응하는 뇌의 부위는 처음에는 전혀 반응하지 않습니다. 그러나 그 가운데손가락 대신에 집게손가락을 열심히 사용함으로써 가운데손가락에 대응하는 부위가 반응하게 됩니다(그림 16 참조). 뇌세포 자체는 증감할 리가 없지만 트레이닝에 의하여 뇌세포의 연결구조를 크게 바꿀 수 있게 됩니다. 결국 뇌세포는 변하는 것입니다. 뇌는 다시 만들 수 있습니다.

눈으로 볼 수 있는 사람이 눈을 감고 물건을 잡을 때 뇌의 어느 부위가 활동하고 있는가 하면 그것은 바로 운동야입니다. 그러나 눈으로 볼 수 없는 사람이 손으로 무언가를 잡으려고 할 경우 뇌의 어느 곳이 활동하는가 하면 물건을 보

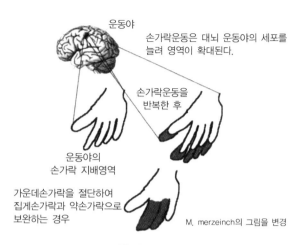

운동야

손가락운동은 대뇌 운동야의 세포를
늘려 영역이 확대된다.

손가락운동을
반복한 후

운동야의
손가락 지배영역

가운데손가락을 절단하여
집게손가락과 약손가락으로
보완하는 경우

M. merzeinch의 그림을 변경

그림 16

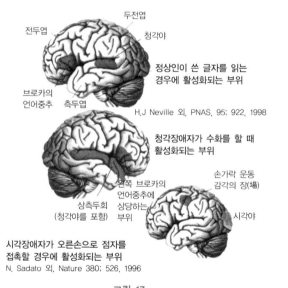

두전엽

전두엽

청각야

정상인이 쓴 글자를 읽는
경우에 활성화되는 부위

브로카의
언어중추   측두엽

H.J Neville 외, PNAS, 95; 922, 1998

청각장애자가 수화를 할 때
활성화되는 부위

손가락 운동
감각의 장(場)

왼쪽 브로카의
언어중추에
상측두회   상당하는
(청각야를 포함)   부위

시각야

시각장애자가 오른손으로 점자를
접촉할 경우에 활성화되는 부위

N. Sadato 외, Nature 380; 526, 1996

그림 17

는 곳(시각야)이 작동하고 있는 것입니다. 다시 말해서 장님은 손가락 끝으로
보는 것입니다. 즉, 손으로 점자를 보고 있는 셈입니다. 보고 있기 때문에 시각
야가 활동하는 것입니다. 귀로 들을 수 없는 사람이 수화를 하고 있을 때에는

청각야가 활동합니다. 다시 말해서 귀로 들을 수 없는 사람은 수화를 듣고 있는 것입니다(그림 17 참조). 이와 같이 뇌를 새로 만들 수 있게 됩니다.

그러나 "어떻게든 손가락 끝으로 볼 수 없는 물질이 무엇인지 알려고 한다." 든지, "어떻게든 수화로 상대방이 말하는 것을 알려고 한다." 등의 노력이 없다면 뇌의 변화는 일어나지 않습니다.

뇌를 바꿀 수 있는 유일한 인간은 자기 자신인 것입니다.

뇌를 바꾸는 것, 병으로부터 회복되는 것, 병을 사전 예방하는 것도 오로지 우리들 각자 한 사람 한 사람만이 할 수 있으며, 의사는 조수역할을 할 뿐입니다. 이를 이해하는 것이야말로 우리들이 생활습관에서 오는 병으로부터 우리 몸을 지키기 위한 가장 요체가 되는 것이라고 생각합니다.

저는 여러분들에게 이 점을 가장 강조하고 싶습니다.

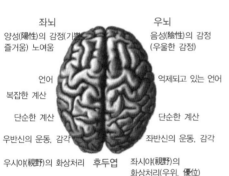

그림 18

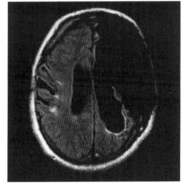

1975년에 존스·홉킨스 대학교의 A. Smith에 의하여 보고된, 우뇌를 간질 치료를 위하여 제거한 사람의 뇌. 그는 대학을 졸업하고 지능도 문제없고, 직업에서도 성공하였다. 이와 같은 수술을 어린아이 때에 받은 사람은 대체로 지능에 이상이 없다.
Ross, P.E.Sci, Amer. 294; 15, 2006

그림 19

뇌를 위에서 내려다 본 것이 그림 18입니다. 그리고 그림 19는 어린아이의 우측 뇌를 전부 *끄집어낸* 것입니다.

통상 오른쪽 뇌가 왼쪽 손발을 작동시키고 왼쪽 뇌가 오른쪽 손발을 활동하게 합니다. 그러나 이러한 사람은 한쪽 편 뇌만으로 양쪽 운동을 컨트롤합니다. 그래도 하등 부자유스럽지는 않습니다. 뇌를 개조하게 된 것입니다.

스스로 노력하지 않으면 뇌는 바뀌지 않는다

책머리사진 15의 오른쪽은 뇌경색 환자의 뇌 상태입니다.

오른손 오른다리를 움직일 수 없지만 이 사람이 강도 높은 재활치료를 받으면 오른손, 오른쪽 다리를 차차 움직일 수 있게 되는 경우가 상당히 있습니다. 그 경우에 뇌가 어떻게 되어 있는가를 조사해보면 어린아이 때에 오른쪽 뇌를 끄집어낸 경우와 마찬가지로 좌뇌만으로 오른손, 오른쪽 다리는 물론 왼손, 왼쪽 다리도 활동하고 있습니다. 다시 말해서, 뇌를 새로 바꾸었다는 것입니다.

뇌경색으로 오른손, 오른쪽 다리를 움직일 수 없는 사람도 오른손, 오른쪽 다리를 움직일 수 있도록 노력하지 않으면 뇌를 바꿀 수 없습니다. 뇌를 바꿀 수 있는 유일한 인간은 여러분 한 사람 한 사람 자기 자신이며 다른 사람하고는 상관없습니다.

그러면 말을 하지 못하는 사람이 말할 수 있게 되는 것은 무슨 까닭일까요?

우리들의 언어중추는 뇌의 좌측에 있습니다. 그렇기 때문에 좌측 뇌가 뇌경색이 되면 말할 수 없게 됩니다. 우측 뇌에도 아주 미숙하나마 언어중추가 있습니다. 지나치게 미숙하기 때문에 그것만을 사용하면 우측 뇌에도 "아—"라든가

"우—" 등밖에 말할 수 없습니다. 그렇지만 열심히 재활치료를 하면 이 우측의 미숙한 언어중추가 점차 발달하여 마침내는 오른쪽 뇌로 말할 수 있는 정도까지 됩니다.

결론적으로 뇌가 새로 만들어진 것입니다.

어떻게든 말하고자 노력하기 때문에 오른쪽 뇌가 바뀌게 되는 것입니다. 아무리 의사가 그렇게 말해주어도 환자 자신이 노력하지 않으면 아무 소용이 없습니다. 저는 이 점이 의료 측면에서 지금도 가장 중요하다고 봅니다.

뇌세포는 나이를 먹어도 늘어난다

과거에는 "뇌세포는 절대로 늘어나지 않는다."라고 말해왔지만 지금부터 10년 전에 해마의 세포가 70세를 넘어서도 늘어난다는 사실을 알게 되었습니다(그림 20 참조).

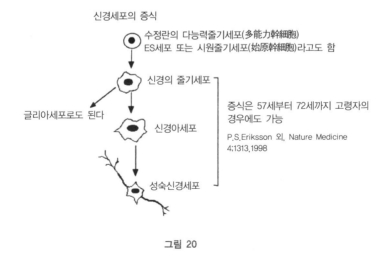

신경세포의 증식

수정란의 다능력줄기세포(多能力幹細胞)
ES세포 또는 시원줄기세포(始原幹細胞)라고도 함

신경의 줄기세포

글리아세포로도 된다

신경아세포

증식은 57세부터 72세까지 고령자의 경우에도 가능

P.S.Eriksson 외, Nature Medicine 4;1313,1998

성숙신경세포

그림 20

나아가 최근에는 배성간세포胚性幹細胞, ES세포배아줄기세포 Embryonics Stem Cells
가 크게 주목받고 있습니다. 이는 동물의 발생 초기 단계인 배반포胚盤胞의 일
부분에 속하는 내부 세포군에 의하여 만들어지는 간세포세포주幹細胞細胞株인
것입니다. 생체 바깥에서 이론상 모든 조직으로 분화하는 전능성全能性을 계속
보유하면서 거의 무한하다고 할 정도로 증식시킬 수 있기 때문에 재활의료분
야에서의 응용이 주목되고 있습니다.

이는 실제로 무엇이든 될 수 있는 세포입니다.

이를 추출하면 인간도 만들 수 있습니다. 그렇기 때문에 큰 문제가 될 수도
있습니다.

그리고 "장래는 신경만으로 된다."라고 하는 줄기세포幹細胞가 뇌의 가운데
있다는 것을 알게 되었습니다. 이것이 자극을 받게 되면 정상적인 신경세포가
됩니다.

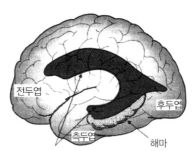

뇌실 주위 상의하영역(上衣下領域)

신경줄기세포의 존재부위

그림 21

어디에 있는가 하면 해마와 뇌실腦室이 있는 곳에 있음을 최근에 알게 되었
습니다(그림 21 참조). 해마의 세포는 끊임없이 증가하고 있습니다. 그러나
지금 뇌 과학의 세계에서는 "이 해마와 뇌실에 있는 신경간세포는 다른 곳으로
옮아가고 있는가."의 여부에 관한 것이 중요 문제로 대두되고 있습니다. 그리

고 최근 "뇌경색의 경우에는 아무래도 이 신경줄기세포가 이동하고 있는 듯하다."라는 사실을 알게 되었습니다.

나아가 뇌 내에 프로락틴이라고 하는 호르몬을 투여하면 4주 후에 새로운 줄기세포가 태어나고 때가 되면 적절한 세포로 바뀌게 됩니다.

이러한 현상은 실험용 쥐의 뇌에서도 인간의 뇌에서와 마찬가지로 발생합니다. 인간의 뇌세포는 나이를 먹어도 늘어난다는 것을 알 수 있지만 "어떻게든 좀 더 늘릴 수 있는 방법은 없을까"라고 생각하는 것은 당연합니다.

뇌세포를 늘리는 방법

· 몸 특히 손가락을 움직인다.
· 자극이 있는 환경에서 생활한다. 폐쇄적으로 지내지 않는다.
· 즐거운 훈련, 뇌의 사용방법을 강구한다.

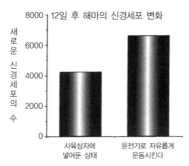

운동에 의한 신경세포의 증가
H. van Praag 외, Nature Neuroscience 2; 266, 1999를 변경

그림 22 쥐의 뇌가 운동으로 증가하는 자료

뇌세포를 늘리는 방법은 실제로 3가지가 있습니다.

① 첫번째는 **몸, 특히 손가락을 움직인다**(그림 22 참조).

어떤 TV프로그램을 보았더니 그 프로그램에서 세토우치 세키쿄瀬戸内寂聴 씨가 "아무리 그렇게 말할지라도 피아니스트에도 멍청한 사람이 있습니다."라고 말하고 있었습니다.

결론적으로 "의학은 통계의 문제로서 어떤 일을 한다면 10명 중 7명은 잘한다."라는 것과 같습니다. "누군가가 어떤 건강방법을 써 보았더니 효과가 없었다고 하는 것을 들었기 때문에 그 방법을 그만 두었다."라고 한다면 건강방법은 어느 한 가지도 남아나지 못합니다.

"이러한 건강방법은 통계의 문제로서 10명 중 7명의 경우에는 효과가 있다."라고 하는 것을 꼭 기억해두십시오. 그렇게 되면 우리들은 매우 기분이 좋게 되어 건강방법을 실천할 수 있게 된다고 생각합니다.

② 둘째는 **자극이 있는 환경에서 생활한다.** 폐쇄적이어서는 안 됩니다(그림 23 참조).

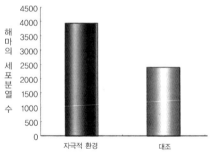

자극적 환경에서 키운 쥐 해마의 세포분열
G Kem pem ann & F.H. Cage Scientific Am. May 1999, p.38

그림 23   자극적 환경과 보통의 환경에서 뇌세포의 변화

저의 동급생 가운데 일류대학을 나와 일류회사에 들어갔는데 정년이 된 때부터 거의 외출을 하지 않는 사람이 있습니다. 강연 등을 들으려고 거의 나가

지 않는데다가 재직 중에는 집과 직장, 그리고 직장 근처의 술집 정도밖에 다니지 않았기 때문에 정년이 되고 나서는 갈 곳이 없는 것입니다.

그의 부인은 PTA에서 친구를 사귀고 레스토랑 같은 데서 식사를 하기도 합니다. 자극을 받을 수 있는 환경에 접할 수 있다는 것이 매우 중요합니다. 역으로 말하면 자극적인 환경 속에 있다면 무엇보다도 뇌에 좋습니다.

③ 셋째는 **즐거운 훈련, 뇌의 사용방법을 강구한다.**

꿈이 있다. 즐겁게 머리를 훈련시킨다. 이 점이 중요합니다.

구미 지역에서는 체스, 트럼프, 크로스워드 퍼즐 등이 뇌에 좋다고 합니다. 이러한 것들을 적극적으로 함으로써 70세가 넘어서도 뇌세포를 늘릴 수 있습니다. 강연을 듣고 나서 귀가할 때에 "차로 같이 갑시다."라고 친구가 제의하였을 때에 "뇌세포를 늘리고 싶기 때문에 그냥 걸어가겠습니다."라는 정도의 말도 할 수 없을 정도의 요량이라면 좋지 않습니다.

기도는 마음과 몸을 변화시킨다

우리들이 기도라든가 명상 등의 행위를 한다면 과연 이러한 행위가 건강에 도움이 되는 걸까요. 이에 대하여 PET를 사용하여 수도하는 여자분들의 뇌를 조사해보았습니다. 책머리사진 16을 보면 명상을 하면 집중력의 영역이 활성화되고 있음을 알 수 있습니다(O표 부분).

책머리사진 16은 또한 자의식의 영역부분이 활동하고 있음을 나타내고 있습니다. 색이 짙을수록 강하게 활동하고 있는 것입니다.

명상을 하면 자의식의 영역이 약해집니다. 다시 말해서 "나는 어째서 그런 일을 했단 말인가."라고 푸념 섞인 후회라든가 "나는 훌륭한 사람이야."라고 에고이스트인 듯한 자의식이 줄어들게 되는 것입니다. "좌선座禪이라든가 명상이 뇌의 활동을 바꾼다."라고 하는 결과가 많은 사람들에게서 나타났습니다. 그렇다면 정말로 기도는 건강에 좋은 것일까요. 구미 지역에서 교회에 다니는 것이 정말 건강에 좋을까요.

저는 미국에서 9년간 지내 왔습니다. 교회란 곳은 어떤 의미에서는 사교의 장소와 같은 곳입니다. "매우 많은 사람들을 만날 수 있다."라고 하는 데서 알 수 있듯이 꼭 신앙심을 갖고 있지 않더라도 교회에 다니는 빈도가 높은 사람의 수명이 보다 길다는 경향이 있습니다.

교회에 다니는 빈도가 높은 사람은 우울증의 경감, 금연, 운동량 증가 및 금주 등 대단히 효과가 있다는 것입니다.

2003년 11월 뉴스위크의 기사에 의하면 지금까지 기도의 효용에 관하여 150건 정도의 연구가 있었다고 합니다. 그 연구 내용들을 종합정리해보면 다음과 같은 사실들을 알 수 있습니다.

교회에 잘 다니는 사람은 오래 살 수 있다.
신앙심이나 정신적으로 의지할 곳이 있는 사람은 심장혈관질환에 잘 걸리지 않는다.
뇌경색에 잘 걸리지 않는다.
누군가가 기도를 해주면 급성인후염이나 폐렴 같은 질환의 회복이 빠르다.
신앙심이나 정신적으로 의지할 곳이 있다면 암으로 사망할 확률이 낮다.

최근 명상에 매우 숙련되어 있는 15명을 대상으로 조사해본 결과, 명상 중에 뇌의 어느 특정부위가 활동하고 있음을 알 수 있었습니다.

그 부위 중 많은 곳은 기쁨을 감지할 수 있는 측좌핵側座核이라고 하는 곳이 활동을 하고 있는 것입니다.

기도는 병으로부터 회복을 앞당긴다

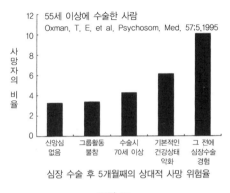

심장 수술 후 5개월째의 상대적 사망 위험율

그림 24

　　　　　　　　그림 24는 55세가 넘어서 수술한
사람들의 수술 후 5개월째의 상대적 사망 위험률 통계입니다.
　신앙심이 없다, 그룹 활동에 참가하지 않는다, 70세 이상, 기본적으로 건강
상태가 악화되고 있다…, 이러한 부류의 사람일수록 사망률이 높다는 사실을
알 수 있습니다.

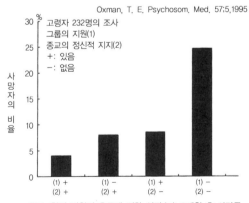

종교, 친지 지원의 유무에 의한 심장수술 6개월 후 사망률

그림 25

이어서 그림 25를 살펴보면, 자신이 신앙심을 갖고 있지 않을 뿐만 아니라 친구의 도움도 받지 않는 사람은 사망률이 매우 높다는 것을 알 수 있습니다. 이와는 대조적으로 본인도 신앙심이 있고 자기가 속한 그룹의 지원도 받고 있는 사람의 사망률이 현저히 낮다는 것입니다. 이러한 조건이 심장과 혈관에는 비교적 좋게 작용하고 있습니다.

암의 경우 찬반 양론이 있어서 지금 저는 유감스럽게도 이에 대하여는 확실한 의견을 말씀드릴 수 없습니다.

다만, 뇌경색이나 심근경색에 있어서는 우리들의 정신상태가 매우 중요한 역할을 하고 있음은 알 수 있습니다.

자세는 마음을 바뀌게 한다

좌선을 할 때는 '자세를 바르게'라고 엄하게 가르침을 받는데 그럼 왜 자세가 중요한 것일까요. 앉아 있을 때에는 항상 중력을 받는 상태에서 앉아 있기 때문입니다. '앉아 있다'라고 하는 것은 "등뼈, 허리 주변의 근육, 힘줄이 끊임없이 긴장하고 있다."라는 것입니다.

그리고 "앉아서 꾸벅꾸벅 졸고 있다."라는 것은 "무의식적인 긴장이 없어졌다."라는 것입니다.

자세를 바르게 하면 말초근육, 힘줄로부터 긴장이 전해지는 자극이 뇌간망양체腦幹網樣体를 통하여 전두엽前頭葉으로 전달됩니다. 전두엽은 각성하고 필요한 기능을 활성화시키며 불필요한 기능을 억제합니다(그림 26 참조).

결론적으로 올바르게 앉아 있으면 우리들은 졸지 않게 됩니다. 그렇기 때문에 비스듬히 누우면 졸음이 쉽게 옵니다. 여기에서 중요한 것은 말초근육 및 힘줄로부터 오는 자극이 특히 전두전피질前頭前野을 자극한다는 것입니다.

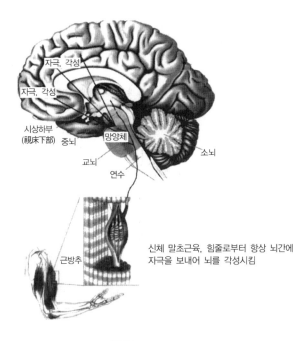

자극, 각성

자극, 각성

시상하부
(視床下部) 중뇌

망양체

교뇌

연수

소뇌

근방추

신체 말초근육, 힘줄로부터 항상 뇌간에
자극을 보내어 뇌를 각성시킴

그림 26

전두전야에는 다양한 역할이 있고 그 가운데에서 더욱 중요한 것이 "정신을 집중시킨다."라고 하는 역할입니다. 그리고 전두전야는 예를 들면 '본다'고 하는 일에 집중하면 그 밖의 기능은 전부 억제되어 버립니다(책머리사진 17 참조). 우리들이 느끼는 고뇌는 다양한 감정을 만들어내는 변연계辺緣系에서 비롯합니다. 즉, 이 변연계가 야기하는 고뇌를 스스로 억제하고자 하여도 좀처럼 억제할 수 없다는 것입니다.

그러나 자세를 바르게 하면 자동적으로 전두전야가 활성화되고, 어떤 한 방향으로 의식이 향하기 때문에 변연계가 억제되어 버립니다.

예전부터 **"자세를 바르게 하면 그것만으로도 불안은 줄어들게 된다."**라고 하는 것은 바로 이와 같은 이치에 연유한 것입니다.

천천히 하는 심호흡은 뇌를 치유한다

좌선을 할 때에는 "호흡을 가다듬으세요."라는 말을 자주 듣습니다.

왜 호흡을 천천히 하면 정신이 안정되는 걸까요.

이 문제에 대한 중요한 발견이 이루어졌습니다. 호흡을 단숨에 그치면 혈액 속의 이산화탄소가 매우 많아지고 그 혈액이 옮겨져서 뇌의 호흡 중추를 자극하게 됩니다.

"우울증은 세로토닌의 분비를 줄인다."라고 조금 전에 말했습니다. 다시 말해서 세로토닌 신경은 혈액 속에 있는 다양한 정보를 대단히 쉽게 얻을 수 있는 곳에 있습니다.

이산화탄소를 가하면 세로토닌 신경은 매우 활동적으로 됩니다. 호흡을 천천히 하여 이산화탄소가 늘어나면 혈액 중에 이산화탄소가 증가하여 뇌의 세로토닌 신경이 자극을 받아 세로토닌 분비가 늘어나 신경을 안정시키는 효과가 있게 됩니다. 이는 항우울제와 같은 효과를 갖고 있습니다.

호흡은 살아가는 것 그 자체이다

『잡아함경雜阿含經』에는 "세존世尊은 한때 기원정사祇園精舍에서 제자들과 대화를 하였습니다. 제자들이여 들숨 날숨을 마음속으로 생각하는 실습을 하는 것이 좋다. 그렇게 한다면 신체는 피로하지 않게 되고 눈도 아프지 않고 생각하는 대로 즐겁게 살고, 헛된 즐거움에 탐닉하지 않게 되는 것을 깨닫게 될 것이니라."라고 기록되어 있습니다.

『대안반수의경大安般守意經』에는 "수식數息은 지성으로 하고 호흡이 어지러워지는 것을 참아야 한다. 수식의 규칙은 부드럽고 호흡을 지각하지 않도록 하는 것이다. 이와 같이 실로 한마음으로 지관止觀을 지켜야 한다."라고 기술되어 있습니다.

석가모니께서는 "바르게 앉아서 호흡을 천천히 하면 정신이 안정된다."라는 사실을 경험을 통하여 알게 되셨다고 봅니다. 지나치게 어렵게 생각하지 않고서도 자세를 바르게 하고 호흡을 천천히 함으로써 불안한 마음을 진정시킬 수 있습니다. 이는 실로 멋지다고 생각합니다.

고토다마(언령言靈)를 사용하여 마음을 바꾼다

일본에서는 예전부터 '고토다마言靈'라고 하는 말이 있는 바와 같이 "말에는 영혼이 있어서 힘을 발휘한다."라고 알려져 왔습니다. 도겐 선사道元禪師는 "말을 소중히 하면 천당으로 가는 힘이 생긴다."라고 하였습니다.

구약성서의 창세기 제1장에도 "하나님이 이르시되 빛이 있으라 하시니 빛이 있었고"라고 기록되어 있습니다. 좋은 말은 마음을 바뀌게 하고 몸을 변화시킵니다.

그리고 "고토다마를 읊으면 읊을 때마다 그 힘이 우주로 확대되고 고토다마의 힘은 점점 더 힘을 키운다."라고 알려져 있습니다. 그러나 역으로 "그러한 신념 없이 고토다마를 읊으면 그 효력을 잃게 된다."라고 합니다. 이는 고토다마의 힘 자체가 없어져버렸기 때문은 아닙니다. 고토다마는 우리들의 본래 마음, 불심佛心, 불성佛性을 직접 자극합니다.

저는 꺼리는 일을 생각하게 될 것 같으면 당장에 "난처한 일은 일어나지 않는다."라고 저 자신에게 일러줍니다. 그러면 매우 기분이 좋아지게 됩니다.

저는 "난처한 일은 일어나지 않는다."라고 하는 말 속에는 좋은 고토다마로서의 힘이 내재하고 있다고 확신하여 많은 분들에게 권유합니다. 그리고 "만사는 좋게 된다."라는 말도 사용합니다.

대체로 자기의 허랑방탕한 자식을 생각해보더라도 "만사는 좋게 된다."라고 생각되지 않지만 그래도 꺼리는 일이 있었을 때에 이렇게 자기 자신에 일러 주면 왠지 모르게 기분이 좋아지게 됩니다.

길을 걷고 있을 때, 얼굴을 씻을 때, 밤에 잠자리에 들 때, 갖가지 꺼리는 것들에 대한 생각이 들 것 같으면 곧바로 "만사는 좋게 된다."라고 자기 자신에게 일러주도록 권유합니다.

또한 지도부난 선사至道無難禪師는 "이런저런 생각에 빠지지 않으려거든 부처님의 가르침에 따르라."라고 하셨습니다.

'부처님의 가르침'이란 도대체 무엇일까요?

"우리들은 본래 한없이 빛나고 영원히 지속되는 마음을 갖고 있는 것이다."라는 사실을 부처님은 알고 계셨습니다.

"그와 같은 깨달음의 수행을 앞당기기 위해서는 부질없는 것들을 생각하지 않아야 한다."라고 말씀하셨습니다.

이는 1+1=2라든가 외국어 단어를 기억하는 것 등의 사유를 하지 않도록 하는 것이 아니고 "어째서 나를 이러한 곤경에 빠뜨렸는가" 하는 감정에 관계되는 일은 가능하면 생각하지 않도록 하는 쪽이 불심佛心에 가까이 다가선다고 하는 의미입니다.

그리고 한큐 선사盤珪禪師는 "미운 사람은 없다. 밉다고 하는 기억이 있을 뿐이다. 따라서 기억을 없애면 미운 사람은 없게 된다."라고 하셨습니다.

야마다 무문 노사山田無文老師는 "좋은 일도 나쁜 일도 모두 생각하지 않도록 하라."라고 말씀하셨습니다.

저는 많은 분들에게 "잡다한 생각에 빠지지 않으려거든 부처님의 가르침에 따르라."라고 하는 말도 권유하고 있습니다.

소리 내어 말하는 것은 뇌를 어떻게 활성화시키는가?

　　　　　　　　　　　　　　　인간의 뇌가 말을 듣는다든가 말
을 할 때에 그림 27과 같은 부위가 사용되고 있음을 알 수 있습니다.

　더욱이 단순히 문자를 소리 내지 않고 읽는 경우와 소리를 내어 낭독朗讀이
나 음독音讀하는 경우 뇌가 활성화되는 부위가 다르다는 것이 그림 28에 나타
나 있습니다.

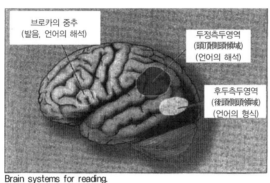

Brain systems for reading.
Bennett and Sally Shaywitz, Biological Psychiatry, May 1, 2004

그림 27

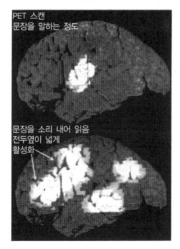

그림 28

언어는 거울신경Mirror 세포를 통하여 영향력을 갖는다

뇌 속에 거울신경Mirror 세포가 있다는 사실이 최근 들어 분명해졌습니다. 예를 들면, 당신이 지금 펜을 놀리고 있다고 한다면 이것을 보고 있는 본인의 뇌 속에서 글을 쓴다고 하는 세포가 활동하고 있는 것입니다. 카메라맨을 보면 나의 손은 사진을 찍는 것 같은 동작을 하고 있다는 것입니다. 이와 같이 거울과 같은 활동을 하기 때문에 거울신경 세포라고 부르고 있습니다.

예를 들면 '사토시座頭市'라는 영화에서 악한 자를 죽이는 장면을 보면 바로 손에 힘이 실리게 되는 것은 거울신경 세포 상태로 멈추어 있는 것이 감정이 격렬해지면 행동으로 옮겨진다는 것입니다. 즐거운 사람을 만나면 즐겁게 되고 음침한 사람을 만나면 암울해지는 것은 자기 몸의 거울신경 세포가 자극을 받고 있기 때문입니다.

보고 있는 상대방과 같은 것을 자기의 몸속에서 되풀이하고 있습니다.

이 이론에 따르면 아기는 엄마를 비롯한 주위 사람들의 말을 흉내 내어 지껄이는 것처럼 된다는 것입니다.

당초 거울신경 세포는 1996년에 이탈리아의 쟈코모 리졸라티Giacomo Rizzolatti에 의하여 발견되었습니다. 원숭이의 전두엽에 전극을 넣으면 이 원숭이가 손가락을 움직이려고 할 때에 반응을 합니다. 그러나 다른 원숭이가 손가락을 움직이는 것을 보더라도 반응을 합니다.

마치 거울 속에 비친 것과 같이 자기의 행위와 타인의 행위를 표현하고 있기 때문에 '거울신경 세포'라고 명명되었습니다. 이와 같이 운동, 감정, 언어 등에 상응하는 거울신경 세포가 있는 것입니다(그림 29 참조).

그런 까닭에 좋은 언어를 듣고 이것을 소리 내어 말하면 뇌가 활성화되고 나아가 그 내용이 자기의 거울신경 세포를 자극하여 그 내용을 자기의 것으로 만들 수 있습니다.

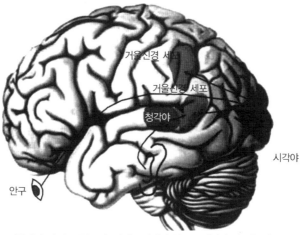

거울신경(미러, mirror) 세포는 사람의 영향을 주고받는 세포

거울신경 세포

거울신경 세포

청각야

시각야

안구

거울신경 세포는 듣는 것, 말하는 사람의 얼굴 표정에서 기분을 읽고
그 사람과 같은 감각을 지닌다.

그림 29

몸 조절, 호흡조절, 마음조절이 건강증진의 요체

지금까지 설명해온 바와 같이 의
학적으로 보더라도 우리들의 마음과 몸은 자세, 호흡, 생각 등의 영향을 받고
있습니다. 몸 조절, 호흡 조절, 마음 조절은 마음과 몸의 건강에 가장 중요한
것입니다. 현재와 같이 정보가 범람하고 스트레스가 가득 찬 사회에서는 바른
자세, 바른 호흡을 함으로써 바른 판단을 할 수 있게 되는 것입니다. 이는 나아
가 건강의 유지 및 향상으로 통한다고 저는 믿고 있습니다.

뇌·의식·건축
– 통합의료에서
건축의학이라는 새로운 조류

의사·임상 사상가(臨床 思想家)·일본건축의학협회 이사 가메이 마노키(亀井 眞樹)

도쿄 대학東京大學 의학부 의학과 졸업. 대학원 재학 중인 1992년에 개설한 요요기代々木 공원
진료소에서 통합의료를 실천하는 일본 통합의료의 기수. 신경내과학·한방의학 천씨태극권
陳氏太極拳 제19대 전수인. 한방의학에 관한 의사·일반인 대상 저술·강연 다수. 강인하고도
정치학 이론의 전개에 의한 혁명적인 한방의학 기본 이론체계의 구축으로 높은 평가를 받고
있다. 현재 요요기공원진료소 원장, 건강생활기업·주식회사 J허브 대표이사 사장. 롯폰기
남성합창단 클럽 프리모 테너, 엔진01문화전략회의 간사회원.

뇌 · 의식 · 건축
– 통합의료에서 건축의학이라는 새로운 조류

뇌신경학 측면에서 본 건축의학의 가능성

일본건축의학협회 설립기념 강연회(2006년 11월 18일) 강연

건축이란 인간과 자연을 중개하는 것이다

　　　　　　　　　　　　　의학 분야에서 저의 전문영역은 신경내과입니다. 이 임상의학은 뇌신경과학을 기초로 하고 있습니다. "인간의 최대 흥미 대상인 우리들 자신의 근본적인 부분이 어디에 있는가를 탐구해보면 그것은 뇌에 있는 것은 아닐까."라고들 합니다. 뇌의 구조 및 기능에 관하여 최근에는 일반인들을 대상으로 미디어 등에서도 보도를 한다든지 특집으로 꾸미는 등 기회가 늘어나고 있는 것 같습니다.

그러나 한편으로 그러한 영역에 관한 연구가 진행되면 될수록 "지금까지의 우리들 뇌의 사용방법, 즉 현 단계에서의 과학적 사고만으로는 우리들 자신의

뇌를 완전히 이해하는 것은 곤란할지도 모른다."라는 견해가 최근 어렴풋하게
나마 계속 감지되고 있습니다.

　그러면 우리들이 안고 있는 이러한 한계를 넘어서고자 한다면 어떻게 하는
것이 좋을까요?

　이 점에 대하여 어떤 단서를 잡기 위하여 저는 뇌신경과학에 관한 연구를 계
속함과 병행하여 인체에 대한 전혀 색다른 어프로치로서의 한방의학을 대상으
로 선택하여 그 원류로 소급하여, 흔히들 '온고지신溫故知新'이라고 합니다만,
다양한 일에 종사해오고 있습니다.

　이러한 경험을 토대로 "대관절 건축과는 어떤 관계가 있을까."라는 점에 대
하여 소박하게 생각해보았더니 **"건축이란 살아 있는 몸으로서 존재하는 인간
과 자연을 중개하는 것이다."** 라고 생각하고 있습니다.

건축은 숲을 벗어난 인간들이 만든 도시문명과 함께 지상에 나타났다

　　　　　　　　　우리들 인류는 숲 속에서 지내던 시
대가 길고 그 사이에 토기라고 하는 것을 만들어냈다고 고찰되고 있습니다. 지금
으로부터 1만 년 전에 기후의 변동에 따라 숲으로부터 쫓겨났습니다. 숲으로부터
추방당한 인간들은 도시국가라고 하는 것을 만들어 오늘날 우리들이 '문명'이라
고 부르는 것이 태어나게 되었다고 생각됩니다. 즉, **문명이라고 하는 것은 건축
물과 함께 출현된 것으로** 이는 대단히 중요한 포인트라고 여겨집니다.

　그 이전의 '숲의 문명'이 어떠한 형태이었는가에 대하여는 고고학상의 기술
적 제약도 있고 매우 탐구하기 어렵다고 듣고 있습니다. 그렇기 때문에 현 시
점에서는 우리들이 오늘날 명확하게 '문명'으로서 인식할 수 있는 일련의 고대
인들의 생활, 즉 우리들이 연관성을 느낄 수 있는 고대인들의 생활은 무엇보다

도 먼저 건축물과 함께 태어났다고도 할 수 있겠지요.

우리들 인간과 자연을 맺는 중개역할로서의 건축물이야말로 '건축'이라고 하는 것의 본질을 고려하는 가운데에서 가장 중요한 원점이 아닌가 생각해봅니다.

숲 속에서 살아가고 있던 인류가 나무 열매를 채집하고 그것을 토기 속에 담아 저장하고 조리한다. 그러한 '숲의 문명'시대로부터 '도시의 문명'으로 이행한 원시 고대 사람들은 당초 '숲과 동굴의 메타포Metaphor'로서 집과 건축물을 만들기 시작하였다고 고찰됩니다.

우리들이 지금 이 순간 어떠한 의문이나 위화감도 없이 지내고 있는 방房도 그 근원을 추적해보면 대체로 수풀 속 비교적 햇볕이 잘 드는 평탄한 땅이거나 트여 있는 커다란 동굴까지 거슬러 올라갈 수 있을 것입니다.

숲에도 '살기 좋은 숲'과 '살기 어려운 숲'이 있고 또한 동굴에도 '살기 좋은 동굴'과 '살기 어려운 동굴'이 있을 테지요. 숲과 동굴을 원류源流 이미지로 하고 자연과 인간을 중개하는 건축물 중에서도 '좋은 건축'과 '그다지 좋지 않은 건축'으로 분류되어 오는 것도 당연한 귀결이 아닐까라고 생각됩니다.

뇌와 건축의 관계

우리들의 먼 조상이 '단세포 생물'을 벗어나 '다세포 생물'로 된 것은 암컷과 수컷으로 분화되어 이 세상에서 생을 맞이하였고 생식활동에 의하여 서로의 유전자를 혼합시켜 비교적 짧은 시간 동안에 유전자 변화를 일으켜 그 변화를 몇 세대에 걸쳐 거듭 축적함으로써 환경변화에 적응하며 생존할 수 있게 된 때로부터라고 고찰되고 있습니다.

실제로 **암컷과 수컷, 남자와 여자로 나누어져 살아가는 생물만이 '죽음'이**

있는 것입니다.

이 밖에 예를 들면 대장균은 갈아 으깨지거나 불에 태워지지 않는 한 죽지 않습니다. 그것들은 몇십억 년 전부터 같은 형태와 기능을 유지하고 있습니다.

우리들 인간은 남자와 여자로 나누어져 생을 살아가고 사랑·연애를 하고 나서 새로운 생명을 부여받고 그 자녀들을 낳아 기릅니다. 아이들은 부모의 서로 다른 좋은 부분, 나쁜 부분을 다양하게 물려받으면서 장점을 활용하고 단점을 보완하면서 엄혹한 환경에 적응해 나가면서 이윽고 성숙하게 됩니다. 그러한 과정에서 자기 자신을 둘러싸고 있는 환경과 능숙하게 타협점을 찾아 꿋꿋이 살아가는 젊은이들이 부모와 마찬가지로 사랑·연애를 하고 나서 그다음 세대를 이 세상에서 생산해내는 것입니다. 환경에 잘 적응할 수 없는 젊은이는 자손을 남길 확률이 줄어들게 됩니다. 부모들은 이윽고 자녀들이 그다음 세대를 낳아서 기를 무렵에 그 사명을 다하고 이 세상을 떠나갑니다. 이와 같이 하여 정신이 아득할 정도로 세대를 거듭하여 생과 사를 되풀이하면서 생명의 불빛이 오늘날까지 우리들에게 면면히 이어져 내려온 것입니다.

이러한 진화과정에서 다세포 생물은 점점 더 몸집이 커지게 되었습니다. 그때에 필요하게 된 것은 그 자신을 둘러싸고 있는 자연 환경과 자기 자신을 중개해주는 그 무엇이라는 것입니다.

그것이 없으면 외계의 무엇인가에 의하여 깔아뭉개져 버린다든지 불태워져 버린다든지 하여 단세포 생물의 살아가는 방법과 하등 다르지 않은 결과가 되고 말 것입니다. 유전자를 혼합시켜 생존 기회를 최대화하고자 하는 획기적인 전략도 헛되이 끝나버릴 것입니다.

자연환경을 느끼고 다양한 감각정보를 통합·판단하여 우리들의 반응 및 행동을 야기하는 '신경계神經系'라고 하는 시스템은 일각一刻의 유예도 방심도 없는 엄혹한 자연환경과 우리들 자신을 중개해주는 존재로서 진화과정에서 발달해온 것입니다.

지금까지의 내용을 돌이켜보면 건축물과 신경계 간에 무언가 닮은 것 같은 점이 느껴지는 것은 아닐까요. 건축물은 자연환경과 우리들 인간이라고 하는 존재를 중개해주는 것으로 도시문명의 발흥과 함께 태어났다고 하는 말씀을 드렸습니다. 한편 뇌도 포함된 신경계는 우리들 자신의 생명과 그 주위의 엄혹한 환경을 중개하여 우리들이 보다 잘 살아갈 수 있도록 도와주는 '중개자'로서의 성격을 갖고 있으며, 이 '중개자'라고 하는 매우 상징적인 기능을 키워드로 하여 뇌와 건축은 깊은 관계가 있는 것이라고 생각합니다.

형상 · 색깔 · 소리 · 냄새 · 활동공간
– 감각과 뇌의 관련성을 해독한다

'형상, 색깔, 소리, 냄새, 활동공간'이라고 하는 것이 '인간의 의식이 갖고 있는 주변 환경을 감지하여 받아들이는 특성'이라는 것은 상당히 오래전부터 인식되어 온 듯합니다. 이러한 점은 예를 들면 『반야심경般若心經』이라고 하는 일본인에게는 친숙한 불경 중에 "무안이비설신의無眼耳鼻舌身意라."라고 단적으로 병렬 표기되어 있는 데에서도 엿볼 수 있습니다.

이 '안이비설신의' 가운데 '안眼'이라고 하는 것은 눈입니다. 눈은 우리들 인류의 지각 중에 최근 백수십 년 정도 압도적인 우위를 차지하고 있는 것입니다. 그 주된 대상이 '형상' 및 '색깔'입니다.

여담입니다만 시각정보 중에 가장 기본적인 것이 '형상' 다음으로 '움직임', '색깔', '숫자'로 이어집니다. 이들 가운데 '형상'과 '숫자'가 고대문명에서는 중요한 위치를 차지하고, 인류가 '움직임'에 대하여 본격적으로 고찰하기 시작한 것은 아득히 먼 훗날 르네상스시대부터였습니다. '색깔'은 심도 있게 고찰하게 된 때로부터 200년도 채 경과하지 않았습니다. 참으로 의외입니다. 이에 곁들여 그림의 발전사를 조감하여보면, 눈의 망막으로부터 시작된 도형을 인식하는 뇌의 고차원의 중추에 이르기까지 시각정보는 단계적으로 가지각색의 처리를 거쳐서 얻은 것이지만, 화가들 그림 스타일의 진화는 실로 이 시각정보의 단계적인 처리과정을 그대로 덧그린 것입니다.

예를 들면, 렘브란트는 망막의 중심시야에 들어온 시각정보의 처리를 반영한 화풍을 보이고, 피카소는 후두엽에 의한 시각정보처리를 반영한 그림을 그렸습니다. 이와 같이 화가라고 하는 예술가들은 시각에 관한 신경계의 활동의 특질을 뇌과학자가 과학적으로 이해하기 시작한 것보다 백 년이나 이전부터 이미 포착하고 있었기 때문에 놀랄 만큼 예리한 감성을 지닌 사람들이라는 점을 알 수 있습니다.

자, 이야기를 원래로 돌아가서 해보겠습니다.

그런 까닭에 우리들은 이 눈眼이라는 것을 통하여 자기 주위의 막대한 시각정보를 무의식중에 잠시도 쉬지 않고 처리합니다.

다음으로 '소리', 즉 귀로 듣는 것입니다.

이 청각이라고 하는 것은 실은 의식의 진화와 상당히 깊은 관계를 갖고 있는 감각입니다. 아득히 먼 옛날, 특히 고대 일본에 있어서는 청각이 현대 우리들이 상상하는 것보다도 훨씬 큰 비중을 차지하고 있었습니다. 그러한 사실을 고고학적인 사실의 재해석이나 언어학을 통하여 주장하고 있는 학자도 있습니다.

다음으로 코, 후각의 '비鼻'입니다. 아로마 효과라고 하는 것은 엄청난 데가 있습니다. 예를 들면 도향塗香이란 손에 바른 향내음입니다. 밀교密教 계통의 절에 가면 아침 예불 때에 나누어 주기도 합니다. 그 향기를 맡아본 순간에 심신이 훌쩍 변하는 것은 누구라도 곧바로 경험할 수 있습니다. 게다가 '작약감초탕芍藥甘草湯'이라고 하는 한방약이 있습니다. 이 약은 장딴지에 심한 경련이 일어났을 때에 먹으면 대체로 2분도 채 안 되는 사이에 통증이 사라져버립니다. 이러한 경험을 3회 정도 반복하면 이번에는 이 약의 냄새를 맡는 순간에 통증이 사라지는 것처럼 됩니다. 불과 수초밖에 안 됩니다.

'냄새'라고 하는 것은 이와 같이 온몸에 엄청난 효과를 미칩니다. 뇌의 진화 과정에서 원시적인 단계부터 뇌는 냄새와 깊은 관계가 있어, 이성을 관장한다고 하는 전두엽조차도 냄새의 영향으로부터 완전히 자유로울 수 없기 때문입니다.

초청을 받아 어느 분 댁을 방문할 때 현관에 들어서는 순간 그 가정 특유의 냄새가 나는 경우가 많다고 생각됩니다. 그곳에 살고 있는 사람과 그 주거환경의 총체적인 것들이 냄새로 나타나는 것입니다. 자기 자신의 집에 대해서는 거의 의식하지 못하고 있습니다.

어떤 가정 특유의 냄새에 대하여 우리들은 왠지 모르기는 하여도 어떤 판단을 할 수 있습니다. 그 결과 그 집과는 왠지 모르게 가까이 하지 않게 된다든가 아니면 가까이하게 됩니다.

여기서 간과해서 안 되는 것은 자기의 집에서도 다른 사람에게는 독특한 느낌을 받을 수 있을 듯한 냄새가 있다는 사실입니다. 우리들 자신이 무의식중에 그러한 냄새의 영향을 받으면서 살아가고 있다는 것을 잊어서는 안 된다고 봅니다. 생각지도 않는 스트레스를 스스로 만들어내고 있는지도 모릅니다.

그리고 마지막으로 '활동 공간'입니다. 이것이야말로 대단히 중요합니다.

예를 들면 들보梁가 있는 집 안에서 장시간 들보의 아래에 몸을 두고서 지내고 있으면 심신의 부조화를 호소하는 사람이 많은 것같이 생각됩니다. 특히 장시간 노동하는 직장에서 머리 위에 들보가 가로놓여 있으면 그 아래에서 일하는 사람은 왠지 모르게 머리가 억눌려지는 듯한 느낌을 받는 경우가 많고, 가벼운 우울증이 생기는 경우도 자주 있는 일입니다. 산업의産業醫선생님들 가운데 매우 명민한 분들 사이에서 이러한 사실은 지금 상식으로 되어 있습니다. 들보 아래에 몸을 두어서는 안 됩니다. 들보 아래에 있으면 무언가 한계점에 이른 것 같은 느낌이 일어납니다. 이 회의장과 같이 넓은 공간에서 천정이 높으면 '발전한다'고 하는 기분이 듭니다.

『반야심경』의 경전에 쓰여 있는 순서대로 간단히 설명을 하였지만 '형상, 색깔, 냄새, 소리, 활동공간' 이러한 것들이 적절하게 좋은 상태로 갖추어져 있지 않다면 당연히 그곳에서 먹는 음식은 맛이 없습니다. 결국 혀舌라고 하는 영역도 쓸모없이 되버리고 맙니다.

우리들이 지금까지 '육감'이라고 부르고 있는 것의 실태가 과학이 한층 더 발전하여 해명될 수 있다면 보다 엄밀한 것도 풀이할 수 있게 될 것입니다.

신경계 · 면역계 · 소화기계의 '긴밀한 삼각관계'

고대에서 혹은 고대로부터 중세에서 인류의 지혜라고 하는 것을 현대과학적인 가치판단을 개재하지 않고, 그 시대의 실상에 중심축을 두고 세심하게 다시 조사해보면 옛사람들이 중요시하고 있던 부분이 뚜렷이 드러나게 됩니다.

예를 들면 한방의학에서는 제가 '긴밀한 삼각관계deep triangle'라고 부르고 있는, 고대인들도 치료의 목표로 삼고 있던 시스템을 볼 수 있습니다. 이 '긴밀한 삼각관계'를 구성하는 것은 신경계와 면역계 및 소화기계 3가지 시스템이고 이는 우리들 생명의 깊은 곳에 밀접하게 연결되어 있습니다.

현대의 항생제, 항암제, 방사선, MRI핵자기공명화상도 전혀 없던 수천 년 전에 대체로 살아날 것 같지도 않던 사람을 수천 명이나 도와주는 천재적인 의사들이 있었습니다. 그들은 신경계의 상세함도, 면역계의 존재도, 소화기계의 실태도 거의 모르고 있었지만 이 신경계 · 면역계 · 소화기계의 '긴밀한 삼각관계'를 깊이 인식하고 있었다고 생각됩니다. 그리고 의사로서 이러한 삼각관계에

기적적으로 접근하였던 것입니다.

그들은 "이러한 방에서 잠자면 안 된다."라고 말하며 환자의 잠자는 위치를 옮기도록 하는 등 주거환경의 통제로부터 시작하여 다양한 방법을 구사하여 환자의 신경계, 면역계와 소화기계라고 하는 3가지 영역에 대하여 적극적으로 손을 썼습니다.

우리들 자신의 '긴밀한 삼각관계'에 접근하는 것은 의사가 아니더라도 주거환경을 정비함으로써 어느 정도 가능하고, 이를 위해 다양한 지혜를 결집하는 것이 일본건축의학협회의 중요한 테마의 하나라고 확신합니다.

뇌의 표현으로서의 건축물

문명이 변천하면 건축물 형태는 바뀝니다. 문명이 진화를 거듭하면 건축물은 반드시 바뀌기 마련입니다. 이런 현상은 문명, 즉 많은 사람들이 공유하는 뇌의 상태와 의식의 상태가 건축물을 빚어내기 때문입니다. 그리고 지금 일본건축의학협회가 설립된 것은 현재 우리들의 의식이 크게 변화해나가고 있음을 나타낸 것은 아닐까라고 여겨집니다.

지금 이 순간에도 종래의 근현대 문명은 한계에 직면하여 다음 문명으로의 이행을 시작하지 않으면 안 되는 시기가 도래하였다고 저는 생각합니다.

예를 들면 지금 자녀들 주변에 갖가지 문제들이 있습니다. 자녀들에 관한 이지메 문제, 교직원들이 겪는 엄청난 스트레스로 인한 자살 문제, 학교교육에서 사기의 저하 문제 등 열거하자면 끝이 없습니다.

병에 걸린 분들과 그의 가족을 둘러싸고 있는 제반 문제도 더 이상 지체하지 말고 개선하지 않으면 안 되는 상태에 처해 있습니다. 의료사고뿐만 아니라 산부인과·소아과·마취과 의사의 절대적 부족 및 이에 따라 임산부들이 이 병원

저 병원으로 옮겨 다니는 문제 등 의료상 심각한 뒤틀림 현상 등이 자주 보도되고 있습니다.

교도소에 수감되어 있는 사람은 그곳에서 다시 사회로 복귀할 수 있도록 반드시 재교육을 받게 되어 있지만 현실적으로 재범 비율이 저하되는 기미는 뚜렷하게 보이지 않습니다. 이러한 다양한 상황의 근저에는 어떤 문제가 있는 걸까요. 실은 얼마 전까지는 학교와 병원 및 교도소의 기본적인 건축설계도는 같다고 하더라도 괜찮았습니다. 학교의 교정을 좁게 하고, 쇠로 만든 격자창을 가진 방을 만들고 열쇠로 여는 방을 조금 늘린다면 병원이 됩니다. 모든 방에 쇠로 만든 격자를 붙이고 열쇠로 열 수 있도록 하면 그 상태로 교도소가 되는 것입니다.

그렇기 때문에 지금으로부터 20~30년 전에 지어진 학교, 병원, 교도소의 항공사진을 보여주면서 "여보게, 어느 쪽이 학교이고 어느 쪽이 병원이고 또 어느 쪽이 교도소인지 맞춰 보게."라고 질문을 받는다면 '교도소'를 "이 건물은 중학교가 아닐까요?"라고 답하는 사람이 상당히 많다는 것입니다.

조금 전에 **"문명이 변하면 건축물 형태는 바뀐다."**라고 말한 바 있습니다.

학교, 병원, 교도소라는 근현대 문명사회를 만들어낸 사람들이 이 사회에서 형편이 안 좋은 사람들(자녀들도 제대로 교육받지 못하면 사회에서 불안한 존재가 될 가능성이 있다고 생각됩니다)을 격리하여, 관리하기 위해서 구축한 근현대문명의 상징적인 조직구조가 지금 우리들 신변에서 감지할 수 있는 심각한 문제들을 분출하기에 이르렀습니다.

최근의 기상이변으로부터 지구환경문제도 우리 주변의 심각한 문제로 제기되고 있습니다. 지금까지의 문명사회의 기본 OSoperation system의 여기저기를 구태의연하게 임시 미봉책으로 고쳐 나가는 것만으로는 이러한 문제들의 근본적인 해결이 어려울지 모른다고 많은 사람들이 직감하고 있는 실정입니다.

새로운 문명사회를 향하여 사람들의 의식이 바뀌어가고 있습니다. 의식이 바뀌면 건축도 따라서 바뀌는 것이 당연하므로 학교는 새로운 교육의 구조물임과 동시에 새로운 양식으로 바뀌게 되겠지요. 병원은 통합의료라고 하는 새

로운 산업혁명의 핵심적인 진원지로서 순식간에 변모하여 종전의 병원 이미지
와는 다른 건축물로 바뀔 것입니다. 교도소도 그렇게 될 것으로 봅니다.

더욱이 우리들이 현재 생활하고 있는 아파트로 대표되는 경제성 우선의 현대
주택도 공사하기 쉬운 리모델링 등을 계기로 하여 서서히 변모해나갈 테지요.

자식이 부모를 죽이고 부모가 자식을 살해하고, 자식이 자식을 죽이는 삭막
한 세상에 사는 인간의 뇌가 표현하는 건축물 안에 그대로 언제까지나 거주하
는 이상 상황은 그다지 개선될 수는 없지 않을까요. 먼저 우리들의 의식이 좀
더 전향적이어야만 합니다. 그러면 어떻게 바뀌는 것이 좋을 것인지, 우리들
은 이 문제를 두고 암중모색 중에 있습니다. 이것이말로 분명히 일본건축의학
협회가 이 시기에 설립된 이유일 것이라고 생각합니다.

의학의 기원은 여행에 있다

자, 기분전환을 위해 화제를 바꾸
어 보겠습니다.

의학의 기원은 여행에 있습니다. 다소 뜻밖의 화제이겠지요.

지금부터 약 2,500년 전에 그리스의 코스 섬에서는 히포크라테스라고 하
는 사람이, 그리고 중국의 산둥성에서는 편작扁鵲이라고 하는 사람이 각각 그
당시까지의 잡다한 의료지식을 집대성한 '전승의학伝承醫學'으로부터 엄밀한
논리적 작업가설을 기초로 한 '전통의학傳統醫學'이라고 하는 체계를 창출하였
습니다.

그들은 여행을 다니는 의사였습니다. 여행을 다니는 의사는 자기가 맡고 있
는 환자의 곁에 항상 있을 수 없습니다. 그렇기 때문에 "내가 여행을 떠나고
2주 후에 이와 같은 증상이 있게 되면 이 약을, 그렇지 않다면 저 약을 복용하

십시오."라고 미리 이후에 일어날 일, 즉 향후 증상을 예견prognosis해두고서 여행을 떠나야만 합니다. 향후 증상의 전망을 바르게 하기 위해서는 지금까지의 잡다한 지식을 제반 이론에 따라서 체계적으로 정리해두지 않으면 안 됩니다. **이와 같이 의학은 여행을 다니던 의사의 시대에 그 최초의 모습을 보이기 시작한 것**입니다.

그러나 이에 관하여는 또 하나의 다른 견해가 있을 수 있지는 않을까요.

"의사가 여행을 하기 때문에 비로소 그 능력이 향상된다."라고 하는 측면도 있다고 저는 생각해봅니다.

여행을 다니는 의사 자신이 어떤 방향의 어떤 땅으로 가는가에 따라 의사의 심신 상태가 달라지게 됩니다. 자기의 문화권이 아닌 지역에 있는 집에 들어갑니다. 그 땅, 그 건물, 그리고 그 안의 사람들, 그 집 안에 머무르면서 바로 색다른 환경 속에서 자기가 가진 기술을 총동원하여 진료를 하고 2주 후, 4주 후, 길어도 반년 후의 증상을 예견하면서 또 다음 곳으로 옮겨 갑니다. 이러한 상황이 의사 자신의 의식을 매우 고차원적인 상태에 이르게 한 것은 아닐까라고 생각해봅니다.

일상생활 속에서의 짧은 이동도 중요한 요소

현대 우리들의 일상생활은 이른바 짧은 시간의 트립Trip으로 구성되어 있습니다. 학교로, 직장으로, 물건을 사러 우리들은 이동합니다.

고대의 행려 의사처럼 걸으면서 장거리 여행을 하는 일이야말로 거의 없을 테지만, 우리들의 짧은 일상의 여행이라고 하더라도 심신은 피로해짐과 동시에 어딘지 모르게 들떠 있는 상태가 됩니다. 조금 울적한 기분이라도 산책을 하면 다소 피로가 풀려 마음이 맑아지게 되는 것 같은 현상은 일상생활 속에서 어느 누구라도 경험할 수 있습니다.

우리들의 심신은 환경으로부터 다양한 영향을 받으면서 변화되어 갑니다. 다시 말해서, 이동함으로써 변화됩니다.

다음에 드는 사례는 좋은 예시는 아닙니다만 비행기조종사는 평균 수명이 보통 사람들에 비하여 10년 정도 짧다고 합니다. 이코노미 증후군을 인용할 것 없이 항공기에 의한 이동은 엄청난 스트레스임을 다시금 알 수 있습니다.

지금까지의 문명사회에서 우리들은 경제적이고도 효율적으로 신속히 이동하는 데에 마음을 빼앗기고 있어서 이동하는 공간 자체에 대하여 그다지 진지한 검토도 하지 않았습니다. 특히 우리들 심신의 변화에는 거의 심도 있게 생각해보지 않았습니다.

지금부터 우리들이 구축하고 있는 새로운 문명사회는 부담이 적은 환경으로서 더욱이 우리들 심신에도 좋은 영향을 주는 이동 교통수단이 주류로 등장하지는 않을까요. 그것이 어떠한 형태이든지 간에 아직 어슴푸레한 정도의 이미지밖에 떠오르지 않지만 그렇더라도 그다지 머지않은 장래에 우리들이 환경과 이동이라는 행위로부터 받는 영향을 충분히 감안한 이동 교통수단의 모습을 그려볼 수 있을 것입니다.

건축의학의 사명이란?

현재 의학의 세계에서는 '통합의료'라고 하는 개념이 현실화되는 과정 중에 있습니다. 통합의료의 견지에서 현대의학을 '강력한 오른팔'로, 한방의학을 비롯한 여타 의학을 '기적의 왼팔'로 해서 양쪽을 잘 사용하여 새로운 차원의 의학·의료 행위의 창출을 도모하고 있습니다.

이 통합의료를 우리들 사회에서 참되게 실현하고자 한다면 산업혁명, IT 혁명 다음으로 통합의료를 진원지로 하는 사회혁명이 일어나지 않을래야 않을 수 없을 것이라고 생각해봅니다.

건축의학은 틀림없이 통합의료의 필요불가결한 중요 구성요소입니다.

주거환경은 물론 일상생활 가운데에서 습관적인 짧은 여행조차도 우리들의 건강하고 행복한 인생의 중요한 요소 중 하나라고 생각하는, 전례 없이 완전히 새로운 의학·의료는 진실로 혁명적인 사건이 될 것이 틀림없습니다.

이는 사회구조 그 자체를 근저에서부터 새로 바꾸어 나가는 것과 같은 **현대사회의 기본 OS를 근본적으로 새로 기술해야 할 것** 같은 혁명이 될 것으로 생각됩니다.

제가 사이좋게 지내는 한 종합건설회사의 관계자분이 있습니다. 바로 그 분이 최근 저에게 불쑥 다음과 같이 말하였습니다. "가메이亀井 선생, 우리 종합건설회사가 '평수 불문'이라고 하는 단순한 기업모델로 지금까지 많은 대규모 아파트를 건축하여 왔네. 이런 현실이 오늘날 일본의 모든 뒤틀림과 병리현상의 근원적인 요인으로 작용한 것은 아닐까… 그런 식으로 최근에 생각하고 있네. 이를 어찌하면 좋단 말인가…"

이는 아마도 저만을 겨냥한 말이 아니고 여기에 계시는 여러분 전원에 대한 말이고, 이를 해결해 나가고자 일본건축의학협회에 참가하여 활동을 하는 우리들의 사명이 아닌가 하고 생각합니다. 건축의학을 통하여 진정한 의미에서 인간이 좀 더 행복하게 될 수 있는 사회가 이루어졌으면 합니다.

의식과 건축환경의 상호작용이 생활습관에 미치는 영향

건축의학 심포지엄 2007년 4월 14일

무의식중에 일어난 막대한 정보 처리가 시시각각 심신의 변화를 초래한다

색깔, 형상, 냄새 등은 제가 이렇게 말하고 있는 동안에도 누군가가 속삭이고 있는 음성, 자루 속에 손을 넣어 무엇인가를 부스럭거리면서 찾고 있는 소리 등이 제 귓속에 들려오고 있습니다. 또한 여러분이 입고 있는 다양한 색상의 옷이 제 눈에 비칩니다.

여러분 한 사람 한 사람의 얼굴에 초점을 맞출 수는 없지만 여러분들의 몸에서 내보내고 있는 막대한 정보를 저는 이 자리에서 감지하고 있습니다. 이와 같은 **막대한 정보를 우리들은 뇌라고 하는 장기를 중심으로 의식·무의식의 양쪽으로 분담시켜 시시각각 온몸으로 처리하고 있습니다.**

의식은 이른바 서치라이트와 같이 우리들이 초점을 모으고 싶다고 생각하는 정보밖에 처리할 수 없기 때문에 우리들에게 밀려오는 막대한 정보의 거의 대부분은 무의식이 처리하게 됩니다. 이러한 영향을 받으며 우리들의 심신 상태는 시시각각 멈추지 않고 변화하고 있습니다.

그리고 이와 같이 변화된 심신이 새로운 의식 본연의 모습을 낳고 새로운 의식이 자기 주변의 새로운 환경을 창출하고, 이로써 의식이 바뀌면 문명도 변천하고 건축도 바뀌게 됩니다.

지난번 설립기념강연회에서 이와 같은 화제를 중심으로 건축의학의 중요성에 대하여 저의 견해를 말씀드린 바 있습니다만 이번에는 이를 더욱더 발전시켜 다방면으로 말씀드리고자 합니다.

이 회의장소가 있는 빌딩은 바로 직전에 완공되어 새로운 느낌이 있습니다만 바로 20세기 문명을 내포한 건물이라고 할 수 있겠지요. 우선 회의장소 자체가 "본 회의장소의 기본 사용료는 대략 입장 가능한 사람수에 비례하여 얼마", "이 조명 등을 1개 사용하면 얼마"라고 계산을 통하여 상담이 진행되고 있습니다.

여러분이 앉아 있는 의자도 "여기에 일정시간 이상 앉아 있더라도 건강에 좋은 의자라고 할 수 있을까?"라는 관점에서가 아니고 "강연회장의 의자로서 옆 사람과 같이 앉아 있을 때 적절한 거리감이 있고, 그다지 피로를 느끼지 않게 되는 의자란 어떠한 것일까?"라고 하는 관점에서 설계되었을 것으로 여겨집니다.

우리들은 무의식중에 갖가지 사물들에 둘러싸여 있습니다. 그중에서 우리들이 그런 상태로는 지각할 수 없는 채 심신에 영향을 받고 있는 것, 이것에 대하여 하나의 테마로 이야기하고 싶습니다.

그리고 또 하나, 얼마 전에 제가 무척 좋아했던 코미디언이면서 일본을 대표하는 엔터테이너였던 우에키 히토시植木等 씨가 별세하였습니다. 그의 대히트 곡 가사에는 일본의 역사에 남기고 싶다고 말해도 좋을 정도로 유명한 "알고는 있지만 그래도 그만둘 수 없다."라고 하는 말이 있습니다.

이 "알고는 있지만…"이라고 하는 말에 대해서도 말씀드리고 싶습니다.

'화나는むかつく' 문화와 '기분 좋은あっぱれ' 문화

본 내용에 들어가기 전에 잠깐 다른 길로 돌아서 갈까 합니다.

젊은 사람들이 자주 사용하는 경향이 있는 오래된 말에 '화가 치민다'고 하는 것이 있습니다.

그들 자신은 대체로 거의 무의식중에 습관적으로 이 말을 쓰고 있겠지요. 하나의 문화로 자리 잡았다고 해도 좋을 정도입니다.

예를 들면 바람직하지 않은 상황이 발생하면, "아~, 왠지 화가 치미는구나."라고 합니다.

그들에게 "정말 당신들은 의학적으로 말할 경우의 '화가 치미는むかつく' 감정 nausea을 느끼고 있는 겁니까?"라고 제가 의사로서 물어본다면 아마도 어느 누구도 그렇게는 느끼지 않고 있을 것입니다.

그러한 감각은 우리 몸속에는 없습니다. 그런데도 무언가 자기 자신에게 불쾌하게 느껴지는 상황에 처하면 '화가 치민다'고 하는 말을 하게 됩니다.

여기에서 여러분들에게 한 가지 질문을 하고 싶습니다.

여러분들이 매우 기분이 좋은 일이나 기쁜 일이 생겼을 때, 현대를 살아가는 우리들은 누구나가 공감할 수 있는 무언가 한마디 말이나 단어가 확 떠오르는 것을 느끼는 분이 있을 것입니다.

예를 들면 무척 날씨 좋은 날 '와ー, 오늘은 어쩌면 이렇게도 날씨가 좋을까'라는 생각이 들 때, 즉 그렇게 좋은 감정이 드는 상태를 무언가 한마디로 나타내어 누구나가 공감할 수 있을 듯한 말이나 단어가 곧장 떠오를까요.

'화가 치민다'고 하는 듯한 말을 사용할 수 있을까요? 우선은 그러한 말을 사용하는 사람은 없을 테지요.

좀처럼 생각해낼 수도 없겠지요.

모순되는 것 같지만 오히려 이전에 일본 사람들이 결사적인 전쟁으로 날을 지새던 시절에, 그리고 부와 권력을 다투어 서로 죽이던 시절에 이러한 기분 좋은 말은 확실히 존재하지 않았습니다.

이는 "참 좋다.", "날씨가 개이고 있다." 즉, "참 기분 좋다あっぱれ."라는 것입니다.

사람의 심신을 감싸는 쾌적한 기상조건, 멋진 환경에 대한 찬탄의 표현이 인간 사회에서 여러 가지 좋은 일로 여겨져서 그 당시의 어느 누구로부터도 공감대가 형성되고 이해될 수 있었던 것입니다.

이 "참 기분 좋다."에 상당하는 말이 최근 400년 이상 시간이 경과됨과 더불어 어느 사이엔가 사라져버리고 이에 대신하여 현재 만연하고 있는 말은 '화가 치민다'고 하는 것입니다.

'화가 치민다'는 말이 공유되고 있는 시대에 우리들이 살고 있습니다. 우리들은 이 의미를 진지하게 한 번 생각해보아야만 합니다.

'화가 치민다'고 하는 것은 배가 가뜩 부를 때에, 사르르 졸음이 올 때, 그리고 바이러스에 감염되고 있을 때 등 자율신경 시스템의 하나인 부교감신경이 지나치게 작용하고 있는 상태에서 발생하는 감각을 나타내고 있습니다. 본래는 심신의 평상심을 유지할 목적으로 자연히 신체를 조절하며 방어하는 생리적 기능이지만 이것이 지나치게 활동하면 무어라고 할 수 없는 온몸의 위화감과 함께 가슴 명치 주위에 불쾌감이 치밉니다. 이야말로 바로 '화가 치밀고 있다'는 상태입니다.

'화가 치민다'고 늘상 투덜대는 여중학생, 고교생이 그러한 상태에 있느냐고 한다면 어느 누구도 그러한 사람은 없습니다. 그런데, **'화가 치민다'고 하는 육체적인 상태를 나타내는 말이 21세기 일본에서 누구라도 공감하고 공유할 수 있는 말로 정착되고 있다**는 이례적인 사실을 어느 정도의 사람들이 감지하고 있을까요?

이러한 상태에 대하여 막연한 감이 있다고 하더라도 확실한 위기감이 있고 그것이 많은 분들을 이 일본건축의학협회라고 하는 장場으로 오시게 하는 것은 아닐까요?

지금 우리들은 무의식중에 부교감신경계가 지나치게 우위에 있는 상태, 바로 그런 현상이 사회에 만연하여 '화가 치민다'고 하는 말이 나오게 됩니다. 활짝 개인 하늘을 찬탄하는 것처럼 누군가를 혹은 어떤 일에 대해서 "참 기분 좋았다!"라고는 거의 말하지 않습니다.

우에키 히토시植木等 씨는 '참 기분 좋은' 스타일의 사람이었습니다.

그가 세상을 떠나자 그를 기념하는 영화도 여러 편 방영되었습니다. 그 안에서 우에키 히토시 씨 모습은 활짝 개어 있습니다. 그와 같은 그의 모습을 당시의 일본 사람들이 그리워하고 있었다는 사실 그 자체로 미루어 이미 일본 사회는 '화가 치민다'라는 경향이 있는 병이 진행되고 있는지도 모릅니다. 어느 TV 프로그램에서 테리 이토伊藤 씨는 "돌이켜 보면 지난 고도성장시대에 다른 사람들은 모두 흑백논리에 젖어 있었지만 우에키 히토시 씨 주변만은 활짝 개어 있었네."라고 언급한 적이 있습니다. 매우 인상적인 장면이었습니다.

경제성·효율성을 우선시하는 건축이 우리들에게 가져다준 것은?

일본이 언제부터 '화가 치민다'고 하는 말이 무의식적으로 사회에 공유되고 막연한 불안과 불쾌감이 만연하는 '화가 치미는 사회'라는 시대를 향하여 질주하게 되어버렸느냐고 하면 역시 고도경제성장 시기로부터라고 할 수 있지 않을까요?

'화가 치민다'고 하는 말이 이 세상이 태동하기 이전 시기의 이야기라고 생각됩니다. 저의 할아버지로부터 이런 이야기를 들었던 기억이 납니다.

할아버지가 생존하던 시절 사람들이 집을 지을 때에는 "어느 곳의 나무를 사용할까", "이 돌은 예전부터 있었던 정원석이기 때문에 남겨 두자.", "뜰의 소나무는 이 위치는 안 좋으니 약간 이쪽으로 옮기자." 등등 말을 하며 한 가정의 가장을 중심으로 모두들 생각해보고 상의하면서 집을 지었던 것 같습니다.

"햇볕은 잘 들까?", "변소는 어디에다가 만들지?", "이 방을 부부 방으로 하면 우리가 싸울 때 이웃집에 들릴 테니까 부부 방은 이쪽으로 하자.", "이웃집과 처마를 맞대고 있으니까, 한마디라도 인사를 해두자.", 이와 같이 주택과 그곳에 사는 사람 사이에는, 일종의 짙고도 은밀한 생리적이라고도 할 수 있는 관계가 자연스레 호흡하듯이 성립하고 있어 주택이 인간의 '삶'을 축으로 지어졌다고 생각됩니다.

그러나 저의 아버지가 집을 고쳐 지을 무렵, 즉 20여 년 전에는 이미 '평수무관坪數無關'이라는 개념이 축을 이루게 된 듯합니다. 예술가 기질이 있는 이른바 문화지향적인 건축가들이 나타나 기발한 디자인을 제안합니다. 이는 분명히 건축문화적으로, 건축기술적으로, 또는 사상적으로라고 하는 쪽이 좋을지도 모르겠습니다. 완성도도 높을지 모릅니다. 그러나 '인간의 삶'이라고 하는 부분까지 중심축으로 되어 있는 중요도는 2차적이고 경우에 따라서는 훨씬 더 그 중요도가 낮은 것이 될 가능성이 있습니다.

외관은 대범하고 소탈한 아파트라도 현관을 들어서자 바로 화장실이 있고 그 화장실과 벽 하나를 사이에 두고 요리를 하는 부엌이 있습니다. 상상해보십시오. 에도시대와 같이 수세식 화장실이 존재하지 않던 시절에 강렬한 냄새가 나는 변소 바로 옆에 부엌이 있는 집이 과연 있을 수 있었을까요?

인간은 무의식중에 여러 가지 정보를 처리하고 있습니다. 물론 수세식 화장실이라고 하는 기술이 발달되었다면야 현대건축이라고 할 수도 있겠지만, 에도시대에는 생리적으로 도저히 받아들일 수 없을 것 같은 주거 환경을 오늘날 별다른 의식 없이 일제히 손을 들어 대환영을 하고 있다는 도식은 생각해보기가 그다지 어렵지 않겠지요. **현관 옆에 화장실이 있고 그것과 벽 하나를 사이에 두고 부엌이 있다고 하는 구조가 무의식중에 우리들 심신의 조화를 서서히 잃어버릴 것 같은 스트레스를 야기하고 있는지도 모릅니다.**

현관에서 거실로, 거실에서 현관으로 이동할 때뿐만 아니라 그곳에서 만들어진 음식을 먹고 있을 때에도, 무의식 하의 정보처리 시스템에는 부담이 따를 가능성이 있습니다.

'화가 치민다'고 하는 말이 세상을 가장 잘 상징하는 흔해 빠진 건축물이라고 한다면, 이러한 경제성·효율성 제일의 '평수무관'을 기업모델로 하는 '아파트mansion'일지도 모릅니다.

이와 같은 생각에 이르면 화장실과 부엌이 부자연스러운 위치에 있는 집에 살고 있는 아이들이 '화가 치민다'고 하는 생리적인 말을 무의식중에 자주 사용하는 것도 왠지 수긍할 만하다는 생각이 듭니다.

100년 후나 200년 후 사람들에게 "20세기로부터 21세기 초반의 건축은 어떠한 것이었다고 말할 수 있을까"라고 물어본다면, "'평수무관'이라는 관념을 중심으로 전개된 주택건축업의 영업활동으로 경제성·효율성이 우선시된 건축물이 대량으로 지어졌던 시대였다."라고 말하지 않을까요.

그래도 희망이 될 수 있다면 그것은 여성이 눈에 띄게 강해졌다는 것은 아닐까요. 오늘도 여성 쪽이 2, 3할은 접고 들어갑니다. 건축, 주거환경에 적극적으로 흥미를 갖고 있는 여성이 늘어나서 지식과 고찰의 심도가 높아지고 '삶'의 주된 역할을 하는 여성들의 발언권이 증대됨으로써, 경제성·효율성을 최우선시하는 건축물에 대한 반성 및 인간적인 감성의 회복이라는 현상이 기대될 수 있지는 않을까요.

생활습관과 주거환경
– 무의식적으로 심신心身상태가 변한다고 하는 것

　　　　　　　　　　　　　　　　오늘 심포지엄의 테마는 생활습관병입니다.

생활습관병은 당뇨병, 고지혈증, 고혈압, 비만, 뇌졸중, 심장병 등을 말합니다. 지금 일본인 3명 중 1명 비율로 앓고 있는 것으로 알려진 암의 경우도 생활습관이 그 발병의 원인과 관계가 있다고 생각되기 때문에 일본인의 경우 중요한 사망원인은 모두 크든 작든 간에 생활습관에 그 근원이 있다고 하여도 무방할 것입니다.

습관은 간단히 치부해버리면 "알고는 있지만, 그래도 그만둘 수 없다."라고 하는 우리들 누구라도 갖고 있는 연약함을 다분히 안고 있는 반쯤은 무자각, 무의식의 일상적인 행동 패턴이 될 수 있을 것입니다.

따라서 생활습관병을 예방하기 위하여 알고는 있지만 그만둘 수 없다는 지금까지의 습관을 버리고 **건강에 좋은 습관을 몸에 익히는 것이 대단히 중요**하다고 할 수 있습니다. 그렇지 않아도 '작심 3일'이라는 속담이 있듯이 새로운 습관을 길들이는 것은 매우 중요합니다.

그러면 어떻게 하면 좋을까요? 우리들의 많은 습관들이 무의식적으로 일어나고 있는 것을 역으로 이용하는 것이 좋지 않을까요? 한 가지 극단적인 사례를 소개하겠습니다.

제가 존경하는 친구인 소설가의 집을, 제가 존경하는 또 다른 친구인 건축가가 설계하였습니다.

그 집은 대단히 변모되었습니다. 우선, 계단이 급경사이고 그 가장자리가 매우 날카로운 감을 줍니다. 집의 여기저기에 그 집에 사는 사람들에게 긴장감을 주는 온갖 시설이 있어서 거주하기에 매우 편리하기는 하지만 무언가 정신적으로 긴장을 강요하는 듯한 느낌을 떨쳐버릴 수 없습니다.

건축가와 그 밖의 친구들과 함께 그 소설가의 집에 놀러갔을 때 왜 이러한 형태로 집을 설계하였느냐고 소설가에게 묻자 그는 정말로 집에 긴장감이 있었으면 하고 바랐다는 것입니다.

왜일까요? 그 이유의 하나로는 자택에서 일을 하고 있기 때문에 분명히 느긋해지기 쉬우므로 유별난 집중력을 갖고 장시간 일을 하는 것이 중요하다는 것이겠지요.

그리고 노화에 수반하여 신체 기능이 저하되지 않도록 항상 긴장감을 갖고 지내고 싶기 때문이라고 합니다. 이를 테면 잠결에 아래층 화장실로 갈 때에도 발을 헛디디면 큰 부상을 입을지도 모른다는 긴장감을 가짐으로써 심신의 기능을 원활한 상태로 유지할 수 있기 때문이라는 것입니다.

과연 그렇게 생각할 수도 있겠네요.

이는 극단적인 사례로 생각되지만 한 가지 중요한 포인트를 가르쳐 주고 있습니다.

즉, 자신의 주거환경을 정비함으로써 일상적으로 반쯤 무자각·무의식적인 행동패턴에 좋은 영향을 미친다고 하는 이른바 건축의학적인 발상이 바로 거기에 내재합니다.

좀 더 이야기를 진행해보겠습니다. 예를 들면, 이러한 주거환경을 고려해보십시오.

원룸·맨션·일본식 방에서 사용하는 등받이가 있고 다리가 없는 의자에 거의 가까울 정도로 매우 낮은 소파, 식탁으로도 사용되는 낮은 테이블, 그리고 마루바닥과 거의 같은 높이에 놓여 있는 TV, 깔아 놓은 채 그냥 둔 이불, 창을 열면 바로 앞에 보이는 이웃 맨션. 이러한 주거환경의 잘잘못을 말하고 싶은 것이 아니고, 혹시 여러분이 이러한 주거환경에 지내본 경우가 있다면 심신은 어떠한 영향을 받게 될까요? 그 결과 생활습관은 어떻게 달라지게 될까요?

이와 같이 여기에서 살고 있는 사람의 시선이 주로 낮은 위치에 있는 가구에 머무는 경우가 많은 주택을 저는 로 다운 라인low down line 계통이라고 부르고 있습니다. 이러한 스타일의 가구는 고급가구점에서는 먼저 눈에 들어오지 않습니다. 대량 판매점이라든가 비교적 찾기 쉬운 가격대의 통신판매용 카탈로그 등에서 자주 볼 수 있습니다.

이와 같이 시선을 낮게 하면서 지내는 스타일은 유럽 등 위도가 높은 지역에서는 거의 보이지 않습니다. 곧바로 이미지가 떠오르는 것은 동남아시아 등 열대·아열대 지방의 주거형태입니다. 지열이 있기 때문에 의자라든가 침대 등을 사용하여 신체를 따뜻한 공기가 있는 높은 위치에까지 둘 필요가 없습니다. 이러한 더운 지방의 전통적인 라이프 스타일로는 고상식高床式 주거의 낮은 위치에 몸을 두고 체력은 따뜻하게 유지하기 위해 하루 종일 몸을 사용하지 않고 지냅니다.

여러분이 이러한 주거환경에 잠깐이라도 지내보면 아마도 하루에 소비하는 열량이 낮아지는 경향을 보이기 시작하겠지요, 낮은 위치에서 일어선다는 것은 매우 귀찮은 일이지요. 저 같은 사람은 필시 낮은 소파에 누워 뒹굴다가 아무데 고 손이 닿는 곳에 멈춰 있으며, 휴일이라도 되면 거의 몸을 꼼짝하지 않을지도 모릅니다. 컴퓨터를 사용하여 일을 한다든가 예를 들면 가계 및 자녀교육에 관하여 배우자와 진지하게 검토한다든지 상의하는 기분이 들기는 어렵겠지요.

이와 같이 **생활습관병을 조절하는 우리들 일상생활에 주거환경은 무의식중에 많은 영향을 미치고 있습니다.** 가계 및 자녀 교육에 대하여 거의 상의하지 않는 가정에서 건전한 가계운영과 뛰어난 교육방침이 정해지기는 어려울 것입니다. 결국, 생활습관병은 인생에 중요한 영향을 미치는 건강상의 문제만이 아니고, 경제적인 문제라든가 교육문제에 이르기까지 영향을 미칠 가능성이 있다고 생각됩니다.

일본건축의학협회에서는 이와 같이 무의식적으로 심신에 영향을 주는 주거환경에 대하여 활발하고 심도 있는 토론을 하면서 구체적인 연구영역을 설정하고, 연구 데이터를 사람들이 공유할 수 있는 작업을 시작할 준비를 추진할 필요가 있을 것 같습니다. 지금 이러한 문제에 종합적으로 대처할 수 있는 조직이나 단체는 일본건축의학협회 이외에는 존재하기 어려울지도 모릅니다.

먹는다·호흡한다·걷는다·잠잔다

우리들이 인생을 건강하게 보내기 위해서는 먹고, 호흡하고, 걷고, 잠잔다고 하는 4가지 일상생활 동작이 충분히 제기능을 다 할 필요가 있습니다. 지금까지 건축과 건강의 상관관계라고 하는 것으로는 '장애물 제거barrier free'가 무엇보다도 세간에서 가장 널리 인식되어 왔지만 이는 4동작 가운데 '걷는다', 즉 이동에 관한 기능을 중심으로 고찰해본 것입니다.

'먹는다', '호흡한다'라고 하는 **생명 유지에 필수적인 기능과 주거환경의 상호작용**에 대하여 문제가 제기되고 있다고 하는 이야기는 별로 들은 바 없어 알지 못합니다. 물론 음식업종에 종사하는 분들은 영업의 번창을 위하여 다양한 개별적인 경험치를 거듭 축적하는 것이 대단히 중요하다고 생각되지만 일반적인 주택에 응용하는 데에는 보다 넓은 시야에서의 연구가 필요한 것입니다. 그러한 의미에서 가슴 설레는 듯한 발견이 기대되고 있습니다.

또한 '잠잔다'고 하는 인간의 근원적인 생리기능에 관하여는 침구제조업체가 이에 대응하는 것은 당연하겠지만 주거환경 전체와의 상호작용에 대하여는 아직 적극적으로 논의되고 있지 않은 듯합니다. 수면에 관한 의학적 연구가 본격적으로 이루어지게 된 것은 최근에 와서라고 할 수 있을 것입니다. 현재로서는 새벽녘의 광자극과 수면, 체온과 수면의 관련성이 서카디언 리듬circadian rhythm, 24시간 주기의 리듬-역자의 관점에서 논의되고, 우울증과의 관계에서 연구되고 있는 등의 사례가 보이지만 "잘 잠잘 수 있을까."라고 하는 문제는 인생의 거의 모든 분야와 관련되어 있기 때문에 금후 연구발전이 절실히 요망됩니다.

'먹는다', '호흡한다', '걷는다', '잠잔다'라고 하는 인간의 삶을 지탱해주는 기능 측면에 관하여 지금까지 이곳저곳에서 나름대로 축적되어온 지식과 견해를 지금부터는 '건축의학'의 관점에서 다시 정리하고, 정확한 연구 데이터를 구축할 필요가 있다고 생각됩니다.

더욱이 지금까지 거의 되돌아보지 못했던 '인간의 무의식 영역에 작용하는 주거환경의 영향'에 관하여는 조금 전에 말한 바와 같이 일본건축의학협회가 적극적으로 이끌어나갈 필요가 있다고 생각합니다.

뇌가 바뀜으로써 일어날 수 있는 일

최근 일본의 동물학연구자들에 의하여 뇌 속에서 동면단백冬眠蛋白이라고 하는 것이 발견되었습니다. 동면하는 동물은 오래 산다는 것으로 알려져 왔습니다. 이에 반하여 동면하지 않는 동물은 수명이 짧은 것이 많습니다.

예를 들면 생쥐는 20일 정도 사이에 성장하여 죽어버리지만 이 생쥐의 뇌 속에 동면단백질을 만들게 하는 기능이 있다면 어떻게 될까요? 그리고 실내온도가 23도가량 되도록 하여 동면하지 못하도록 하는 겁니다.

동면하지 않는 수명이 짧은 동물의 뇌 속에서 동면단백질을 만들게 하고 또한 동면하지 못하도록 합니다.

무슨 일이 일어났다고 생각합니까? 2년이나 지났는데도 아직 살아 있다는 겁니다. **뇌 속에서 단백질이 만들어지고 그래서 그 뇌의 활동이 조금 변한 것만으로 그 동물의 수명 자체가 바뀌어버렸다**는 것입니다.

엄밀한 말은 아니지만, 인간에게도 그와 같은 실험을 하였다면 아마도 2배에서 6배 정도 수명이 연장될 가능성이 있지 않을까 라고들 합니다. 우리들이 자기 자신의 뇌에 동면단백질을 만들도록 하는 기능을 부여하는 것은 사실 거의 불가능하지만 뇌의 상태가 우리들의 수면에 중요한 영향을 미친다면 적어도 우리들이 노력할 수 있는 영역과 그 여지는 아직 많이 있습니다.

마음과 의식 본연의 모습은 현재 우리들이 상상할 수 없는 깊은 연결고리를 갖고 있어 생명이라는 존재 그 자체에 영향을 미칩니다. 이렇게 중요한 마음과 의식에 거대한 무의식의 세계를 경유하여 다양한 영향을 주는 주거환경에 대하여 철저하게 연구하는 것이 중요하고 절실하다는 것을 잘 이해해주었으면 합니다.

유한한 생명을 빛나게 하기 위하여
― "알고는 있지만 그만둘 수 없다."를 넘어서

"알고는 있지만 그만둘 수 없다."
이러한 현상은 사실 생활습관의 근원에 있는 것입니다.

분명히 이 말은 인간에 관한 심오한 진리라고 인정하지 않을 수 없지만 그런데도 왜 '알고는 있지만 그만둘 수 없게 되는' 걸까요? 이 문제에 대한 처방전의 하나로 어떤 책의 1절을 소개합니다.

이는 사실은 저 자신에 관한 것입니다.

36,525
이는 백 년을 산 사람이 맞이한 아침의 숫자입니다.
1년은 365번의 아침이 있습니다.
1년이 백 번 반복하면 36,500.
게다가 4년에 한 번은 윤년이 들어 백 년 동안 윤년이 총 25번이 되므로 백 년을 산 사람을 36,525번의 아침을 맞이하는 셈입니다.
우리들 거의 대부분은 36,525번보다도 적은 횟수의 아침을 맞이한 시점에서 이 세상을 떠나야만 합니다.
사람의 수명을 그 사람이 맞이하는 아침의 숫자로 헤아려보면 생명의 유한함이 너무나도 노골적일 정도로 가슴에 와 닿습니다.
그렇지만 우리들이 그런 사실을 통절하게 의식하면서 나날을 살아가는 경우는 드뭅니다.

저의 어머니는 1932년 11월 7일에 태어나서 1984년 1월 3일 미명에 돌아가셨습니다. 어머니는 18,683번째 아침을 맞이하지도 못하고 영원히 잠드셨습니다.

자궁경부암이 지병이었습니다.

그날 의학부 학생으로서 8,087번째 아침을 맞이했던 저는 아직 따스한 체온이 남아 있던 어머니의 손을 잡고 그의 죽음이라는 엄숙한 현실에 직면하여 어디까지나 어머니가 좀 더 생존할 수 있을 것이라고 믿고 있었습니다.

"돌아오세요."

어머니가 없는 적막한 집으로 돌아올 때마다, 그런데도 어느 사이에 아무 일도 없었던 것 같이 그렇게 말하며 어머니가 또다시 나의 일상생활로 돌아오는 것이 아닐까 하는 기분이 들어 참을 수 없었습니다.

어머니가 없는 일상생활을 살아가는, 저의 곁에 아직 어머니가 살아 있는 듯이 느껴졌습니다.

이러한 느낌은 오랜 시간이 걸려 조금씩 조금씩 희미해져가서 어느 사이에 어딘가로 사라져갔습니다.

어머니를 떠나보내고 나서 비로소 저는 어머니 인생에 대해서 무엇을 알고 있었을까라고 하는 뼈저린 후회가 담긴 의문이 남아 있다는 사실을 알게 되었습니다.

저의 남동생은 1965년 6월 17일에 태어나 1991년 1월 16일에 세상을 떠났습니다. 동생이 맞이한 아침은 9,344번에서 그쳤습니다.

교통사고에 의한 돌연사였습니다.

10,657번째 아침을 맞이한 저는 근무하고 있던 병원에서 멀리 떨어져 있는 유키구니雪国로 급히 달려가 이미 눈보다도 훨씬 차게 느껴지는 동생의 손을 잡고, 멍하니 꼼짝도 못하고 있으면서 그래도 아직 동생이 생존할 가능성을 포기하지 않았습니다.

"형"

동생이 죽은 후 몇 년이 지난 어느 날 혼잡한 속에서 동생이 불쑥 저를 부르는 것 같은 느낌이 들어서 엉겁결에 걸음을 멈춘 적이 있었습니다.

하루의 진료를 마치고 밤이 깊어서야 차를 몰고 집으로 돌아옵니다. 지금 바짝 옆으로 스쳐 지나간 운전기사가 한순간 동생처럼 여겨졌습니다.

동생이 없는 일상생활 속의 나. 그런 나를 알아보지 못하고 어딘가 다른 곳에서 동생은 그때까지와는 다른 인생을 아직 살아가고 있는지도 모릅니다. 저는 의사가 된 지 오래되었음에도 불구하고 그러한 황당무계한 몽상을 비밀스레 품어 왔습니다.

그러한 몽상은 역시 동생의 차디찬 손에 대한 기억과 함께 언제까지나 저의 마음속에 계속 남아 있었지만, 어머니가 돌아가신 때와 마찬가지로 오랜 시간이 지난 후 어느 틈엔가 어딘가로 사라져버렸고, 어머니의 임종 때와 마찬가지로 나는 동생 인생에 대하여 어떤 것을 알고 있었던 것일까라는 생각만이 남았습니다.

"생명은 유한하다."라는 당연한 사실을, 의사로서 날마다 목격하는 사실을 저는 이와 같이 두 사람의 육친의 사망과 그 후의 과정을 경험함으로써 무언가 서서히 뼛속까지 스며들어 그곳에 가득 채워지는 듯이 다시금 깊이 깨닫게 되었습니다. 함께 지냈던 가족의 경우조차도 "그 사람과의 관계에서 무엇을 알고 있었던 것일까."라고 하는 절실한 생각이 몇 가지 후회와 함께 언제까지나 계속 남아 있을 것이라고.

그리고 저는 그들의 생존 가능성이 저의 기억 속에서 서서히 사라져 가는 과정을 맛보면서 이렇게 생각하게 되었습니다.

나의 목숨이 살아 있는 한 죽은 사람을 잊어서는 안 된다는 생각이야말로 인간이라고 하는 존재의 근간을 이루는 깊숙한 곳에 사람으로서의 형상을 부여해주고 있지 않은가라고 생각해봅니다.

저는 임상의臨床医입니다.

환자로서 저와 인연을 맺은 분에게 남아 있는 아침의 횟수를 알려주어야만 할 때가 있습니다. 임상의로서 가장 쓰라린 업무 중의 하나입니다.

증상을 설명해 나가는 사이에 저의 말을 듣고 너무나 놀라서 눈앞에서 한순간 풀이 죽어가는 사람에게 "당신의 생명은 한계가 있습니다."라고 하는 잔혹한 현실을 숫자와 말로써 전해주어야만 합니다.

굳이 이 냉엄한 현실을 받아들이지 않으면 안 되는 당신의 고통스러움, 괴로움, 슬픔을 저도 저 자신의 마음속 가장 깊은 곳에서 함께 나누고자 하는 심정만이라도 전하고 싶습니다.

그렇게 원하면서도 그밖에 어느 것도 할 수 없는 자신의 무력감을 책망하면서 열심히 적절한 말을 찾습니다.

"미안합니다. 앞으로 90일 정도밖에 함께 있지 못합니다…."

가운을 벗고 혼자서 아침이 90번밖에 남지 않은 인생을 생각합니다. 아침과 그다음 아침 사이에 그 환자는 무슨 생각을 하고 무슨 일을 하는 걸까요?

그 환자를 지탱해주는 주위의 사람들은 날마다 무슨 생각을 하고 무슨 일을 하는 걸까요?

혹시, 제가 그 입장에 있었더라면 날마다 무슨 생각을 하고 무슨 일을 하고 있었을까요?

방금 제가 소개한 이야기는 제가 기획한『생명의 빛을 밝히자 - 생명의 만요슈万葉集 1』라는 책에 "처음으로"라는 제목으로 제가 쓴 글 중의 일부분입니다. 제가 이 글을 소개하여 여러분에게 전해 드리고 싶은 것은 "우리들의 수명은 유한하다."라고 하는 것입니다. 길어봐야 36,525일. 수명은 한계가 있습니다. 그 유한한 '생명'을 어느 정도 빛나게 할 수 있을까요? 그것을 밝히는 것은 의학뿐만 아니라 인간의 궁극적인 근본에 속하는 염원일 것이라고 봅니다.

"알고는 있지만 그만둘 수 없다." 이는 어떤 의미에서 사랑해야 하는 인간의 본성이라고 생각합니다.

그러나 우리들은 혼자 살아 있는 것이 아닌 이상 우리들이 충분히 수명을 다하지 않고 이 세상을 떠나는 것은 남아 있는 사람들에게 참기 힘든 통절한 감정을 남기게 됩니다.

"그만두기가 상당히 어렵지만 중요한 사람을 위하어 조금 더 노력한다."라는 것으로 우리들은 자신의 생명을 더욱 빛낼 수 있을 것이고, 자신의 주위 사람들을 조금 더 행복하게 할 수 있을 지도 모릅니다.

앞으로 '생활습관병'이라는 말을 들었을 때 이러한 점도 생각해주시면 좋겠습니다.

큰 소리로 무엇을 주장하는 것이 아니고 획기적이라고 소란피울 것도 없이 물이 낮은 곳으로 흐르고 모여 큰 강이 되고 바다가 되는 것처럼, 일본건축의학협회에 모이는 우리들 한 사람 한 사람의 힘이 자연스럽게 합쳐져 사람들의 의식이 바뀌어 일본이라는 나라에 짓는 건물이 바뀌어, 거기에서 사는 사람들의 표정이 바뀌어갈 것입니다.

'무카츠쿠むかつく=짜증나다, 화가 치민다'라고 하는 말이 사어死語가 되어 '짜증나다, 화가 치민다'는 말 대신 우리들 한 사람 한 사람의 생명이 빛나고 있는 것을 서로 찬양해, 서로 인정할 수 있는 '새로운 말'이 나타나 그것이 점점 세상에 가득 차면 좋겠다고 기원하고 있습니다.

07

통합의학이 밝히는 ‘건강’과 ‘환경’의 밀접한 상관관계

의학박사 리우 바오쿤 클리닉 원장, 리우 바오쿤(劉 宝崑)

1952년 청나라 궁정시의(宮表侍医) 가계에서 태어나 조부로부터 전통적인 중국 궁정의학을 혼자서 되물림받아 전수·승계하였음. 베이징 중의학원(현 베이징 중의약대학교) 졸업 후, 베이징 의과대학(현 베이징 대학교 의학부)을 수료한 후 사상 최연소로 교수에 취임.
1982년 중국 '내셔널스포츠팀' 주임의사가 되고 로스앤젤레스 올림픽 등 국제 대회에 참가한 후 올림픽 의료감독을 역임. 1983년 베이징 중국기공연구소로부터 '기공의사 제1호'로 인정받고 동 연구소 주임교수에 취임. 1985년 일본 츠쿠바에서 개최된 '국제과학기술박람회'에서 의료기술로서의 '기공'을 세계에 처음으로 소개하고 의료기술금상을 수상. 1988~1995년 일본 의과대학교로부터 초빙을 받아 현지에서 암, 생활습관병, 아토피 등의 연구 및 임상 관련 업무에 종사. 2000년 세계보건기구(WHO) 미국연구센터 주임연구원으로 재직하면서 난치병치료연구를 겸임. 또한 동년 뉴욕에 '리우 바오콘 클리닉'을 개원. '통합의료'를 제창하여 현재 이 분야의 세계적 권위를 가진 제1인자로 21세기 스타일의 질병치료, 건강지도 및 강연활동으로 세계 무대에서 계속 활약 중임.

건축의학 심포지엄 2007(2007년 4월 14일)

07

통합의학이 밝히는
'건강'과 '환경'의 밀접한 상관관계

**생활습관과 사회 환경 등의 변화에 즉시 대응하는 '통합의학'의 관점
이 지금이야말로 필요한 시기…**

현재 세계에는 크게 나누어 두 가
지의 의학 시스템이 있습니다. 그 하나는 '서양의학' 또 다른 하나는 '중국전통
의학중의학, 또는 광의로 동양의학이라고 명명'입니다. 이 두 가지 의학 시스템에서 각각
우위에 있는 부분을 융합하고 통합해서 보건, 치료, 연구 등을 수행하고자하
는 사고체계 또는 그 실천적인 방법이나 체계를 통칭해서 '통합의학'이라고 합
니다.

오늘은 이 '통합의학'의 역사적인 배경과 진찰·진료·치료·보건 등의 구체적
인 사례 및 향후 과제나 가능성 등에 관하여 개론적으로 이야기해보겠습니다.

먼저 중국의 전통의학이 '서양의학'과 만난 역사적인 배경부터 간단히 설명
드리겠습니다.

1692년, 청나라의 제4대 황제인 강희제康熙帝가 악성의 고열이 발생해서 병

상에 눕게 된 것이 그 발단이었습니다. 황제의 어의御典医들이 여러 명 모여서 여러 가지 치료방법을 시도해보았지만 전혀 치유되지 않고 조금도 회복의 조짐이 보이지 않았습니다. 바로 그때 이탈리아에서 예수회 선교사들이 청나라 조정에 예방차 와 있었는데 그중 한 선교사가 '서양의학'의 지식과 기술을 익히고 있었습니다. 그리고 그가 가지고 있던 신약인 '키니네Quinine'라는 '말라리아' 특효약을 황제에게 복용토록 한 결과 황제의 병이 쾌유되었습니다.

이런 사실이 하나의 계기가 되어서 '서양의학'에서도 수용할 만한 것이 많이 있는 것은 아닐까…"라고 황제나 어의들도 깨닫게 된 것입니다. 그 후 저의 증조부 대에 이르러 처음으로 유럽현재의 독일에 서양의학 공부를 위하여 유학생을 보내게 되는데 이때부터 비로소 중국이 본격적으로 서양의학의 지식, 견문이나 기술 등을 받아들이게 되었습니다.

이것이 '동양의학'이 '서양의학'을 처음으로 만났던 역사적인 순간에 관한 일화입니다.

저는 통상적인 중국 의사와는 다른 가족적·문화적 배경을 가지고 있습니다. 할아버지 대까지 청나라 어의의 가계였기 때문에 유소년 시절부터 할아버지로부터 혼자서 어의의 가계를 승계하여 귀중한 의료지식, 기술 등을 배울 수 있었습니다. 어떤 의미에서는 "중국 전통의학 최고봉의 의학체계, 성과 및 기술 등을 익힐 수 있었던 것입니다.

청나라가 멸망하고 그 후 전란기를 거쳐서 현재 중국의 체제가 성립되어 가는 과정에서 상실하게 된 지식, 문화 및 기술 등이 저의 머리와 몸속에 자연스럽게 주입되었습니다.

제가 베이징 중의학원현 베이징 중의약대학교, 北京中医藥大學을 졸업한 후 베이징의과대학현 베이징 대학교 의학부을 수료하여 '중의학'과 '서양의학'의 양쪽 지식과 기술을 습득한 후 최초로 한 일은 올림픽팀 의사단의 고문의사라는 직책이었습니다.

일본에서는 '스포츠의학'이라고 하면 그다지 중요한 의학·의료 영역이 아닌 것 같이 여겨지는 경향이 있지만 중국에서는 매우 중요시되고 있습니다. 그것은 다음 세 가지 조건을 요하는 의료기술이 올림픽팀 담당의사의 필수 과제라는 점에서도 알 수 있습니다.

(1) 치료수준이 높아야 한다治療水準高
(2) 효능과 회복이 빨라야 한다效能回復快
(3) 치료주기가 짧아야 한다治療周期短

예를 들면 발의 뼈가 부러졌을 경우를 생각해보십시오.

보통 사람이라면 골절을 치유해서 다리가 일상생활을 하는 데 지장 없이 움직일 수만 있다면 완치되었다고 하지만 올림픽 선수의 경우에는 그럴 수가 없습니다. 그들은 대단히 높은 수준의 기술, 순발력 및 스피드 등을 다투기 때문에 뼈가 착 달라붙어서 완전히 치유될 뿐만 아니라 여타 인대나 근육 등의 기능도 마찬가지로 이전과 다름없는 수준까지 회복시킬 필요가 있는 것입니다. 통상의 병원에 입원했을 때처럼 한 달이나 필요했으면 그 시간적 손실만으로 "시기를 놓쳐버려서 메달을 못 따게 되어 선수 생명이 끝날 뿐만 아니라 인생도 끝난다."라고 하는 사례가 많이 있습니다.

결론적으로 "신속하고·치밀하게·완치시키는" 대단히 높은 의료수준이 요구되는 것이 중국 스포츠의학계의 현실입니다.

제가 대학을 졸업해서 처음으로 의료 업무에 종사한 곳이 이 스포츠의학의 세계였습니다. 이것은 대단히 책임이 무거운 일이었습니다. 언제나 스트레스로 인해 마음이 무거웠습니다. 보통 의학생이 "오늘은 휴가다."라고 해서 느긋하게 쉬고 있는 사이에도 저는 필사적으로 여러 가지 공부를 해야만 하는 상황이 계속되고 있었습니다.

1984년에 실시된 로스앤젤레스 올림픽 때부터 저는 올림픽 의사단의 단장이 되어서 그 후 십수 년간 의료감독으로 종사하였지만 이 기간 동안 끊임없이 최신 의료기술을 계속해서 받아들임으로써 더욱 정교하고 치밀하며 빠른 의료가 실현될 것이 요구되었습니다. 때문에 최초로 러시아의 스포츠의학을 배우고 계속해서 미국의 최첨단 스포츠의학을 모스크바 대학교 및 하버드 대학교 등에 가서 그 당시의 유명한 교수나 권위자를 직접 만나서 배웠습니다.

한편 저의 증조부 및 할아버지들이 써서 남겨준 '유劉가의 가보'이기도 한 서적 등을 통하여 중국 독자의 임상적인 스포츠의학도 배웠습니다. 원래 어의御醫의 일에는 전쟁터에서 상처를 입은 장병들을 치료하여 곧 전장에 복귀시킨다고 하는 의료기술이나 낙마한 황족의 뼈를 접합시키는 외과적인 기술도 많이 있어서 스포츠의학과 공통점이 있었던 것입니다.

결국 저는 당시의 러시아, 미국의 최첨단의 '서양의학'과 '중의학'의 명의로부터 청취하여 직접 배운 것과 유劉가에 전승된 어의의 임상적인 의료기술 세 가지를 '통합'해서 이 일을 지향하게 되었습니다.

이들을 배우는 과정에서 의학계 내에 있는 여러 가지 장애요인이나 과제 등도 알게 되었습니다. '서양의학'뿐만 아니라 '동양의학' 내에서도 여러 가지 학파와 유파, 속된 말로 '파벌'이 있습니다. 예를 들면 '중의학'에는 궁정파라는 최고·최대의 학파도 있었습니다.

이들 '파벌' 쪽에서는 제가 자력으로 추진하고 있던 '통합의학'의 방향성을 기분 좋게 생각하지 않는 경향도 있어 의학계 내부에는 부정적인 반응도 솔직히 있었습니다….

그래서 저도 하나의 학파나 유파를 만들어야지 하며 기세 높게 '효과파效果波'라는 학파의 기치를 올린다고 말하기 시작한 때도 있었습니다. 그때부터 저의 입버릇에 "병을 고칠 수 없다면, 의사로서는 의미가 없다.", "환자가 나을지, 낫지 않을지가 제일 중요하지 학파나 유파 등의 파벌은 문제 삼을 것도 없다.", "그런 정도라면 나도 하나의 학파를 만든다. 이름하여 효과파다." 등등 말하고…, 그러고 보니 아직 젊은가 보네요. 그러나 저의 진의眞意는 지금도 변함이 없습니다.

결국 가장 중요한 것은 현실적으로 병이 낫는가, 낫지 않는가 하는 것입니다. 의사라고 하는 일은 말만으로 통하는 것이 아닙니다. 정말로 환자를 완전히 치유할 수 있는 것인가의 여부에 대하여 질문을 받는 일입니다.

이 무렵부터 제가 염두에 두고 있는 것으로 다음과 같은 프로세스가 있습니다.
(1) 이미 있는 이론 및 기술 등을 확실히 공부한다.
(2) 그 후 공부한 것에 대해서 자신의 머리로 생각한다.
(3) 그리고 자신이 독자적으로 생각한 새로운 치료 방법을 창출한다.

'병만변病万變'이라고 하는 말이 있듯이 병이라고 하는 것은 끊임없이 시간의 경과와 함께 바뀌어 갑니다. 바이러스나 세균 등도 시시각각 진화하고 변모해와서 현대 병의 바탕이 되는 병의 원인도 생활습관이나 사회환경, 자연환경의 변화 등에 따라서 계속해서 변해갑니다. '의료행위'는 시간, 장소, 사람 등의 요인에 의해 끊임없이 변해가는 것입니다.

어느 나라, 어느 지역, 어느 민족에게도 거기에는 반드시 고유한 훌륭한 의료기술이나 의료 시스템이 있습니다. '그 나라, 그 지역, 그 민족의 가장 좋은 의료기술 및 의료 시스템을 다른 시스템 및 기술 등과 '통합'해서 더 좋은 치료 방법 및 시스템을 만들어내는 것'이 저의 사명이며 의학 발전에 필요불가결한 것이라고 생각합니다.

서양의학이 갖는 마이크로micro적인 시야의 방법론과
동양의학이 갖는 매크로macro적인 지식·견해의 진단법을 통합

다음에는 '서양의학'과 '동양의학', '중의학'의 기초가 되는 이론 및 방법, 그 문화적·역사적인 배경의 차이점 등을 조금 설명하겠습니다.

중의학에는 몇천 년의 역사가 있지만 실제로는 중의학이 단순한 지식체계로부터 과학체계로 된 연대부터 헤아리는 것이 현재로서는 상식입니다. "중국 4,000년의 역사로부터 생성된…"이라고 말하곤 합니다만, 본래 그 이전의 의료 및 보건 지식은 매우 얕은 것으로 많은 사람들이 각자 긴 세월에 거쳐서 실천하고 수집해온 것에 불과합니다.

전한前漢시대에 편찬된 『황제내경皇帝內經』은 긴 역사 속에서 길러진 경험이나 의료 실천내용을 이론화한 세계 최고最古의 의학서이고, 이 전문서의 등장에 의해 '중의학'의 의료체계가 확립되었습니다. 이 책은 의학을 지망하는 모든 사람들에게는 지금도 필독서의 하나입니다.

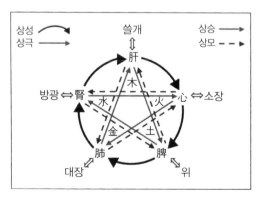

장부의 표리와 상성(相性)/상극(相克)·상승(相乘)/상모(相侮)

그러면 '중의학'과 '서양의학'은 구체적으로 어떤 부분이 다른 걸까요. 먼저 각각의 '이론 형성과 연구관점·방법' 등의 차이부터 살펴봅시다.

'중의학'은 의사가 자신의 눈·코·귀 등을 통하여 환자로부터 많은 정보를 얻습니다. 이 정보를 기초로 비교 검토하고 '전체' 범위에서 연구를 진척시키며 계통적으로 변증분석을 해서 이론화합니다.

예를 들면 위 질환의 경우에는 환자의 안색이 황토색이고 피부의 윤기가 없고, 정신적 피로를 느끼고 있어서 식욕도 없고, 또 먹으면 음식물이 소화가 안 된다는 느낌이 들고 가끔 아프다. 전신의 무력감, 졸음, 숨이 헐떡거림 등 기氣가 허한 증상도 있다…. 이와 같은 경로로 중의학에서는 생체의 생명활동에 영향을 주지 않는 전제하에 직접 생리, 병리상태를 관찰합니다. 이것을 '비침습적非侵襲的'진단법이라고 합니다.

'서양의학'에서는 화학, 물리 등 과학기술의 성과부터 인체의 다양한 물질, 에너지 그 자체와 그 둘의 상호변환을 연구해서 이론화합니다. 또한 인체의 구조나 활동에 관하여 보면, 해부나 동물 등을 사용한 생리·병리실험, 미생물학이라든가 생리학 등 기초연구의 발전을 기초로, 마이크로적 관점에서 매크로적 관점으로 연구가 변천해왔습니다.

예를 들면 현미경을 통하여 세균, 바이러스, 기생충 등을 발견한 역사는 이러한 이론·연구관점이 토대가 되어서 생겨난 것입니다.

다소 전문적인 이야기가 되겠지만 조금 더 학술적이고 핵심적인 설명을 더하면, '중의학'의 기본적인 특징은 '정체관념整體觀念'과 '변증론치弁証論治'[1]로 장

---

1   변증론치(弁証論治) : '변증'과 '론치'의 두 부분으로 이루어집니다. '변증'은 사진(四診), 망진(望診), 문진(問診), 절진(切診)에 의해 환자의 임상증상(자각, 타각증상의 모두를 포함)을 수습하고, 이것을 중의학의 기초이론(장부, 기, 피, 진액(津液)을 근거로 해서 종합적으로 분석, 질병의 성질, 부위, 정기(正氣, 환자의 병에 대한 저항력)와 병사(病邪, 병의 원인과 되는 것)의 역학 관계 등을 분석, 분류하는 것입니다. '론치'는 변증에 의해 얻은 결론에 근거해서 치료원칙과 구체적인 치료법을 정해서 어떤 약품을 사용할지를 결정하는 것입니다.

상학설臟像學說을 이론의 핵으로서 변증론치를 근거로 하고 있습니다. 그 주된 내용에는 음양오행陰陽五行, 장부경락臟腑經絡, 병인病因, 사진四診, 팔망八綱, 치칙治則, 치법治法 등이 있고, 의료방법에는 수술, 내복약, 외용약이 있습니다. 또한 뚜렷한 특색으로 여러분도 잘 알고 계시는 침구, 기공, 안마 등이 있습니다. 중의학 치료에서는 생명과 자연환경의 밀접한 관계에 주목합니다. 외적 요인인 사회환경이나 내적 요인인 심리요인·정서변화는 모두 인체의 건강과 연결되어 있습니다. 치료에서는 다시 환부를 전체와 결부시켜서 이해를 하고 사람에 의한 요인, 장소에 의한 요인, 시간에 의한 요인 등의 요소를 고려하고 아울러 치료방법을 조합하여 종합적으로 분석해나가는 것이 특징입니다.

한편, 서양의학치료에서는 환부의 치료를 중시해왔습니다. 전체상황의 파악보다도 화학·물리진단 등의 객관적인 결과를 우선시하는 경향을 보입니다. 다시 말해서 환자의 자각증상 변화 등은 어느 경우라도 우선되지 않고 성별, 연령, 체질의 차이나 병력의 기간에 관계없이 진단은 하나로, 하나의 질환에는 같은 치료방법을 기본적으로 취하고 있습니다.

이렇게 병의 원인과 질병의 인과관계에 의한 분석법을 채택하고 또한 현대 과학기술의 진보와 그 정수에 의해 가능해진 미생물의 발견이라든가 동물실험 등으로 얻은 통계학적인 결과에 의거하여 발병·진행 등의 메커니즘을 고려하여 주시합니다. 일반적인 서양의학치료에서는 기본적으로 그 질병을 앓는 기간의 장단과는 관계없이 특정한 병명에 특정한 약품으로 치료를 하고 필요에 따라 여타 치료수단을 고려하는 '변병치료弁病治療'가 그 특징입니다.

결론적으로 '서양의학'에서는 각 장기나 기관의 기질器質적인 병에 의한 심신의 변화에 주목하여 환부를 치료하는 것을 중시합니다. 한편 '중의학'에서는 인체를 분리할 수 없는 하나의 유기체로 파악하고 전체의 활동이나 밸런스를 중시하여 생명의 '전체성'과 '종합성'을 주로 관찰·연구하여 치료방법을 고려합니다.

　이러한 차이가 발생한 원인은 주로 그 문화적인 배경, 지역성, 민족성 및 종교관 등 고유의 '세계관'을 형성하고 있는 각 요소의 차이에 기인한 것으로 생각됩니다.

　서양의학은 헤겔Hegel철학의 영향을 많이 받고 '기계론機械論'과 '환원론還元論'이라는 이론체계에 최종적으로 귀결됩니다. '환원론'은 뉴턴, 데카르트로부터 시작되고 이 고전역학의 세계관은 현대 자연과학의 기초가 되고 있습니다. 이는 현재 다양한 과학 분야의 기본적인 방법론으로 복잡한 현상·사물을 간단한 부분으로 환원시켜 생각한다는 것입니다. 즉, 복잡한 현상·사물을 파악할 경우 고립된 부분을 주시하면 좋다고 하는 사유방식이고 '환원론'에서는 전체와 부분의 관계성을 논할 때 전체는 부분의 집합체라고 생각하고 있는 것입니다.

　'중의학'은 동양의 자연학설, 중국의 고대 철학사상이나 도교, 불교 등의 영향을 떠나서는 논할 수 없습니다. 그 기본적인 사유방식은 '자연순일自然順一'입니다. 자연에 순응하는 것은 "자연을 고려한다.", "언제나 자연과 같이 있다.", "자연스러운 행동을 한다." 같은 것이 포함되어 있습니다.

　자연이라는 개념 안에는 '심리心理'과 '생리生理'라는 두 개의 자연도 포함되어 있어서 "인체 속의 소우주와 하늘의 대우주는 연계되어 있다."라고 고찰합니다. 음양의 조화, 일월日月의 차고 기움, 사계의 온도 차이 등 이것들 모두가 생리적인 자연과 밀접하게 관계되고 있어서 '심리'는 자연을 깊게 의식합니다. 즉, 사람(생명)과 자연계는 항상 연결된 관계에 있다고 하는 사유방식입니다.

　이와 같이 '서양의학'과 '중의학'은 각자 가지고 있는 역사적인 배경이나 시간 또는 이론 형성의 기초와 연구의 각도·관점 등이 결정적으로 다르기는 하지만 둘 다 각각 확립된 의학체계로서 성립해온 것입니다.

이제껏 설명한 대로 하나의 질병을 둘러싸고 '서양의학'과 '중의학'은 완전히 다른 접근을 합니다. 그리고 그 차이는 매우 명확한 것입니다.

일본인에게 많은 어깨가 빠근함, 허리 통증, 골다공증 및 인지증認知症 등의 병은 음료수 등 풍토에 기인하는 '신장腎臟'의 약함이 근본원인

지금까지 '통합의학'에 이르기까지의 역사적인 변천 및 그 토대가 된 '서양의학'과 '중의학' 두 의학체계의 간단한 비교와 각각의 특징 등에 관한 이야기를 해왔지만 상당히 학술적이고 전문적인 부분도 많이 있었습니다. 여러분들 중에는 조금 머리가 아프신 분도 계시지 않았을까 생각합니다.

이제부터는 이 '통합의학'적인 견지에서 여러분이 평소부터 구체적인 병이나 건강관리 등에 관해 갖고 있는 여러 가지 문제나 의문에 답변해나가는 식으로 이야기를 하겠습니다.

그럼 여러분에게 질문을 하나 하겠습니다. 여기에 계신 분(심포지엄 참가자) 중에서 '충치', '어깨가 빠근함', '허리 통증'이 없는 분이 계시면 손들어 주십시오…

그렇군요. 거의 전멸상태네요. 왜 이런 질문을 제가 했는가 하면 1984년에 쓰쿠바筑波 국제과학기술박람회 참석차 처음으로 방일했을 때 저의 연구과제와 강연 테마가 이것에 대한 답이기도 하였기 때문입니다.

제가 '쓰쿠바 박람회'에 중국을 대표해서 참가하였을 때 일본인의 신체적 특징에 대해서 그리고 가장 많은 질병과 증상에 대해서 철저하게 조사했습니다.

그 결과가 지금 여러분에게 질문한 것과 깊은 관계가 있습니다.

사실상 일본인은 다른 민족과 비교해서 뼈의 크기가 비교적 작다는 특징이 있습니다. 뼈가 조금 어긋나는 정도라 하더라도 혈액순환 장애나 신경증상 등이 일어나는 것 입니다. "어깨의 뻐근함이나 허리통증 등의 증상은 나이를 먹음에 따른 노화가 원인입니다."라고 일본인 의사들은 말하지만 사실은 실제와는 전혀 다릅니다….

저는 그 당시 임상의학연구소의 주임연구원으로 있었기 때문에 그곳에서 최신 전자현미경을 사용해서 일본인의 뼈를 세심한 주의를 기울여 분석했습니다. 또한 올림픽 의료감독으로서 최신의 스포츠생리학이론의 구축과 실천을 목적으로 '생물역학' 분야를 연구하기 위해서 베이징 항공대학교에 다니고 있었습니다. 게다가 어의로서 전수한 중의학 최고봉의 의학지식이 있었습니다.

각각의 연구 결과를 통합해서 일본인의 뼈에 관한 특성을 발견하고, 또 그것이 원인이 되어 일어나는 여러 가지 치료 방법에 관하여 다듬은 이론이 '기공재임상응용氣功在臨床応用·치료경추병상태治療頸椎病常態 응용술이론'이고, 그 실천적인 치료방법이 '구룡회단술九龍回丹術'이었습니다. 완전히 새로운 '통합의학적 이론'과 '치료방법'은 '쓰쿠바 박람회'에서 의료기술금상을 수상했습니다.

그럼 이야기를 원점으로 되돌려 지금 여러분이 앉아 있는 자신의 자세를 봐주십시오. 자세를 바로잡고 곧게 앉아서 좌우 균형을 유지한 채로 오랜 시간을 앉아 있으면 힘드시지요. 어떻게든 어느 쪽인가로 기울어지고 끊임없이 자세가 미묘하게 바뀌게 됩니다….

일본인에게 가장 많은 병은 이렇게 어느 사이엔가 뼈가 비뚤어져서 어긋나기 때문에 발생하는 것입니다. 일본의 병원에서는 목을 치료하는 데 곧바로 견인牽人을 하는 경우가 많네요. 그러나 뼈의 어긋나는 증상도 사람에 따라서 천차만별하고 견인치료를 했을 때는 일시적으로 혈액 순환이나 신경의 흐름이 좋아지지만 잠시 후에 다시 그 증상이 원래대로 돌아갑니다.

그래서 저는 "어떻게 뼈의 뒤틀리고 어긋남을 원래대로 돌리는가가 중요"하다고 여겨서 그를 위한 방법론을 생각한 것입니다. 이렇게 된 데에는 뼈의 주변에 있는 근육이나 인대 등도 당연히 영향을 줍니다. 뼈가 일단 원래대로 돌아갔다고 해도 근육이나 인대가 평형이 되지 않으면 언젠가 뼈는 다시 어긋나버리고 맙니다.

왜 일본인에게는 목, 어깨, 허리, 등이 아파지는 증상이나 병이 많은 걸까요? 왜 그 원인이 되는 뼈가 가는 것인가? 이 근본적인 문제를 풀어서 밝히지 않으면 이러한 증상이나 병을 완치시킬 수 없습니다⋯.

사실은 그 대답은 '물'에 있었습니다.

일본의 물은 그 대부분이 연수軟水입니다. 산과 바다의 거리가 가깝기 때문에 산에 내린 비가 흙 속에서 충분한 미네랄을 섭취할 수 없이 솟아나서 흘러가는 것을 음료수로 마시게 되는 것이 주된 원인이고, 그것이 일본인 뼈의 구조에도 큰 영향을 주고 있었던 것입니다.

또 하나 목이나 어깨가 뻐근함, 허리 통증의 문제에 더해서 일본인은 통계적으로도 체질상 '신장腎臟'이 약한 경향에 있다는 것을 알 수 있습니다.

신장이라는 장기는 뼈와 밀접하게 관련되어 있습니다. 신장이 약하면 "뼈도 약해진다."라는 증상이 나타납니다. 즉, 이 두 증상 사이에는 명확한 의학적인 상관관계가 있습니다. 여러분이 눈으로 확인할 수 있는 뼈는 '치아'입니다. 치아는 뼈의 일부로 아까 모두에서 이야기한 충치, 이가 나쁜 사람이 많은 이유에는 신장이 크게 영향을 미치고 있는 것입니다.

예를 들면 위장이 약한 사람은 많이 먹었다고 해도 음식물을 잘 흡수할 수 없습니다. 그 결과 살이 빠지는 것이지만 신장이 약하면 비타민 A와 D의 섭취 능력이 현저하게 저하되어 갑니다. 그 결과 특히 여성에게 많은 병이지만 폐경 후부터 '골다공증'이라는 병이 발생하는 문제가 생깁니다.

여성이 폐경하면 오줌과 함께 미네랄 성분이 체외로 쉽게 배설됩니다. 그중 에는 칼슘성분이 많이 포함되어 있어서 그 때문에 뼈 사이에 틈이 생겨서 뼈 자체가 물러집니다.

이것이 골다공증이 발생하는 메커니즘입니다. 다시 말해서 골다공증은 신 장이 약한 것이 원인이 되어 일어나는 병입니다.

현 시점에서 서양의학의 '골다공증' 치료법은 일반적으로 호르몬제의 투여입 니다. 그러나 호르몬제를 투여하면 암에 걸리기 쉬워지는 부작용과 위험이 있 습니다. 또 '식생활에서는 우유를 마시고 작은 생선을 잘 먹을 것' 등의 생활개 선을 위한 지도를 하지만 그 근본적은 원인은 '신장'으로부터 오는 것이기 때 문에 조금도 그 증상을 개선할 수는 없습니다.

저의 '쓰쿠바 박람회' 논문의 결론은 "뼈의 병은 원래 신장이 원인이기 때문 에 우선 신장부터 치료를 하지 않으면 뼈의 병을 완치시킬 수 없다."라는 것이 었습니다. 이 이론은 의학계에서도 높은 평가와 함께 절찬을 받았습니다. 그 러나 그로부터 20년이 지났지만 현재의 의료현장에서는 아직 아무것도 변하 지 않은 것이 현실입니다.

또 하나, 현재 일본에서도 심각한 사회적인 문제이면서 현저하게 환자수가 계속해서 증가하고 있는 병에 '인지증認知症' '알츠하이머병'이 있습니다.

현 단계의 의료현장에서는 화상진단畵像診斷을 해서 "점점 뇌가 위축해서 작 아지고 있습니다. 원인은 알 수 없습니다. 원인 불명입니다."라고 일컬어지며, 난치병의 하나인 병입니다.

그러나 저는 그 원인을 알고 있습니다.

그 발명의 메커니즘은 이런 것입니다. 신장이 나빠지면 뼈도 나빠집니다. 그리고 뼈가 나빠지면 그 안의 골수도 점차 나빠지게 됩니다. 사실은 이 골수 안에는 뇌를 만들고 있는 중요한 단백질이 들어 있습니다. 뼈가 나빠지는 결과 이 단백질이 격감하게 됩니다….

현재의 의료현장에서는 '뇌가 점점 위축되어 가는' 사실밖에 주목하지 않습니다. 이는 뇌 위축의 근본적인 원인을 여타 장기와의 연관성으로 보는 것이 현재의 의료현장에서는 조직적으로, 체계적으로도 불가능한 구조로 되어 있기 때문입니다….

제가 과거 인지증 환자 몇천 명을 진찰해 봐서 분명히 안 것은 그 환자들은 대개 어딘가 뼈에 문제가 있거나 치아에 문제가 있었다고하는 사실입니다. 다시 말해서 인지증, 즉 알츠하이머병이 생기는 근본적인 원인은 신장에 있다고 하는 것입니다.

결국 신장부터 치료하지 않으면 이 증상이나 병은 결코 치유될 수 없다는 것입니다.

서양과 동양의 최첨단 의료를 통합함으로써 암이나 난치병도 완전 치유 가능

'중의학'의 기본적인 개념과 지침을 상징하는 것으로 '천인지합일天人地合一'이라는 말이 있습니다. 이것은 태양, 달, 지구, 천체의 움직임은 밀접하게 인체나 생명에 영향을 주고 있다는 것을 의미하고 있습니다.

그 구체적인 예로 사계절의 변화가 있습니다.

봄에는 파종을 합니다. 여름에는 왕성한 번식력으로 점점 성장해갑니다. 가을에는 열매를 맺고 수확을 하며 겨울에는 쉽니다. 이것이 자연의 순환 법칙입니다. 이 법칙을 어기고 겨울에 씨앗을 뿌리면 말라 죽어버립니다….

지역이나 장소에 따라서 신체의 성장 특징이나 발병 징후 등은 크게 바뀝니다. 예를 들면 규슈九州는 따뜻한 곳이어서 사람들의 체격은 평균적으로 작고

류머티즘 환자가 많습니다. 반면 홋카이도北海道는 추운 곳이라서 체격이 큰 사람이 많고 뇌경색에 걸리는 사람 또한 많습니다. 도후쿠東北 지방에 골다공증 환자가 많다고 하는 것은 이미 의학적인 통계를 통하여도 알 수 있습니다. 이 경향은 다른 나라나 지역에서도 마찬가지로 전 세계적인 경향을 띠고 있다는 것은 주지의 사실입니다.

예를 들면 여러분이 세계 여러 나라를 방문하거나 일본 국내의 각 지방을 가거나 하면 그 나라나 지방에 따라 또한 지방 풍습에 따라 요리의 맛이 다르거나 조리 방법이 다르다는 것을 알 수 있을 것입니다. 병의 원인이나 그 치료방법도 지역이나 장소에 따라 완전히 달라지는 것입니다.

이와 같이 그 토지나 풍토에 기인하는 특징적인 병이나 징후가 있는 한편 최근에는 그 생활습관으로 인한 '생활습관병'이 발병 원인의 상위를 차지하고 질병 전체로 보더라도 큰 비율을 점하여 왔습니다. 이는 지금까지의 인류와 병의 오랜 역사에 비추어 보더라도 큰 변화입니다.

특히 '서양의학'은 세균이나 바이러스 등의 미생물에 의한 질병이나 질환에 대하여는 절대적인 효과를 나타내었지만 이 새로운 '생활습관병'이라고 하는 병들에 대해서는 고전苦戰하고 있습니다.

한편 '중의학'의 세계에서는 원래 그 이론 형성과정에서 보아도 잘 알 수 있는 바와 같이 환자를 전체적으로 진찰해서 병의 근본을 철저히 밝히고 그 결과 치료·수술 등을 하기 때문에 이러한 생활습관으로부터 기인하는 병은 원래 가장 자신 있는 분야인 것입니다. 그러나 역시 현대의 복잡한 생활습관이나 사회 환경의 현저한 변화로 인하여 생긴 질병에 관해서는 고전적인 '중의학'의 방법론만으로는 한계가 있습니다.

지금 제가 살고 있는 상하이上海나 여기 도쿄에서는 유방암에 걸리는 여성이 매우 증가하고 있습니다. 두 가지 큰 원인이 생각될 수 있습니다.

그 하나는 상하이도 도쿄도 그 나라의 경제의 중심지입니다. 도심의 이곳저곳에는 빌딩이나 오피스가 즐비하고 교외에는 점차 공장들이 늘어나고 있습니다. 그 결과 물은 나빠지고 공기도 오염되고 있습니다. 그리고 효율적인 수확을 꾀하기 위해서 농약이 다량 사용되어 농작물에도 그러한 오염물질이 뿌려지고 있습니다. 소위 공해병적인 측면입니다.

또 다른 한편 여성들의 라이프 스타일에도 그 원인의 일단이 있습니다. '다이어트 붐'이 그것입니다. '여윈다瘦也る'라는 글자에는 병 질 엄이라는 '疒'이 있네요. 즉, 이 글자가 상징하고 있는 바와 같이 원래 병이 나기 때문에 '여윈다'는 이치입니다.

현대에는 '다이어트'의 유행으로 자신들이 스스로 병에 걸리려고 하는 것입니다. 더욱 혼기나 출산 시기가 늦어지는 것도 유방암이 증가하는 요인의 하나가 되고 있습니다. 즉, 생활의 리듬이 원래 있어야 할 모습으로부터 급격하게 변해버린 것이라든가 공기·물·음식물 등이 오염되어 나빠진 것 등이 원인이 되어 '내분비계'에 이변이 일어나고 그 결과 유방암이 늘어나고 있는 것입니다.

이런 병을 '인재병人材病'이라고 합니다. 스스로 자신의 병이나 병이 될 거리를 만들고 있는 것입니다. 결국 '생활습관병'은 이와 같이 '자연과의 조화'가 무너진 결과 일어나는 병이라고 하는 것입니다.

특히 최근 글로벌한 지구 내의 환경파괴가 큰 사회문제가 되고 있지만 환경이 바뀜에 따라 지금까지와는 다른 원인에 의한 병이 점점 증가되는 경향에 있습니다.

현재 저는 뉴욕에서 클리닉을 열고 있습니다. 이 클리닉은 미국이나 중국 등지의 정·재계 분들로부터 자기들의 일상 건강관리나 만약의 경우를 위한 치료·시술을 해주었으면 하는 요청이 있어 개설하게 된 것입니다. 이미 유럽과 미국의 정·재계 주요인사들 사이에서는 중의학이나 한방의약과 같은 '동양의료체계'로 자신의 건강관리를 하고 병을 치료한다고 하는 것이 상식으로 되었습니다.

그것은 왜일까요? 그들은 서양의학의 한계를 잘 알고 중의학·동양의학을 잘 공부하고 이해도 하고 있어서 제가 그 양쪽의 의학·의료기술의 우수한 점을 가려내어 '통합의학'적인 견지에서 그들의 건강이나 병을 진단할 수 있기 때문입니다.

통합의학의 최신 현황에 대해서 조금 더 이야기를 해보겠습니다.

통합의학적인 견지에서는 '암'을 어떤 병으로 파악하고 있는 것일까…. 우선 서양의학의 치료에서는 일반적으로 암에 걸리면 환자에게 수술을 권합니다. 그다음에는 항암제 등의 화학요법이나 방사선요법을 실시하는 것이 예삿일로 되어 있습니다. 이런 요법에 의해 일단은 암이 없어져서 "이미 암이 없어져서 완치됐다."라고 여러분은 생각할 것입니다. 그러나 실제로 암은 거의 절대적인 확률이 아니면 안 됩니다. 대개의 경우 빠르면 6개월 늦어도 일 년 반 후에는 재발합니다.

예를 들면 '대장암' 수술을 했을 경우 수술 후부터 항암제의 투여나 방사선요법 등의 요법을 실시하지만 거의 대부분 확률로 다음에는 '간암'이 발병합니다. 암이라는 병은 수술로 절제해서 일단 나은 것 같이 보여도 사실은 보이지 않는 곳에서 진행하고 있어서 보다 치료하기 어려운 장기로 전이해나가는 습성을 갖고 있습니다.

최근 가장 앞서 나가는 의사와 병원 등 의료현장에서는 이미 통합의학적인 견지에서 수술 후 재발 예방을 위해 동양의학의 요법이나 약물 투여를 하는 치료를 시작하였습니다.

최신 중의학에서는 암의 발생 메커니즘을 다음과 같이 고려하여 그 예방 기술을 발전시키고 있습니다. 예를 들면 '진드기'를 생각해주십시오. 여러분은 집 안에서 진드기를 찾으면 우선 어떻게 합니까? 대개는 살충제를 사서 그 진드기를 죽입니다. 이것이 기본적인 서양의학의 방식입니다.

한편 중의학에서는 겨울이 되면 진드기가 나오지 않는다는 사실에 초점을 맞춥니다. 왜 겨울이 되면 진드기가 나오지 않는 것인가….

꽃이 성장하기 위해서는 햇빛이나 물, 그리고 그 땅속에 있는 영양소 등이 필요합니다. 그것이 없다고 하면 꽃은 당장이라도 시들어버립니다. 진드기와 이 꽃의 사례에서 알게 되는 바와 같이 생물에게는 각각 그 성장·생존조건이 있습니다. 마찬가지로 암에도 그것이 발생해서 진행하기 위해서는 성장조건이 필요합니다. 이 조건을 충족하지 못하면 암은 발생하지 않게 됩니다.

이와 같이 생명전체의 활동이나 상관관계를 관찰하여 병의 기운을 파악하는 것이 동양의학의 특징입니다.

암의 경우, 수술 후에 화학요법 등을 시행함으로써 환자의 자기면역력은 현저하게 저하되어 갑니다. 그래서 동양의학의 요법을 병행해서 환자의 자기면역력을 높여 나가는 것을 중심으로 고려하게 됩니다. 또 한방생약 중에는 암세포를 죽이는 기능을 가진 한방약도 있어서 동시에 투여하여 암의 완치율을 제고하는 것이 실제로 실행되고 있습니다.

현재 제가 가장 주목해서 몰두하고 있는 것이 이런 서양과 동양의 최첨단 의료를 통합해서 더욱 발전된 치료방법을 만들어내어 암이나 난치병 치료에 활용하려고 하는 것입니다.

다양한 문화 수준의 정보와 지식·견해를 흡수·통합하여 의학의 진화·발전을 도모하는 것이 급선무

이번의 테마인 저에 관한 이야기로 마무리하고 싶습니다.

중국에서는 의사의 수준이 나뉘어 있어서 환자 개인의 소득이나 병의 증상 등을 종합적으로 고려하여 자신에게 가장 잘 맞는 의사를 소개받아 진찰과 치료를 받는 것이 일반적입니다.

어떤 수준으로 분류되어 있는가 하면 대별하여 '상의上醫', '중의中醫', '하의下醫'의 세 단계 레벨로 나뉘어져 있습니다.

가장 수준이 낮은 '하의'는 환자의 증상밖에 볼 수 없습니다. 예를 들면 위가 아프다고 합시다. 위가 아프면 위약을 투여하여 그 증상을 개선하는 정도의 치료밖에 할 수 없는 수준에 머무는 것입니다. 이것을 '하의'라고 합니다.

다음 '중의'는 병의 증상이 어떤 원인에 의하여 발생한 것인지를 추측할 수 있는 수준에 있어 "이것이 당신 병의 원인이기 때문에 그것부터 고치지 않으면 이 병은 낫지 않습니다."라는 생각을 할 수 있는 의사를 말합니다.

'상의'란 현재의 증상을 진찰하여 "원래 이 증상은 이 부분이 이렇게 된 것이 원인이 되어 발생했습니다. 때문에 이런 상태로 두면 장래에는 이와 같은 병의 발생 원인이 됩니다."라고 지금의 증상을 진찰해서 "과거에 어떤 일이 일어나서 현재의 증상이 발생한 것인가? 또한 현재의 증상이 장래에는 어떤 병의 원인이 되어 다음에 발생할 가능성이 있는 질병이나 질환을 추측한다."라는 진단을 할 수 있는 수준을 말합니다.

"사람은 한 사람 한 사람이 지극히 개별적인 존재다."라고 하는 것이 '중의학', '동양의학'의 특징적인 사유방식이며 파악하는 방법입니다. 어떤 환자의 병을 고치려고 할 때 가령 같은 병명에 관한 것이라고 해도 그 사람이 태어난 시간이나 장소, 성별이나 연령, 그리고 현재의 직업이나 주거환경 등에 의해 진단이나 치료방법이 완전히 달라지게 됩니다.

예를 들면 한 부모한테서 복수의 아이들이 태어납니다. 그렇다고 이 아이들의 성격이나 성질이 같을까요? 당연히 전혀 다릅니다. 아이들 한 명, 한 명의 개성이나 재능은 완전히 다르다는 사실입니다.

그러나 현 단계까지 서양의학적인 견지에서는 같은 부모에서 태어난 아이들은 유전학적으로 부모에게서 물려받은 DNA디옥시리보핵산를 갖고 있습니다. 따라서 전원이 유사한 성질이나 체질을 가지고 있다고 판단해버리는 결과가 됩니다.

암이 생긴 부모가 있는 경우 그 아이도 발생할 가능성은 유전학적으로 확실하지만 반드시 발생한다고 말할 수는 없습니다. 생활환경이라든가 생활습관, 사고방식이나 성격 등으로 인하여 발생하는 위험인자를 제거하면 암은 발생하지 않을 뿐더러 그 발생을 미리 막을 수도 있습니다.

앞으로 생활환경이나 사회환경 그리고 생활습관 등의 극적인 변화에 의해 이전에는 없었던 요인으로 갖가지 병이 생긴다는 것은 충분히 예상됩니다.

예를 들면 '난치병', 왜 난치병이라고 말하는 걸까요? 그 병의 발생 원인을 현 단계에서는 확정할 수 없기 때문에 그 치료방법도 모릅니다. 따라서 '난치병'이라고 명명할 따름입니다. 즉, '난치병'이란 원인불명으로 치료방침이 정해지지 않았기 때문에 '불치의 병'이라고 사회통념상 일컬어지는 것뿐입니다.

현재 일본에서는 이 난치병(특정 질환)으로 지정된 질병이 123개 증례症例가 있습니다. 지금까지 저의 클리닉에도 '난치병'이라는 통고를 받고 많은 병원에 다녔지만 치료효과가 없어서 마지막에 소개받고 저를 찾아온 분들이 많이 있는데 어떤 분들은 완치되고 또 어떤 분들은 증상이 상당히 개선되었습니다.

결국 현재의 '일방통행'적인 의료체제나 치료방법에서는 그 한계가 보이는 것이 의료계가 처한 지금의 상황입니다.

'중의학'에서는 병의 발병요인을 세 가지로 대별해서 구분하고 있습니다. '외인外因', '내인內因', '불내외인不內外因'이라고 하는 것이 그것입니다.

'외인'이란 '풍風, 한寒, 서暑, 습濕, 조燥, 불火'의 6개 요인이 인체의 생리 및 심리에 영향을 미침으로써 발생한다고 하는 사유방식입니다.

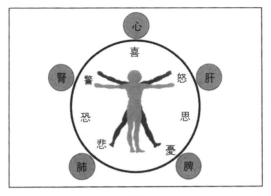

내인

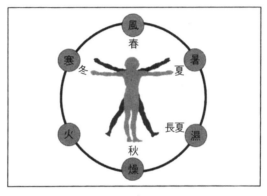

6기

'내인'은 '희喜, 노怒, 우憂, 사思, 비悲, 공恐, 경驚'의 7정七情이 주로 '기氣'에 영향을 줘서 그 결과 정서변화에 의해 인체내부기관이 조화를 잃어서 발생한다는 생각입니다.

'불내외인'은 화상, 벌레나 짐승에 의한 상처, 식중독, 약품중독, 칼에 베인 상처, 타박상, 색정色情 과다, 정기精氣 손상 등의 영향으로 발생한다고 하는 것입니다.

이런 고전적인 '중의학'의 사유방식 이외에 '전자기電磁氣'가 동식물의 생리 기능에 영향을 주어서 인체의 세포·조직·기관, 정서 및 정체整体 등에 영향을 미친다는 것입니다. 또 '전자장電磁場'과 면역·기억·유전 등의 상관관계가 있습니다. '외자장外磁場'과 유전자가 관계해서 세포에 병이 생기는 변화가 발생한 결과 기형아가 태어납니다. 그 밖에 '생물물리학', '전자생물학' 등의 영역도 포괄하여 발전시켜서 '중의학'은 연구범위를 넓히고 있습니다.

예를 들면, 암세포는 "체외로부터 침입한 것이 아니고 '불내외인不內外因'의 영향이 어떤 정보원情報源이 되어 세포가 암세포로 된 것이다."라고 결론을 내려서 독자적인 치료방법이나 요법 등을 연구·개발하고 있습니다.

이와 같이 동양의 예지와 자연과학·문화가 최첨단의 과학기술이나 성과와 융화·통합되어감으로써 세계는 앞으로 크게 변모해나가고 있는 것입니다.

저의 집에는 지금도 '의덕고상醫德高尙 치병구인治病救人'이라는 가훈이 있습니다. 이는 의사가 되어서 환자에게 의료행위를 할 때의 뜻이지만 의사로서는 당연히 천체의 움직임, 날씨, 지리, 또 그 사람이 갖고 있는 생활환경이나 문화성, 독자적인 라이프 스타일, 식생활이나 생활습관 등 다양한 분야에 걸친 시야와 이해가 없으면 그 환자가 지닌 병의 본질은 보이지 않는다고 할아버지로부터 엄격하게 배워 왔습니다. 이렇게 의료행위에는 각양각색인 문화적 수준의 정보나 지식·견해도 포함해서 그 치료나 연구에 활용해나가는 자세가 점점 더 필요하게 됩니다.

'의도통신醫道通神'이라는 말이 있듯이 의사라고 하는 직업은 전지전능全知全能한 신과 같이 끊임없이 여러 가지 사안에 대해 깊이 통달할 수 있는 공부를 하지 않으면, 앞으로의 건강이나 병에 대한 책략 등은 전혀 보이지 않게 됩니다.

일본건축의학협회가 설명하고 있는 바와 같이 '주거환경과 건강'은 밀접하게 연계되어 있습니다. '장場'은 사람과 생명에 큰 영향을 주고 있는 것입니다. 이제부터 '건축물'과 '환경', '장場'에 대한 의학적인 연구가 진전됨으로써 의학계의 혁명이 일어날 수 있다고 저는 기대하고 있습니다. 그리고 이것이야말로 '통합의학'이 나아갈 방향의 하나라고 생각합니다.

08

건축의학의 도전
– 암에 걸리게 되는 장(場),
암이 치유되는 장

일본건축의학협회 이사장 마쓰나가 슈가쿠(松永 修岳)

건축의학 연구가. 19세부터 운명학(기문둔갑奇門遁甲·풍수설·사주명리 사주추명四柱推命 등),
동양의학, 철학, 심리학 등에 대하여 연구. 일본 각지의 명산에 들어가 체험연구를 행함. "환
경이 인간의 사고와 미래를 만든다."를 주제로 하여 사무용 건물, 주택 등의 건축 및 개축에
대하여 전국에 걸쳐 지도. 전통의학에 환경생리학, 환경심리학, 대뇌생리학에 관한 최신의
연구 데이터를 융합시켜 새로운 대체의료로서 '건축의학'을 제창. 현재 일본건축의학협회
이사장. 저서로 『강운혁명强運革命』(황제당), 『인생의 흐름을 특별한 것으로 바꾸는 풍수의
주거』(강담사), 『건축의학입문 — 대체의료로서의 주거환경』(일광사) 등 다수.

건축의학의 도전
– 암에 걸리게 되는 장(場), 암이 치유되는 장

미국 환경의학회 전前 회장이 말하는 환경오염의 심각한 영향

일본에서는 암에 걸린 사람이 점점 늘어나고 있습니다. 사회의 엄혹한 변화를 반영하듯이 최근 현저하게 증가하고 있는 질병이 폐암, 대장암, 유방암 등입니다.

국립암센터에 의하면 1997년에 47만 9천 명이었던 신규 암 환자수가 2015년에는 약 2배인 89만 명으로 늘어나고, 2005년에는 32만 명이었던 암으로 인한 사망자 수가 2015년에는 43만 명에 달할 것으로 예상됩니다. 현재 3명 중 1명이 암으로 사망하고 있습니다.

이와 같은 상황에 대처하기 위하여 미국의 암컨트롤협회와 공동으로 매년 최신 암치료요법을 소개하고 있는 것이 '대체·통합의료 컨벤션'(주최:NPO법인 암컨트롤협회)입니다.

2007년 8월 11~12일에 '제13회 대체·통합의료 컨벤션'이 도쿄 지요다千代田구의 '도시센터호텔'에서 개최되었습니다.

저도 그때 강사로 초청되어 '건축의학의 도전－암에 걸리게 되는 장場, 암이 치유되는 장'이라는 주제로 강연을 하였습니다. 그리고 바로 그에 앞서 미국 환경의학계의 제1인자로서 정력적으로 활동하고 있는 도리스 랍프 박사의 강연이 있었습니다.

랍프 박사는 환경전문의 겸 소아과 알레르기 전문의입니다. 박사는 뉴욕 주 버팔로 시에 있는 뉴욕 주립대학교 소아과 임상조교수였습니다. 또한 버팔로 시의 프랙티컬 알레르기 재단의 창설자이며 이전에 전미 환경의학회의 회장직을 맡기도 하였습니다. 저서에 어른과 아이의 병 및 행동이상의 원인물질을 특정하는 일을 돕고, 그 치료방법을 제안하는 『Is This Your Child's World? 이것이 당신 자녀의 세계입니까?』 등이 있습니다.

박사는 70분에 걸쳐 '20 Ways to Prevent Cancer암을 예방하는 20가지 방법'이라고 하는 주제로 건축의학의 기본인 '유해화학물질의 배제'의 중요성에 대하여 상세히 말해주었습니다. 박사가 지적한 대부분의 내용은 건축의학에 대하여 제가 제창한 것과 겹칩니다. 박사의 강연은 먼저 미국 내 거의 대부분 학교에 깔려 있는 카펫으로부터 발산되는 화학물질이 어떠한 영향을 주는가라는 주제로, 쥐의 충격적인 실험영상으로부터 시작되었습니다. 유해화학물질을 1시간 흡입시켰더니 전신마비 상태가 된 쥐의 모습이 영상으로 비쳐졌습니다. 쥐가 비스듬히 누워 있는 채로 일어날 수 없게 되었던 것입니다. 박사님의 강연 내용 일부를 소개하겠습니다.

> 카펫 속에는 이와 같은 물질이 함유되고 있음을 인식해주시기 바랍니다. 학생과 선생님들이 병에 걸리는 것은 당연합니다. 일본에서도 마찬가지 현상이 있지 않을까 염려하는 바입니다.
>
> 캘리포니아 주의 학교에서 사용되고 있는 카펫의 85%가 이와 같은 위험한 화학물질을 발산하고, 그 화학물질 중 70% 이상이 발암물질이고, 54%가 뇌에 지장을 주는 무서운 물질입니다.

- 암을 비롯하여 자폐증, 당뇨병, 천식, 갑상선장애, 학습장애, 대사증후군메타볼릭 신드롬, 알츠하이머 등등의 환자들이 지금 미국이나 일본에서도 엄청나게 늘어나고 있습니다.

  1990년에는 100명 중 2~3명밖에 암 환자가 없었습니다. 그러나 지금은 2~3명 가운데 1명은 암으로 죽어가고 있습니다.

  암을 제거하기 위해서는 암의 원인, 즉 무엇이 암을 유발하고 있는가를 알아서 대처해야 합니다.

  미국에서는 최근 25년간 소아 뇌종양은 25%의 증가율을 보이고 있습니다. 더욱이 백혈병, 신장암, 신경 계통 암 등이 50% 이상 증가하고 있습니다. 림프 계통 종양의 증가를 살펴보면 그 원인으로 살충제가 작용하고 있음이 확실시되고 있습니다.

- 자폐증 및 주의력결핍 과다행동장애ADHD는 뇌와 신경이 환경호르몬에 의하여 손상을 입고 있는 것이 그 원인의 하나라는 점이 확실시되고 있습니다.

  미국의 취학아동의 경우 학습장애 및 자폐증은 매우 심각한 문제가 되고 있습니다. 뉴저지 주에서는 남자 60명 중 1명, 여자 80명 중 1명이 자폐증 환자라고 보고되고 있습니다.

  최근의 연구에서는 캘리포니아의 농장에서 일하고 있는 여성 근로자 자녀 중 28%가 자폐증 환자입니다. 이런 현상에는 농약 등 화학물질이 관련되고 있는 것으로 고찰됩니다. 즉, 제초제 및 살충제의 영향에 기인합니다.

- 배출가스 등에 함유되어 있는 다이옥신은 매우 위험합니다. 미국 일본을 불문하고 아이들과 어른들로부터 혈액, 오줌, 땀, 내장에서 다이옥신이 검출되고 있습니다.

쓰레기 소각장 등 다이옥신이 발산되고 있는 공장의 반경 2킬로미터 이내에 살고 있는 사람은 다이옥신의 혈중 농도가 높아져 병에 걸리기 쉽게 됩니다.

• 화학물질이 어떻게 우리 몸에 영향을 주는 걸까요? 먼저, 면역 시스템에 이상이 생깁니다. 감염증, 알레르기, 천식, 그리고 암에 걸리기 쉽게 됩니다. 여러분은 누구라도 암세포를 갖고 있습니다. 그러나 면역 시스템이 강하기 때문에 암에 걸리지 않고 지내는 것입니다. 면역이란 스트레스, 감염 및 화학물질에 노출됨으로써 몸이 약해지기 때문에 우선 면역력을 증강한다는 것입니다.

• 심장발작을 일으켜 병원에 실려 들어온 환자에 대하여 의사는 "무언가 좋지 않은 것을 마셨습니까? 아니면 먹었습니까?"라고 하는 질문은 먼저 해서는 안 됩니다. 한 10~20년 동안 무의식 중에 지속적으로 노출되어온 환경유해물질이 원인으로 될 수 있다는 데에 의사도 전혀 주의를 기울이지 않고 있습니다.

• 주거환경이 유해화학물질에 의하여 오염되어 있다고 한다면, 대체요법으로 암을 고쳤더라도 같은 환경 속으로 되돌아간다면 암은 재발하기 마련입니다. 면역력이 매우 강한 경우 이외에는 환경 내의 화학물질에 의하여 암은 재발합니다. 화학물질로 인하여 사지에 마비가 생기고 근육에도 장애가 발생하게 됩니다. 기형 및 장애를 가진 신생아의 출산원인은 그 25%가 화학물질에 기인합니다.
화학비료, 제초제 및 살충제 등이 발암원인의 40%에 달하고 있다는 점을 대부분의 사람들은 모르고 있습니다.

어느 정도 환경 내의 화학물질이 암의 원인이 되고 있는가를 거의 어느 누구도 모르고 있습니다.

미국 내 성인의 혈액으로부터 200종 이상의 화학물질이 검출되고 있습니다. 아이들도 같은 정도인지 아니면 더 많이 검출되는지도 모릅니다.

이러한 상황에 대한 대책으로 다음과 같은 것을 열거할 수 있겠습니다.

- 화학물질이 체내에 들어오지 않도록 한다.
- 몸속에 있는 화학물질을 땀·소변·대변 등으로 배설시킨다.

• 병에 걸렸을 때 무엇에 접촉하였는가, 무엇을 먹었는가, 무엇을 마셨는가에 주의를 기울여주십시오. 집 안 먼지 등의 경우는 곧 그 결과가 파생되어 나타납니다. 그러나 소량의 독에 접촉하고 나서 10년 후에 발병의 원인이 되기도 합니다. 독에 노출되었는가의 여부를 판단하기 위하여 다음과 같은 점을 지침으로 하여 주십시오.

① 외관의 특징입니다. 화학물질의 영향을 받은 사람의 볼은 빨개지고 귀가 붉게 되며 눈 아래가 검게 됩니다.
② 사고력이 저하되고 반응도 무뎌집니다.
③ 맥박에도 주의하여주십시오. 독소에 노출되었을 때에는 맥박이 빨라집니다.
④ 호흡상태도 주의하여주십시오. 호흡이 얕게 됩니다.
⑤ 매우 민감한 사람은 글쓰기나 그림 그리기가 안 됩니다.

식사 후, 화학물질에 노출된 후 몸 안팎의 상태에 주의하여주십시오.
머리가 아프고, 배가 아프거나, 혹은 아이가 야뇨증에 걸린 경우에는
환경 및 음식물의 독성물질의 영향이 있는지를 의심하여주십시오.

• 암에 걸리지 않는 방법으로서
  - 물을 깨끗하게 합니다. 목탄 필터 등은 매우 좋습니다. 목욕할
    때에도 정수기를 이용하도록.
  - 공기청정기도 필요합니다. 집 안 먼지를 제거해줍니다.
    공기를 좋게 유지하는 것과 식사 방법을 제가 말하는 대로 바
    꿈으로써 2주 동안에 80% 정도의 사람들에게 효과가 나타났
    습니다.
  - 교실에서 유해한 화학물질이 사용되고 있는지 체크하여주십시오.
  - 보통 슈퍼에서 판매되고 있는 것 같은 음식물을 먹어서는 안
    됩니다.
  - 공기 중에 살포되는 약제에도 주의하여주십시오. 애리조나 주
    피닉스에서는 아직 공중살포가 행해지고 있는데, 그 약제는 동
    물실험 결과 새로 태어난 쥐의 뇌에 구멍이 생기게 된 것을 알
    수 있었습니다.
  - 육고기의 지방부분에는 유해물질이 축적되어 있기 때문에 지
    방을 가능하면 제거하고 드십시오.
  - 아스파르템asparteme. 인공조미료의 일종으로 많은 청량음료수 등에 사용되고 있음
    은 DNA 레벨에서 장애를 일으킵니다. 절대로 섭취해서는 안
    됩니다. 갖가지 병의 원인이 됩니다.
  - 테프론Teflon냄비는 매우 위험합니다. 뇌 장애와 암을 유발합니다.
    테프론을 만들고 있는 공장 근처에 살고 있는 사람 중에 암 환
    자가 많습니다. 이는 물이 오염되었기 때문입니다.

- 알루미늄 냄비도 위험합니다. 도기 제품의 냄비를 적극 사용하여주십시오.
- 해충 구제용 스프레이도 매우 위험합니다.
- 페트병에 든 벼룩 구제약의 스프레이는 아이들의 백혈병 및 림프종 발병의 원인이 됩니다.
- 세제 및 냄새소거제 등에도 환경호르몬이 사용되고 있습니다. 안전한 세제를 사용하여주십시오.
- 석회성분이 들어 있는 연마제는 위험합니다.
- 병이 깃드는 집sick house이 되지 않도록 재목을 쓰되 다듬기만 하고 칠을 하지 마십시오. 합판 등은 화학물질을 함유하고 매직펜 등과 같은 것은 직접 뇌를 해치기 때문에 주의하여주십시오.
- 마커류는 직접 뇌를 해치기 때문에 주의히여주십시오.
- 우레탄 유형의 매트리스도 매우 위험합니다. 잘 때마다 화학물질을 흡입하게 됩니다. 매트리스를 잘 타지 않도록 하기 위하여 붕산으로 코팅 처리하는데 이는 유해합니다. 값싼 매트리스로 우레탄으로 만들어진 것이라도 그것을 유기면직물로 감싸주면 괜찮습니다.
- 집 안의 카펫도 매우 위험합니다. 화학물질을 함유한 카펫을 사용하지 않도록 하십시오.
- 백혈병 및 암의 원인으로 되는 것 중에 탄산음료 중의 산미료酸味料가 있습니다.
- 의복도 합성섬유는 가급적 피하여주십시오. 알데히드에 오염되어 있을 가능성이 있습니다. 면직물이나 실크류 쪽이 좋겠지요.
- 화장품에도 주의하시도록. 자연식품점 등에서 안전한 것을 구입하여주십시오. 하나의 향수에 200여 종의 유해물질이 들어 있는 경우가 있습니다.
- 매니큐어와 매니큐어의 제광액除光液만은 사용하지 않는 법입니다.

- 석유 계통의 통상적인 드라이크리닝은 림프 계통 종양과 암을 유발합니다.
- 옷장에는 화학물질성분의 제충제는 사용하지 않아야 합니다. 진공팩으로 보존하는 법입니다.
- 특히 생리용 냅킨은 다이옥신으로 표백되고 있기 때문에 그것을 사용해서는 안 됩니다. 자궁내막증子宮內膜症에 걸리기 쉽습니다.
- 불소가 들어간 치약도 사용하지 마십시오. 불소는 독극물의 일종입니다.
- 통상 시판되고 있는 화학적 성분과 관계되는 것은 절대 사용하지 마십시오. 천연의 것을 사용하여주십시오.
- 시판되는 일회용 기저귀는 편리하지만 매우 위험합니다.
- 치과에 다닌다면 충치에 봉을 박을 때 쓰는 수은제는 거절하십시오. 자폐증과 깊은 관계가 있습니다. 세라믹 쪽이 좋을 것입니다.
- 아이들에게 위험한 백신은 접종시키지 마십시오. 미국에서는 통상 신생아에게 위험한 백신이 접종되고 있는데 뇌장애의 원인이 됩니다.
- 쓰레기 소각장, 고압선, 고속도로 근처에는 살지 않는 법입니다. 살고 있다면 이사 가십시오.
- 휴대전화도 주의하십시오. 직접 귀에 대면 뇌종양의 원인이 됩니다. 주머니에 넣고 다니면 남성의 경우 고환에 나쁜 영향을 줍니다.

그리고 다음과 같은 말로 랍프 박사는 강연을 매듭지었습니다.

겁나게 해서 죄송합니다. 그렇더라도 여러분께 선택의 폭을 넓혀 드리고 싶어서 이와 같은 말을 하였습니다. 당신과 당신의 사랑하는 사람이 암에 걸리지 않고 건강하게 살아갈 수 있도록 하는 데 조금이라도 도움이 되었으면 좋겠습니다.

강연 종료 후 랍프 박사의 나이를 듣고서 회의장은 놀란 듯한 목소리로 가득 찼습니다. 현재 78세라고 합니다. 전혀 나이를 감지할 수 없는 파워풀하고 설득력 있는 강연이었습니다.

암 환자는 암에 걸릴 것 같은 환경에 있다

랍프 박사의 지적이 없더라도 현재의 주거환경 오염실태는 대단히 두려워해야만 할 정도입니다.

병이 깃드는 집sick house을 매입한다든지 다 지었다면 이를 원상회복시킬 수는 없으므로 랍프 박사가 지적한 바를 지침으로 하여 유해화학물질로부터 우리 몸을 지키도록 각자 철저히 주의해야 합니다. 특히 거처할 집의 선택과 건축회사의 선정에는 충분히 주의할 필요가 있습니다.

주택을 지을 때에는 벽지의 포름알데히드 및 다다미에 포함되어 있는 농약, 그리고 고압 철탑 근처 등에서 보이는 강렬한 유해전자파, 극단적으로 지자기가 낮게 깔려 있다거나 무질서하게 되어 있는지의 여부라든가, 소음 및 교통량이 많은 지역인가의 여부를 조사하여야만 합니다. 환경오염이 특정 한도를 초과하는 경우에는 우선 그것들을 제거하고 공해를 완화하는 방법을 강구할 필요가 있습니다.

건축의학에서는 특히 공기와 물의 상태를 중요시합니다. 현재, 우리들이 먹는 음식물, 실내의 공기 및 물은 거의 대부분이 화학물질로 오염되어 있으므로 건축의학에서는 무엇보다 먼저 이러한 점을 고려하여야만 합니다.

치료방법 및 식사요법과 마찬가지로 주거환경도 바꾸는 것이 중요합니다. 바로 랍프 박사의 강연 내용과 같이 아무리 뛰어난 대체의료에 의한 치료로 암을 완전히 치유하였다고 하더라도 그 암을 유발한 환경이 바뀌지 않으면 재발

될 가능성이 높은 것입니다.

저 자신이 살펴보았던 다양한 환자의 주거환경에서 몇 가지 공통된 특징이 있다는 것을 알게 되었습니다. 특히 암 환자는 거의 대부분의 경우 암에 걸리기 쉬운 주거환경 속에 있다는 것입니다. 화학물질적 요인이라는 측면에서 다음과 같은 것을 열거할 수 있습니다.

① 침실에 드라이클리닝을 하여 비닐에 싸여 있는 채 의복이 벽에 걸려 있는 경우, 드라이클리닝으로 사용되고 있는 다이옥신 등의 유해물질이 침실 내에 가득 차서 수면 중에 이를 흡입함으로써 면역력을 저하시킵니다.

② 침실에 옷장이 있으면 그 옷장 속에 들어 있는 살충제의 화학물질은 독성이 강하고, 그것이 틈새로 누출되는데 이를 흡입함으로써 면역 시스템이 파괴되고 있습니다.

그러나 이것들과 동등하거나 혹은 더욱 나쁜 영향을 심신에 미치는 것으로 제가 주목하고 있는 것이 심리적 스트레스입니다. 왜냐하면 **"어떠한 병이라도 감정이 관련되어 있기"** 때문입니다.

마음과 몸은 연계되어 있기 때문에 '모든 병은 심신증心身症'이라고 말할 수도 있습니다.

정신신경면역학과 건축의학

'병은 기氣로부터'라고 예전부터 전해내려 왔지만 **건축의학 측면에서 보면 '병은 집으로부터'**입니다. 병에 걸리면 식사요법이라든가 운동요법을 실행하는 분들이 많습니다만 실제로는 주거환경이 원인이 되어 병이 되는 경우가 대단히 많습니다. 특히 '기쁨'이나 '즐거움'이라고 하는 감정에는 식사보다도 주거환경이 더 크게 영향을 미칩니다.

동양의학에서는 마음과 몸을 하나로 파악하는 '심신일여心身一如'라고 하는 견해가 있습니다.

최근 서양의학에서도 '정신신경면역학精神神經免疫學'이라고 하는 새로운 학문이 등장하였습니다. **정신, 신경과 면역은 인간의 체내에서 트라이앵글과 같이 서로 공명하고 있습니다.**

암과 같은 난치병에 걸리고 그로 인해서 절망하고 있는 사람은 투병 면역력이 저하됩니다. 그러나 치료에 적극적인 사람은 면역력이 비교적 저하되지 않습니다. 마음과 몸의 상관관계를 연구하고 있는 학문 가운데 현재 가장 주목받고 있는 것이 정신신경면역학입니다. 미국의 정신과 의사인 조지 솔로몬 박사는 만성관절류머티스에 착안하고 스트레스가 병 및 면역 계통에 영향을 주는 시스템을 연구하여 교감신경계는 면역계를 억제하는 작용을 한다는 사실을 밝혔습니다.

최근 들어 스위스 연구소의 우고 베세도우스키 박사에 의하여 뇌가 면역계로부터 모종의 신호를 받고 있다는 것을 알게 되었습니다. 미국에서 심리사회종양학心理社會腫瘍学의 권위자인 칼 사이몬튼 박사가 이와 같이 마음이 면역을 위하여 활동하고 있는 작용을 활용한 이미지요법을 암치료에 응용하여 커다란 성과를 올리고 있습니다. 정신신경면역학은 마음의 작용으로 면역력을 향상시키는 방법을 연구하는 데 활용됩니다.

건축의학은 환경으로부터 오는 5감을 통하여 뇌를 활동하게 하며 마음을 작용하도록 함으로써 병을 치유하는 방법으로 운용됩니다.

공격적인 성격은 암에 약하다

화를 잘 낸다든가 공격성이 강한 유형의 남자는 암을 죽이는 면역세포의 활동이 약해지는 경향이 있고 그중에서도 공격성을 표출하지 않는 사람의 경우가 특히 그런 현상이 뚜렷하다는 것이 국립정신신경센터의 가와무라 노리유키 실장 등의 연구에 의하여 판명되었습니다.

그들은 아이치愛知県 현 내에 있는 사업소에 근무하는 40~59세가 되는 95명을 대상으로 공격성의 유형 및 정도를 판정하는 심리테스트를 하였는데, 그 결과 공격성이 적다고 판단된 36명의 암세포를 죽이는 활동을 하는 NK세포의 활성도는 평균 56.8%였는데 중간 정도의 40명은 51.9%, 높은 수준인 19명은 48.6%로 공격성이 강해짐에 따라 NK세포의 활성도는 낮아지는 것으로 나타났습니다.

가와무라 실장은 "직장환경 등의 요인으로 변하는 요소가 크다."라고 합니다.

(츄니치(中日) 신문 1999년 9월 14일)

'암에 잘 걸리지 않는 집'을 지으려고 한다면, 그 요점은 화를 거의 내지 않게 하는 방을 만드는 것입니다. 사용하기가 고통스런 주택은 그 사용하기 고통스럽다는 점이 스트레스가 되어 그 집에 살고 있는 사람을 초조하게 해서 화내기 쉬운 성격으로 만들어 공격적인 성격이 되는 것입니다. 방을 어지럽힌다든지 난잡한 상태에 둔다든지 하면 그러한 환경이 공격적 성격을 낳게 합니다. 주택의 마룻바닥 위에 물건을 수북이 쌓아 놓으면 그 가족 중에 화를 잘 내는 사람이 나옵니다. 그러한 환경이 사람을 초조하게 만들기 때문입니다.

어느 집을 방문한 적이 있는데 그 집의 마루 위에는 신문이 온통 깔려 있어 마룻바닥이 보이지 않을 정도였습니다. 그 위는 미끄럽기 때문에 그것이 스트레스 요인이 됩니다. 그 집에 살던 부부는 모두 암으로 사망하였습니다.

현관에 들어서자 바로 화장실이 있고 그 화장실 앞을 통하지 않고는 안으로 들어갈 수 없도록 되어 있는 방 배치도 피해야 합니다. 공격적인 성격이 만들어지게 되기 때문입니다.

심리적 스트레스가 다르면 다른 암을 발생시킨다

2006년 8월에 출판된 『암을 만드는 마음, 치유하는 마음』(쓰치바시 가사다카上橋重隆, 주부와 생활사)의 내용 중에 주목할 만한 가설이 제기되고 있습니다.

쓰치바시 가사다카 씨(의학박사, 외과의, 일본소화기학회 인정의사認定医)는 서일본에서 최초로 식도정맥류내시경색전요법食道靜脈瘤內視鏡栓塞療法을 직접 다루었고, 그 이후에 2,000건 이상의 식도정맥류증상에 대한 내시경 치료를 시행한 외과의사입니다.

뛰어난 외과의사로 활약하여 온 쓰치바시가 "내가 지금 실감하고 있는 것은 병의 원인 해명에는 물질적으로 보이는 외부면만 보아서는 불충분하다. 병에 따라서는 내부, 다시 말해서 물질적으로 보이지 않는 부분인 마음이 병의 원인이 되고 있지는 않은가, 거기까지 파고들어가서 치료를 하지 않으면 병을 낫게 할 수 없다."라고 책에 기술하고 있습니다.

나아가 "급성질환(방치하면 죽음에 이르는 위험한 병세, 외상 및 감염증 등)에는 서양의학보다 나은 효과적인 치료법은 없다."라고 단언하면서 "만성질환(당뇨병, 고혈압, 고지혈증, 위염, 간염, 신장염 등)은 의사로서는 치료할 수 없기 때문에 만성이라는 말을 붙여 관리하고 있다. 의사가 만성질환자에 대하여 할 수 있는 일은 대증요법対症療法을 실시하면서 기껏해야 그 질환이 지금 어떠한 상태에 있는가를 설명하면서 환자가 어떻게 대처해야 하는가를 조언해주는 정도이다."

쓰치바시 의사는 **"암 환자에게는 특유의 심리적 특징이 있지 않을까."**라는 가설을 토대로 다양한 암 환자들을 진료하는 동안에 다음과 같은 사실을 깨달았습니다. 유방암 환자에 대하여 갖가지 질문을 반복하여 던지고 있던 중 쓰치바시는 불가사의한 공통점을 발견하였습니다. 우측 유방암 환자는 발병 전에 집안문제를 안고 있는 여성이 많고 좌측 유방암 환자는 '신체를 혹사'한 사례가 있었던 것입니다.

폐암 환자의 경향은 "폐암이라고 진단받은 환자의 심리적 스트레스는 폐암의 종류에 상관없이 다른 암 환자와는 비교할 수 없을 정도로 강한 공포심을 갖고 있었다."라는 것입니다.

위암 환자의 경우는 '업무상 과로'라든가 '과도한 운동'이라는 특징이 발견되었습니다.

게다가 흥미진진한 것은 대장암입니다. "대장은 맹장에서 항문을 향하여 맹장, 상행결장, 횡행결장, 하행결장, S상결장, 직장으로 나누어집니다. 대장암이라도 S상결장 하부에서 항문에 가까운 직장 사이에서 발생하는 대장암과, S상결장 중간부분에서 상행결장 사이에서 발생하는 대장암의 경우에는 각각 환자가 받는 심리적 스트레스의 내용에 커다란 차이점이 없었습니다."라고 쓰치바시는 말하고 있습니다.

그리고 "S상결장 하부에서 항문에 가까운 직장 사이에서 발생한 암 환자가 받고 있던 심리적 스트레스는 금전에 관한 스트레스가 많은 경향이 있었다."라는 것입니다. S상결장 중부에서 상행결장 사이에 발생한 암의 경우는 오히려 신체적 스트레스가 관련되어 있는 것 같다고 합니다.

이와 같이 암의 발생요인에는 심리적 스트레스가 관련되어 있는 점, 나아가 개개의 암에는 특징적으로 공통된 심리적 스트레스가 존재할 가능성이 있음을 쓰치바시는 제시하고 있습니다.

쓰치바시의 가설은 다음에 기술할 동양의학에서 '장기와 감정의 관련성'에도 통하는 극히 흥미진진한 것이라고 할 수 있겠지요.

건축의학에서 디자인의 중요성

주거환경 속에 있는 유해물질은 무엇보다도 먼저 제거되어야만 합니다.

예를 들면 우리들이 식사를 하는데 그 요리재료가 독극물로 오염되어 있다면 아무리 능숙한 요리사가 조리하였다 하더라도 이 음식물에는 유해성분이 들어 있으므로 그대로 먹어서는 안 됩니다.

그러나 우리들이 "5감을 통해 환경으로부터의 자극을 받아들이고 있다."라고 파악하였을 때에는 단순히 오염되지 않은 식재료를 모으기만 해서는 맛있는 요리를 만들 수 없습니다.

맛, 향기, 겉보기 등 갖가지 요소가 결합되어야만 비로소 일류 요리가 완성되는 것과 마찬가지로 주택도 좋은 소재(땅의 입지조건 및 상태, 건축자재 등)와 우수한 요리사(건축사, 시공업자, 디자이너, 건축의학요법치료사)가 음식을 먹는 사람들의 기호에 부합하고, 건강과 활기를 레벨업할 수 있는 요리를 제공하는 것이 필요합니다.

건축의학을 배워서 이해한 사람들은 건축사 및 디자이너들을 지도하고 그 집에 살아갈 사람으로 하여금 건강한 생활을 할 수 있는 집을 짓는 데 몰두하여 왔습니다.

주거환경, 특히 조명 및 디자인의 중요성에 대하여 구미 지역에서는 상당한 수준으로 인식되기 시작하였습니다. 미국에서 출판되었는지의 여부에 관계없이 비즈니스 부문에서 제1위에 랭크되고, 2006년 5월에 일본어로 번역되어 출판된 다니엘 핑크가 저술한 『하이 컨셉트』(삼립서방)의 내용에는 **"병실 내 채광의 질을 높이는 것만으로 투약량이 줄어들고, 디자인 수준을 높임으로써 퇴원이 앞당겨진다. 또한 교실의 실내환경을 개선함으로써 학습능력이 현저하게 높아진다."**라고 하는 사례가 소개되었습니다.

건축의학이 주장하는 '디자인의 중요성'을 증명해주는 듯한 말입니다. 핑크가 주장하고 있는 바와 같이 디자인성性이 인간의 심신에 미치는 영향력은 우리들이 상상하는 이상으로 큰 것입니다.

암 환자는 어떠한 집에 살고 있을까

"어떠한 장場에서 어떠한 감정이 일어나고, 어떠한 행동을 하면 어떠한 결과에 이르는가." 대대로 암으로 사망하는 가계家系를 보면 유전자 중에 이미 암에 걸리기 쉬운 정보가 들어 있다고 생각할 수 있습니다. 그리고 이 유전자를 ON으로 할 것인가 아니면 OFF로 할 것인가는 환경이 스위치 역할을 하게 됩니다.

대대로 암이 많이 발생한 가계에 태어난 사람들의 주택을 설계하는 경우에는 암의 스위치가 켜지기 쉽지 않을 것 같은 색상, 소리, 빛, 냄새, 동선을 고려한 주거환경을 만들어야 합니다.

실제로 암에 걸린 사람이 어떠한 환경에 처하여 있는가를 실례를 들어 살펴보겠습니다.

• 시계와 달력이 많은 주택은 언제나 시간에 쫓기는 장場이 됩니다

암 환자가 발생한 집의 특징으로 우선 거론될 수 있는 것이 시계와 달력이 무척 많다는 것입니다. 시간을 과도하게 의식함으로써 그것이 스트레스가 됩니다 (사진 1).

화장실에 표어가 적힌 달력을 붙여 놓은 집도 많이 눈에 띕니다.

사진 1

사진 2

• 콘크리트 주거는 몸에서 열을 빼앗고 습기가 많아 암에 걸리기 쉽다

사진 2의 건물도 그 거주자가 암으로 사망한 바 있습니다. 콘크리트 주택의 문제에 관해서는 『콘크리트 주택은 수명을 9년 앞당긴다』(후나세 도시스케船瀬俊介, 리용사)라는 책에 상술되어 있습니다. 그 책에는 1986년에 시즈오카 대학静岡大學에서 행한 실험 결과의 상세한 내용과 충격적인 데이터가 소개되었습니다.

• 콘크리트상자 속의 쥐는 치사율이 10배 이상! 세계 최초, 시즈오 카대학교의 충격실험

시즈오카 대학교의 실험은 실로 충격적이었다. 실험에 사용된 것은 3종류의 상자 형태의 새장 ① 콘크리트제, ② 금속제, ③ 목제이다.

크기는 ①~③ 모두 안쪽이 11cm, 가로 17cm, 높이 30cm. 3종류의 새장을 10개씩 준비, 총 30개를 높이 78cm의 가늘고 긴 막대기 (2.5cm)의 실험대에 나란히 달아 놓았다. 각각 새장의 밑바닥에는 새장을 만드는 데 최소한으로 필요한 삼나무 대팻밥을 깔아 놓았다. 온습도는 인위적으로 조절하지 않고 자연 상태로 두었다. (중략)

새끼 쥐들의 생존율에 커다란 격차가 발생하여 실험자들을 놀라게 하였다. (중략)

최종의 생존율은 ① 콘크리트제 7%, ② 금속제 41%, ③ 목제 85%로 나타났다.

생존율은 금속제는 목제의 절반 이하, 콘크리트는 목제의 12분의 1. 간단하게 말해서 목제 새장에 비하여 금속제 새장에서의 수명은 절반 정도로 줄어들고 콘크리트제의 경우 수명은 10분의 1 이하에 불과하였던 것이다.

(『콘크리트 주택은 수명을 9년 앞당긴다』, 후나세 도시스케, 리용사)

이와 같은 결과가 나오게 된 가장 큰 원인이 "직접, 몸으로부터 열을 빼앗기기 때문이다."라고 아리마 타카노리有馬孝禮 교수는 기술하였습니다. 즉, '냉기冷氣'에 의한 것이었습니다.

건축의학의 견지에서 주택을 건축할 때 가장 주의해야 하는 것이 '냉기'입니다.

한기를 느꼈다면 아무리 디자인성이 뛰어나더라도, 그 주택은 실격입니다. 콘크리트 자재가 몸의 열을 빼앗는 것은 마룻바닥에 닿는 발바닥으로부터만이 아닙니다. 콘크리트로 지어진 빌딩에 들어가보면 공기가 오싹할 정도로 차게 느껴집니다.

이는 벽에 직접 접촉하지 않더라도 콘크리트 벽면에 열을 빼앗기기 때문입니다.

우리 몸의 중심으로부터 열을 계속 빼앗아가는 것이 콘크리트벽입니다. 목재에 있는 습도조절 기능이 콘크리트에는 없습니다. 온습도의 관리가 건축의학에서는 가장 중요한 것입니다. 그런 까닭에 건축의학에서는 목조주택을 권장합니다.

다만, 아파트 등의 경우라도 내부에 나무를 붙이면 콘크리트의 해독은 상당히 완화됩니다.

시즈오카 대학교의 추가 실험에 의하면 콘크리트 새장의 바닥재를 바꿈으로써 무언가 다른 바닥재를 깐 새장에서는 쥐의 생존율이 90% 이상에 달하여 목재와 거의 같은 수준으로 되었다고 보고되었습니다(다만, 숫놈 쥐의 정소精巢, 암놈 쥐의 난소卵巢의 발달 상태는 각각 목제 새장보다 콘크리트제 새장 쪽의 발달이 지연된다는 데이터가 나와 있습니다).

나아가 시마네 대학교의 나카오 데쓰야 교수에 의하여 "콘크리트 주택에서 사는 사람의 수명은 9년이나 앞당겨진다."라는 다음과 같은 내용의 연구보고서가 발표되었습니다.

바야흐로 전통적인 목조 단독주택은 줄어들고 콘크리트 집합주택은 일본 열도에 크게 늘어나고 있다. 양자 간의 차이점을 평균 사망 연령의 격차로 보는데 착안한 사람은 세계에서 나카오中尾 교수가 처음일 것이다. (중략)

조사는 다음과 같이 진행되었다.

첫 번째, 1988년 나카오 교수는 주거형태별 거주자의 사망연령에 관하여 앙케트조사를 실시하였다.

대상은 A:목조주택 270건. B:콘크리트 집합주택 62건 (이하 콘크리트 주택으로 약칭).

그 결과 '사망연령의 평균'은 목조주택이 콘크리트 주택보다 약 11세, 사고사를 제외하더라도 9세나 높은 것으로 판명되었다.

평균 사망연령은 목조주택 63.5세, 콘크리트 주택은 52.4세. 여기에서 사고사를 제외하면 목조 66.1세, 콘크리트 57.5세이다. 그 격차는 8.6세, 결국 약 9세 정도 사망연령이 차이가 난다. 이와 같은 격차에 나카오 교수는 경악하였다.

"놀랐습니다. 이렇게 차이가 나올 리가 없습니다." 단순한 평균차
로…! "아무리 조금이라 하더라도 9세라는 숫자는 기본적으로 나올
수 없는 수치입니다." 라고 단언한다.

"담배를 피운다, 피우지 않는다." 라는 리스크에 의한 폐암 발생율
은 10배 정도 차이가 있다고 합니다. 그렇더라도 사망연령의 차이는
3년 정도. 암 전체로 보더라도 3년가량의 차이가 있습니다. 이에 비
하면 9세라고 하는 숫자는 매우 큰 차이입니다." 결국 암이 박멸된다
고 하더라도 수명의 연장은 3세 정도인 것이다. 그렇기 때문에 9세
라고 하는 수치는 큰 것이라고 교수는 주장한다.

(『콘크리트 주택은 수명을 9년 앞당긴다』, 후나세 도시스케 , 리용사)

나카오 교수는 다시 유방암의 사망률을 조사하기 시작하였습니다. 그러자 유
방암에 의한 사망률과 목조율木造率 사이에 뚜렷한 상관관계가 드러났습니다.

목조율이 높아질수록 폐암·식도암·간암에 의한 사망률은 오히려 줄어들고
있습니다.

목조율이 주거환경과 암에 의한 사망률이라는 의학상의 문제는 매우 긴밀한
상관관계가 있음이 나카오 교수의 연구 결과에 의하여 실증되었습니다.

- **옷장이 있는 침실에 있는 방충제를 매일 소량 흡입하게 되면 암에 걸리기
  쉽다(사진 3)**

사진 3은 침실 사진입니다. 좌측에 옷장이 보입니다. 이 방에서 잠자던 사
람은 암에 걸렸습니다. 옷장 속에 있는 방충제를 소량씩 흡입한 것이 그 원인
으로 보입니다. 더욱이 커다란 옷장이 침실에 있으면 "넘어지지 않을까." 라는
공포감이 생겨 잠자고 있는 동안에 무의식적으로 긴장하게 됩니다. 이러한 스
트레스도 발암증상과 관련이 있다고 생각됩니다.

• 썰렁한 화장실은 스트레스를 가져와 면역력을 잃게 한다.

'썰렁함'은 현실적으로 체온을 빼앗는 요인이 됩니다. 냉기冷氣는 만병의 근원이며 면역력을 확실히 저하시킵니다.

사진 3

사진 4

사진 5

• 즐겁지 않은 주거 디자인(사진 5)

디자인성이 떨어진다는 것 자체가 면역력의 저하로 연결됩니다.

보아서 즐겁지 않은 것을 계속 보고 있으면 그 자체가 스트레스가 됩니다.

- **폐암에 걸린 사람의 주거(사진 6)**
- 실례

증상의 경과

이 집에 살고 있던 사람은 2007년 봄부터 기침이 나고 왼쪽 허벅지의 관절이 아프다고 호소하였습니다. 이전보다 혈압이 높아져 마음이 조급한 나날이 계속되었습니다. 대학병원에 통원하면서 X선 검사결과 언제 접질러졌다고 해도 이상할 것 없는 상태였습니다.

4월에 의료센터에 입원하여 폐암·분비기관암腺癌 진단을 받았습니다. 방사선치료를 때때로 받고 잠시 집중치료실에 들어가 있다가 2007년 7월 54세로 세상을 떠났습니다.

사진 6

사진 7

- **암에 걸린 사람의 침실은 잠을 잘 잘 수 없는 어지러운 침실(사진 7)**

침실이 빨래건조장처럼 되어 있습니다. 여기서는 안정된 수면을 취할 수 없습니다. 또한 세탁한 옷 등이 걸려 있으면 최악입니다.

• 암에 걸린 사람의 욕실은 금속제품 때문에 몸을 편안하게 할 수 없을 뿐만 아니라 피로도 풀리지 않는다(사진 8)

스테인레스제 욕조는 쓰지 말아야 합니다. 자기의 몸이 욕조에 비쳐서 안정되지 않기 때문입니다.

또한 지나치게 작아서 다리를 뻗을 수 없는 욕조도 몸을 편안하게 하지 못하고 피로도 풀리지 않습니다.

사진 8

사진 9

• 암에 걸린 사람의 식사공간은 잘 정리정돈되어 있지 않기 때문에 즐겁게 식사할 수 없고, 가족 간의 대화가 없고, 유대관계 또한 없어 마음의 면역력도 떨어진다(사진 9)

난잡하게 어질러져 있는 식사 공간에서는 차분하게 식사를 할 수 없고 음식물의 소화흡수가 저해될 뿐만 아니라 가정 내의 인간관계가 화목하지 않게 됩니다.

- 암에 걸린 사람의 주택 현관-뇌가 혼란스러워 스트레스가 심하다. 현관이 체념하는 성격을 만든다(사진 10)

"현관과 그 집에 사는 사람 뇌의 상태는 공명하고 있다."라고 건축의학에서는 보고 있습니다. 현관은 집의 바깥쪽과 안쪽을 격리시키고 있는 곳, 즉 현관을 열고 처음으로 들어오는 인상이 뇌에 강하게 각인되는 곳입니다. 현관이 난잡하면 뇌도 혼란스럽게 됩니다.

사진 10

사진 11

- 암에 걸린 사람이 사는 집의 복도는 흐르는 동선을 저해하고, 좁게 되어 있어 조바심을 일으키게 하여 측두엽을 압박하고, 다른 사람이 하는 말을 듣지 않게 되는 마음을 만든다(사진 11)

폭이 좁은 복도를 걷고 있으면 좌우로부터의 압박감이 측두엽에 손상을 줍니다. 또한 귀를 압박하기 때문에 난청이 되기 쉽습니다.

자 여기까지 보셨는데 어떤 종류의 공통점을 느낀 분들도 많을 것이라고 생각합니다.

즉, 암 환자의 주거환경은 한마디로 말하면 '난잡하다'는 것입니다.

색色이 심신心身에 미치는 영향이란?

아이작 뉴턴은 "색채는 빛 바로 그 자체입니다."라는 말을 남겼습니다.

건축의학계에서는 특히 색채 및 조명이 심신에 미치는 영향에 대하여 중요시합니다. 색채가 어느 정도 심신에 영향을 미칠까? 이에 관하여 상술되어 있는 책이 『색의 비밀』(노무라 준이치野村順一, 문예춘추)입니다. 색채 및 빛이 심신에 미치는 영향에 대하여 다음과 같이 소개하고 있습니다.

• 따뜻한 색의 방에서는 시간의 흐름이 길게 느껴집니다

빛과 색채에 따라 우리들의 근육은 간장과 이완을 반복한다. 이와 같은 작용을 토너스라고 한다. 생체生体는 언제나 빛을 찾고 있기 때문에 빛의 가감 및 색채에 따라 몸의 근육이 긴장 및 이완하는 현상을 뇌파와 땀 분비량을 통하여 객관적으로 나타낸 '라이트 토너스 수치'라고 불리는 수치가 있다.

가장 이완된 정상수치가 23으로 베이지색, 파스텔 컬러가 이에 가깝고, 푸른색이 24, 녹색이 28, 황색이 30, 주황색이 35로 긴장·흥분으로 바뀌고, 붉은색은 42로 최고조에 달하여 혈압까지 올리고 만다. 그러면 무슨 까닭에 생체에 그와 같은 반응이 일어나는 걸까?

생체도 또한 다종다양한 원소로 되어 있고 원소는 항상 진동하고 있기 때문에 그 진동이 빛과 색채의 파장(진동)에 호응한다. 이를 시너지(synergy : 공력작용(共力作用) : 생체조직의 기능 또는 효과가 그 단독작용의 합보다도 큰 결과를 가져오는 현상)라고 한다.

다시 말해서 빛은 생명에, 색채는 사람의 몸과 마음에 커다란 영향을 준다.

확실히 색채는 빛의 본질이고 빛은 생명의 근원이다. 따라서, 생명은 색채이다. 우리 몸의 기관은 제각기 특정한 색을 지니고 있다. (중략)

우리들의 시간감각은 색채에 의해서 심리적으로 영향을 받는다. 예를 들면, 붉은색과 주황색에 둘러싸여 있는 환경에서는 시간을 오래 느낀다. "1시간 지났나?"하고 시계를 보면 30분밖에 경과하지 않은 경우가 있다.

반대로 찬색 계통은 실제 시간보다 짧게 느껴지게 한다. "1시간 지났나?"라고 생각하면 실은 2시간이나 지나 있었다고 하는 사례도 있었다. 그렇기 때문에 이와 같은 색채는 공장 등에 적합하다. (중략) 이런 사실도 실험에 의하여 찬색 계통의 방에서는 실제 시간경과를 그 절반 정도 과소평가하고 있음을 알 수 있다.

G. 브라이하우스라는 연구자가 근육반응 테스트를 하였다. 그는 보통의 빛보다도 붉은색 빛 아래에서는 반응이 12% 정도 빨리 나타나지만, 녹색 빛 아래에서는 반응이 늦추어지고 있음을 밝혀냈다. 즉, 색채에 따라 시간감각이 달라지는 것도 그 반응과 밀접하게 관련되어 있다.

• 색에는 감정이 있다

색에는 인간의 생리 및 감정에 미치는 힘이 있다. (중략) 이는 인간이 색채를 단순히 눈만이 아니라 마음으로도 받아들이고 있기 때문이다. 좋고 싫음과 상관없이 따뜻한 색 계통을 보면 실제로 신체는 따스해져 체온도 상승한다. 이를 체감온도体感温度sensible tempereature라고 한다. 역으로 찬색 계통이나 조금 어두운 색깔은 신체가 차갑게 느껴지고 자율신경에 대한 자극도 없기 때문에 체감온도는 내려간다.

이에 대하여는 많은 직장 등에서 통계조사가 실시되어 왔다. 예를 들면, 런던의 어느 공장에서는 여자종업원들의 결근이 잦아 어떤 원인이 있는가를 조사해본 결과 그들이 거울을 들여다보았을 때, 환자와 같이 비쳐서 보이는 청색 빛 때문이었다. 거짓말 같은 이야기지만 청색 빛이 병을 만들어내고 있었던 것이다.

이에 덧붙여 벽의 색깔이 음침한 회색 빛이었기 때문에 견딜 수 없었다. 신속히 벽을 따뜻한 색 계통의 베이지색으로 바꿔 칠했더니 빛은 중화되어 결근이 감소되었다.

런던의 다른 공장에서는 회색의 기계를 밝은 주황색으로 칠했을 뿐인데 사기가 고양되고 사고는 줄어들었으며 기분이 언짢았던 종업원이 작업 중에도 노래를 부르기 시작하였다고 한다.

그렇지만 이 공장의 카페테리아셀프 서비스 식당에서는 공기조절도 잘 되고 밝은 청색 벽이었지만 종업원은 실내온도가 21도였음에도 "춥다, 추워."라고 불평하며 상의를 입고 식사하는 사람조차 있었다. 그래서 24도까지 실내온도를 높여보았지만 역시 춥다고 투덜거렸다. 그 원인이 벽의 색깔에 있음을 규명하고 주황색으로 다시 칠했더니 24도에서는 너무 덥다는 불평이 있어, 결국 원래의 실내온도인 21도로 낮추었더니 모두들 만족하였다고 한다. 역으로 실내온도가 높다고 불평하는 공장에서는 밝은 회색, 파스텔 계통의 녹색 등 찬색 계통을 도입하였더니 그것만으로 불만이 해소되었다.

미국의 어느 공장에서는 공기를 조절하여 실내온도를 통상 21도로 유지하였지만 여자종업원들이 춥다고 하는 불평이 끊이지 않았다. 그래서 실내온도는 그대로 두고 흰 벽을 칙칙한 산호색으로 다시 칠했더니 불평이 쏙 들어갔다.

도저히 믿어지지 않는다고 하는 사람이 있을 수 있지만 간단한 테스트로 분명하게 입증되었다.

일정한 온도의 물을 2개의 유리 용기에 가득 넣어 한쪽은 붉은 주황색으로 다른 쪽은 청록색으로 물들여 놓고 손을 넣어 "어느 쪽이 온도가 높은가?"라고 물어보자 실험대상자들 중 많은 수는 붉은 주황색 쪽이라고 답하였다. 수많은 사람들에게 50가지 색깔의 컬러 카드를 제시하여 따뜻한 색과 찬색을 따져 물었더니, 가장 따뜻하게 느껴지는 색상은 붉은 주황색 쪽이 가장 많았다. 한편 가장 차게 느껴지는 색상은 녹청색으로부터 청색, 보라색까지 넓은 범위에 걸쳐 불규칙하게 분포되었다. 즉, 찬색 계통의 영역 쪽이 넓었다.

그렇기 때문에 "청색 계통의 커튼을 분홍색 계통으로 바꾸었더니 방이 따뜻해졌습니다."라는 말은 당연한 것이다. 사람들이 느끼는 온도를 조사해본 결과, 따뜻한 색 계통과 찬 색 계통에서는 그 심리적 온도 차(체감온도)가 3도나 격차가 있는 것으로 판명되고 있다. 커튼색이라 하더라도 우습게 여겨서는 안 된다. 온도 차가 3도나 차이가 나기 때문에 둔감한 사람은 별도로 하고, 무의식적으로 커튼색의 영향을 받고 있는 것이다.

• **흰색은 가볍고 검은색은 무겁다**

사물의 무게는 색상에 따라 가볍게 또는 혹은 무겁게도 된다. 같은 무게가 나가는 물건을 흰색 포장지와 검은색 포장지에 싸서 보았더니 검은색 쪽이 흰색보다 대체로 2배 정도 무게로 느껴진다. 어느 실험 측정 결과에서는 검은색이 흰색보다 심리적으로 1.87배 무겁게 나타났다. 100그램의 물건을 검은색으로 포장하고 180그램의 물건을 흰색으로 포장하여 양손으로 들어 보았더니 같은 정도로 느껴지는 것이었다.

밝은 색은 가볍고 어두운 색일수록 무겁게 느껴지는 것처럼 색상의 명도明度가 중량감에 가장 크게 작용한다. 또한 색상(적색, 황색, 청색 등의 유채색이 상호구별이 되는 색상임), 채도彩度(색채의 선명도를 말함)에도 중량감을 좌우하는 성질이 있다. 무채색인 백색, 회색, 흑색에는 명도라고 하는 속성이 없기 때문에 중량감은 흰색보다도 회색, 회색보다도 검은색이 무겁게 느껴지는 것으로 확인된다.

유채색은 색상, 명도, 채도의 3가지 속성이 있어 다음과 같은 중량감을 각각 나타낸다.

색상에 의한 경중輕重, 예를 들면 황색과 보라색의 경우 황색은 가볍고 보라색은 무겁게 느껴진다.

명도에 의한 경중, 밝은 색은 가볍고 어두운 색은 무겁게 느껴진다. 분홍색은 가볍게 붉은색은 무겁게 느껴진다.

채도에 의한 경중, 명도가 같은 경우라면 채도가 높은 색이 가볍게 채도가 낮은 색이 무겁게 느껴진다.

결론적으로 차가운 색은 가볍게 칙칙한 색은 무겁게 느껴지므로 차가운 붉은색(순수 색상에 가까우면 가까울수록)은 가볍게 칙칙한 붉은색(채도가 낮게 됨에 따라)은 무겁게 느껴진다.

아울러 중량감은 환경의 조명으로도 달라지게된다. 예를 들면, 붉은색 빛 아래에서는 무게가 실제보다도 무겁게 느껴지고 녹색 빛 아래에서는 훨씬 더 가볍게 느껴진다. 백열전구 아래에서는 무겁게 형광등 아래에서는 가볍게 느껴진다.

• 맛은 시각으로 결정된다

　색의 실험으로 즐거운 실험을 소개한다.

　눈을 가리고 코를 꼭 쥐고 사과의 상표를 맞춰보는 미각 테스트. 이것을 '가짜 테스트'라고 한다. 사과의 상표는 어떠한 것이라도 좋기 때문에 설령 맞추었더라도 우연. 이 테스트의 목적은 생감자를 먹게 하려는 데 있었다…. 심하기는 하지만 아무것도 모르는 실험대상자는 생감자를 맛있게 사각사각 씹어 먹고 "…사과가 아닌가?"라고 답하였다.

　이 경우 사과와 생감자의 맛은 구별할 수 없었다.

　왜냐고? 맛의 감각 수용기관 가운데 시각, 후각, 그것에 미각을 더한 3가지는 화학적 감각이다. 이들의 수용기관은 오로지 화학물질에 의하여 자극된다. (중략)

　미각 수용기관은 우리들이 먹은 음식물 중의 화학물질에 자극을 받고 후각 수용기관은 공기 중의 화학물질에 자극을 받는다. 분명히 미각은 이 앞에서 말한 것과 같이 지각되지만 시각 및 후각과 비교해보면 훨씬 '둔감'한 것이다. (중략)

　그리고 가장 중요한 감각은 시각인 것이다. 그렇다면 우리들의 '5감'은 어느 정도의 비율로 활동하고 있는 것일까?

　시각은 87%나 작용하고 있는데 미각은 겨우 1%에 불과하다. (중략) 식사의 경우에는 놀랄 정도로 시각이 우위를 차지하고 있다. 그 정도로 그릇의 색상으로 인해 식욕은 크게 변화한다.

• 생사生死를 좌우하는 색채

　런던 템스 강 위에 놓여 있는 블랙프라이어 다리는 이전에는 검은색으로 도색되어 투신자살의 명소가 되었었다. 이를 녹색으로 다시 칠하고부터 자살자수는 3분의 1 이하로 급격하게 줄었다. 샌프란시스코의 금문교 또한 자살의 명소. 이는 붉은색으로 도색되어 있다.

일본에도 유사한 사례가 있었습니다. 구마모토熊本 현의 아소阿蘇 시에 있는 통칭 '아카하시赤橋', 즉 '아소대교阿蘇大橋'입니다. 그 다리는 이름과 같이 새빨갛게 도색되어 있었습니다. 그리고 자살의 명소로 알려질 정도로 거기에서 뛰어내려 자살하는 사람이 많았습니다. 그러나 바로 몇 년 전에 자살방지용 그물을 치고 다리를 녹색으로 다시 칠하였다고 합니다.

• 무엇보다도 태양광선

우리들은 눈으로 사물을 볼 뿐만 아니라 피부로도 본다. 피부호흡이 있는 것과 같이 피부는 빛과 색깔을 주시한다. 실험대상자의 눈을 가리고 옷을 입은 채로 오른쪽 등 뒤에서 빛을 발사하면 빛을 쏘는 오른쪽 방향으로 자세가 기울어진다.

영국의 간호사 나이팅게일은 햇빛이 건강에 중요하므로 병실에 햇빛이 들어올 수 있도록 할 것을 주장하였다. (중략)

이탈리아에는 "햇빛이 들어오지 않는 곳에 의사가 들어온다."라고 하는 속담이 있다.

(『색의 비결』, 노무라 준이치(野村 順一), 문예춘추)

건축의학을 구사하여 건축된 도치기 현栃木県의 아파트는 궁형弓形으로 되어 있습니다(책머리사진 1 참조). 이는 실내 전체에 빛이 들어올 수 있도록 고안된 것입니다.

암을 색채로 치유한다
- 색채 건축의학

색채나 빛이 어떻게 사람의 심리
心理와 생리生理에 강하게 작용할 수 있는지 이해할 수 있을까요?

건축의학에서는 암의 종류에 따라 그것을 치유하는 색채가 존재한다고 알려
지고 있습니다. 근육반사 테스트로 조사한 결과 각 색채는 종양에 대하여 다음
과 같은 효과가 있다고 생각됩니다.

· 짙은 보라색(바이올렛)의 인테리어는 뇌종양을 치유한다(책머리사진 18)
· 갈색(브라운)의 인테리어는 뇌경색을 고친다(책머리사진 19)
· 갈색(브라운)의 쾌적한 서재는 뇌경색을 치유한다(책머리사진 20)
· 청록색 인테리어의 침실은 협심증·심장비대를 고친다(책머리사진 21)
· 오렌지색의 욕실은 간암·간경변을 치유한다(책머리사진 22)
· 포도주색의 화장실은 자궁암·전립선암을 고친다(책머리사진 23)
· 황색의 인테리어는 위암 등 위병을 치유한다(책머리사진 24)
· 겨자색의 화장실은 대장암·대장폴립을 고친다(책머리사진 25)
· 오렌지색의 인테리어는 신장병을 치유한다(책머리사진 26)
· 붉은색의 인테리어는 난소암을 고친다(책머리사진 27)
· 녹색의 인테리어(양탄자)는 폐암, 폐병을 치유한다(책머리사진 28)
· 암이 재발하지 않도록 지어진 주거(책머리사진 29)

디자인성이 높고, 색상도 아름답다는 것을 알 수 있다고 생각합니다.

· 오렌지색은 암을 치유한다(책머리사진 30)

오렌지색은 뇌경색, 간장암, 신장병, 방광염, 방광암 등 많은 병을 고치기
때문에 건축의학에서는 주택을 설계할 때에 비교적 많은 곳에서 이 색상
을 사용합니다.

지자기地磁氣에 문제가 있는 땅은 택지로는 적합하지 않다

일본건축의학협회에서 가장 중요한 테마의 하나가 '지자기地磁氣'입니다.

유해전자파가 심신에 미치는 심각한 영향에 대하여 점차 관심이 높아지고 있습니다.

돗토리 현鳥取県에서는 2007년 3월에 초등학교의 이웃에 변전소를 세우려고 하는 츄고쿠덴료쿠中國電力에 대하여 주민이 지방재판소에 건설 중지 가처분 신청을 하는 움직임이 있었습니다.

• 초등학교 학생들의 변전소 건설 중지 요구-가처분신청으로

중국전력이 돗토리 시 중심시가지에 있는 센쿄 초등학교遷喬小學校 (혼쵸 잇쵸메本町二丁目 소재) 인근에 변전소 건설을 추진하고 있는 데 대하여 이 학교의 학생 및 보호자 232명이 건설 중지를 요구하는 가처분을 돗토리지방재판소에 이번 주 21일 신청한 것으로 알려졌다. 전자파에 의한 건강피해로 인한 불안 등이 신청 이유. 동 전력회사와 주민 간에 교섭이 계속되고 있지만 해결의 실마리를 찾지 못한 채 법정에서 다투게 되었다.

신청인은 센쿄 초등학교 학생 71명과 보호자 161명. 신청서에는 아이들이 안심하고 통학하여 학습할 수 있는 권리를 주장하고 있다. 대리인 고마이 시게타다駒井重忠 변호사는 "아동 및 보호자의 인격권, 평온하게 학습할 수 있는 권리 및 교육을 받을 수 있는 권리를 지키기 위해 소송을 제기하는 것도 검토하고 있다."라고 말하고 있다.

(일본해신문 2007년 3월 22일자 지면)

유해전자파를 다량으로 방출하는 변전소를 주택 가까이 건설하는 것은 매우 위험합니다. 초등학교 인근에 그러한 시설을 건설하는 것 따위는 논할 만한 가치도 없겠지요.

한편, 지자기가 심신에 미치는 영향에 대하여 일본에서는 현재 거의 대부분의 사람들이 무관심합니다.

그러나 수많은 주택의 지자기를 계측해온 경험에 비추어볼 때 "비정상적인 지자기는 주민들에게 있어서 치명적인 병의 원인이 될 수 있다."라고 단언합니다. 실제로 제가 택지의 조사를 의뢰받은 경우에는 그 토지가 유해전자파에 영향을 받고 있는지의 여부를 조사함과 함께 토지의 지자기를 반드시 측정합니다.

그리고 유해전자파가 위험영역(3밀리가우스 이상)에 있다든지 지자기가 생체生体에 대하여 양호한 대역帶域인 마이너스 400밀리가우스 이상, 600밀리가우스 이하의 범위로부터 크게 벗어나 있다든지, 혹은 지자기의 수치가 불규칙적으로 분산된다든지, 나아가서 방위자석이 나타내는 북방 위치가 불안정한 경우에는 "그 땅은 택지로 적합하지 않다."라는 판단을 의뢰인에게 전해줍니다.

지자기와 좋지 않은 지오파식 스트레스geopathic stress

독일의 의료측정기기EAVElectro- Acupuncture According to Voll, 생체기능 측정 전침 진단기-역자는 병의 원인의 하나로서 '지오파식 스트레스'라고 하는 것을 중시하고 있습니다. 그리스어로 '지오geo'는 지구, '파소스'가 병이라는 의미로서 땅을 원인으로 하는 증상의 총칭입니다. 지질학자인 요하네스 발터 박사가 땅을 원인으로 하는 증상, 즉 '지오파시geopathy'라고 하는 개념을 도입하였다고 알려져 있습니다.

스위스 및 독일 등 독일어 권역에서는 이러한 지오파식 스트레스의 연구에 많은 의학자 및 과학자들이 오랜 시간 몰두하고 있습니다.

대표적인 EAV 기기인 '아큐프로Ⅱ'를 개발한 미국의 치료사 더글러스 레이버 씨는 15년 이상에 걸친 임상사례로부터 만성질환자의 90%는 지오파식 스트레스에 기인하는 것으로 결론짓고 있습니다.

평균적인 지자기는 500밀리가우스 전후 정도이지만 지하에 수맥이 흐르고 있는 땅의 바로 위에서는 50배에서 100배나 되는 자장이 측정되고 있다고 합니다. 이 자장이 생체에 악영향을 미치는 것으로 고찰됩니다.

지자기地磁氣가 생체生体에 미치는 영향

지자기와 생체의 관련성에 대한 연구는 1922년 중부 유럽에서 시작되었습니다. 독일의 필스부르크라고 하는 도시의 암 사망률이 이례적으로 높은 원인을 조사한 것이 계기가 되었습니다.

이에 따르면 지자기가 강한 장소와 심각한 중중 질환의 발병률 간에 상관관계가 있는 것으로 인정되었습니다.

생물이 가진 자성磁性물질이 처음 발견된 때는 1960년대입니다. 히자라가이火皿貝라고 하는 조개에 붙어 있는 세균으로부터 마그네타이트라고 불리는 산화철이 발견되었습니다. 그 후 블레이크 모어에 의한 자성세균의 발견, 나아가 연어, 참치, 비둘기 및 꿀벌 등에서도 자성물질이 발견되기에 이르러, 이들 생물들은 지자기를 감지하고 있는 듯하다는 것이 분명해졌습니다.

이윽고 북반구에 생식하는 자성세균은 자석의 S극으로 향하고 남반구에 생식하는 자성세균은 N극으로 향한다는 것을 알게 되었습니다. 회유어回遊魚 및 곤충의 귀소본능도 이 자성물질에 관련되는 것으로 고찰됩니다. 자성세균뿐만 아니라 어류, 조류, 곤충의 체내에도 이 자성물질이 있는 것으로 알려지고 있습니다. 그리고 최근에는 "인간의 뇌의 대부분에 미소자석微小磁石이 분포한다."라고 미국 캘리포니아 공과대학 캐슈 빙크 등의 연구그룹이 1992년에 발표하여 화젯거리가 되었습니다. 고압선 아래에서 병의 발생 건수가 많다는 것은 전자파에 의하여 이 미소자석이 영향을 받는다는 것이 그 원인이라는 인식을 하였습니다.

지자기가 어느 정도, 그리고 어떻게 하여 생체와 관련되는가에 대하여는 『생물은 자기를 느끼는가−자기생물학磁氣生物學으로의 초대』(마에다 카키前田坦, 강담사)에 상술되어 있습니다.

많은 동물들은 지구자장을 감지하고 이를 사용하여 방향을 알 수 있게 되었다. 그리고 특히 세균, 비둘기, 벌, 돌고래, 상어 등은 체내에 자철광磁鐵鑛을 함유하는 조직을 갖고 있다는 것이 분명해졌다. 결국 이 '생물자석'이 대단히 중요한 역할을 하고 있음이 판명되었다. (중략)

생체는 주변 환경과 밀접한 관계를 갖고 있다. 따라서 사람의 신체 기능도 외적 조건에 적응해왔다. (중략) 푸에르토리코의 아루바렛은 1년에 걸쳐 43명의 혈압과 백혈구 수를 조사한 결과, 이들의 하루 변화양상이 지자기의 하루 변화 현상과 많이 유사하다는 것을 발견하였다. (중략)

심장박동수도 지자기(특히 복각伏角)의 일변화에 관련되고 있고, 심장혈관계의 기능이 지자기의 영향을 받고 있는 등의 현상이 나타났다.

또한 자기폭풍이 일 때에는 노인의 맥박이 증가하고 혈압이 높게 된다는 보고도 있다.

신경활동에 대한 지자기의 영향으로서 구소련의 치기린스키는 눈 망막의 암흑반응 레벨이 지자기 활동의 일일 리듬에 의존하고 있음

을 보여주었다. (1969년) (중략)

게다가 자기폭풍 등의 현상이 있을 때에는 조사대상자 거의 전원이 교감신경의 긴장이 증대되고, 3할 정도의 사람들은 부교감신경의 긴장도 강화된 것으로 나타났다.

나아가 혈액에 대한 지자기의 영향도 고찰되고 있다. (중략)

생체의 전기적 성질에 관계되는 과정은 지자기 변화에 직접적으로 반응하는 것으로 생각된다.

이와 같은 현상은 피부의 전기적 활동성에 관한 데이터에서 확인되고 있다. 사람들 피부의 전위분포電位分布는 통상 대칭적이다. 그러나 자기폭풍이 있을 때에는 그 분포가 비대칭적으로 된다고 한다. 피부는 내부기관의 상태를 잘 표현해준다는 데서 알 수 있는 바와 같이 이러한 피부의 전위 변화는 지자기의 혼란이 내부기관의 기능에 영향을 미쳤다는 것을 나타낸 것으로 보인다.

혈액은 모든 생체계의 기능에 매우 중요한 것이기 때문에 지자기가 혈액에 미치는 영향에 대해서는 대단히 상세하게 조사되었다. (중략)

백혈구 수는 지자기의 하루 변화와 상당히 유사한 변화를 보이는 것으로 알려지고 있지만 혈액의 섬유소용해계纖維素溶解系의 기능이 지자기 교란 현상이 있는 동안에 변하고 있음이 발견되고 있다. 구체적으로는 혈액용해작용이 감소하고, 이 때문에 혈전증血栓症의 확률이 높아진다고 한다. 또한 혈액응고계도 분명히 지자기 활동 상태의 변화에 반응하여 응고의 촉진 및 억제가 되는 것으로 나타나고 있지만, 이는 혈액응고계와 섬유용해계 간에 밀접한 관계에 기인하는 것으로 충분히 이해될 수 있다. (중략)

다량의 데이터에 의하여 여성의 월경주기도 지자기의 영향을 받는 것으로 나타났다.

월경뿐만 아니라 출산에도 지자기가 영향을 주는 것으로 알려지고 있다.

실험실에서 행한 지자기를 1,000분의 1 이하로 차단한 실험 결과에 의하면 사람의 하루 생체리듬의 주기가 확대되어 평균 25.7시간(통상은 24시간)으로 되었다. (중략)

남아메리카에서는 상당히 넓은 범위에 걸쳐 지자기 강도가 약하게 나타나고 있는데 예를 들면 특히 리우데자네이루에 거주하는 아메리카 사람들의 자녀들은 아메리카 전 지역에 살고 있는 아메리카 사람들보다도 지자기 강도가 낮다고 한다.

환자의 경우에도 지자기의 영향이 크게 작용하는 것으로 나타나 있다. 특히 병이 끝날 단계에는 지자기의 급격한 변동이 병의 증세에 현저한 영향을 주고 있는 듯하다. (중략)

심장혈관병의 악화와 태양 및 지자기 활동 간의 관계를 조사하여 보면 협심증만은 흑점黑点 숫자와 관계가 깊지만 일반적으로는 지자기 활동 쪽이 더 관계가 깊다는 것을 알 수 있다(계수가 1에 가깝다). 다시 말해서 태양활동과 이에 수반하는 지자기 교란에 의하여 심장혈관에 관련되는 병이 악화된다는 것이다.

많은 심근경색 사례의 연구 결과에서 이 병의 합병증(심실세동心室細動, 부정맥不整脈, 방실차단房室遮斷, 저분문배출低噴門排出 등)의 환자는 지자기 활동 정도가 높은 날에 증가하는 경향을 보이고 있지만, 이러한 현상은 눈병, 신장병, 위궤양, 간질 등에서도 보이는 것으로 보고되고 있다. (중략)

중추 및 말초신경계에 미치는 지자기의 효과로서 지자기 활동 정도와 정신병 및 신경 반응과의 관계가 조사되고 있다. 정신병의 임상사례를 통하여 태양 활동 및 지자기 교란은 정신 활동의 혼란을 야기한다는 것을 알게 되었고, 정신분열병 환자 수는 약 10년 주기로 변화를 보이고 있는데 이는 태양 활동 및 지자기 교란의 주기성과 일치한다.

지구 상에서 지자기이상지대地磁氣異常地帶는 병의 발생과 관계가 있는 것 같다. 예를 들면, 구소련의 쿠르스크(모스크바의 남쪽 약 500킬로미터 지점 소재)에서의 지자기는 연직성분鉛直成分, 수평자기력과 전자기력이 이루는 각도에서 발생하는 자력-역자으로 1.5% 가우스로 정상 수치의 3배에 달한다. 이 지역과 그리고 같은 위도 상에 있는 다른 지역에서의 각종 병의 발생 현상을 비교해보면 비정상지역에서는 고혈압, 류머티스, 신경정신병 등의 발생률이 정상지역보다 20~60% 높다는 것을 알 수 있다. (중략)

지구자장이 100분의 1보다도 약한 강철 원통 내에서의 실험 결과, 비록 단시간이라 하더라도 세포에 관하여 다음과 같은 각종 변화가 나타났다.

① 차폐실에 72시간 있던 헌혈자의 혈액 내의 카타라제(과산화수소의 분해 반응을 촉매하는 효소)의 활성화가 저하되었다.

② 적혈구 침강沈降속도는 세균감염 환자와 바이러스 감염환자 모두 각각 약 30% 둔화되었다.

③ 중증 결핵환자의 경우는 환자의 약 70%는 적혈구 침강속도가 오히려 가속되었다.

④ 조직배양세포는 유사분열有糸分裂이 약 35% 감소하고 세포면적은 약 12% 줄어들었다. (중략)

자장磁場이 차단된 쪽의 쥐는 자연自然자장 내의 것보다도 덜 활발해지고 약해졌다. 또한 행동도 이상해지고 아무렇게나 잠자게 되었다. 그리고 어미쥐의 14% 정도는 털이 빠지고 6개월이 되자 거의 죽었다. 이와 같은 쥐들을 주의 깊게 조사해보면 몸의 여러 곳에 종양이 생기고, 탈모된 쥐의 피부에는 각질층이 늘어나 두터워지고 모낭의 폐쇄, 피부에 비늘이 생기는 현상 등이 나타났다. 또한 간세포肝細胞에서는 핵소체核小體가 길게 뻗쳐 있고 신장은 다공증을 보이고 뇌막이 생겨서 피질을 압박하고 있었다.

노스웨스턴 대학교의 브라운 교수 그룹은 "모든 생물은 지구물리학적인 공간과 시간 측면에서 정확하게 방향이 설정되고, 자장이 중요한 역할을 수행하는 단일 통합 시스템의 일부"라고 결론지었다. 이는 전 세계적인 동시同時 실험에 의하여 해명된 것으로 사료된다. (중략)

생물 리듬에 미치는 지자기의 영향은 생체막의 투과성과 지자기와의 사이에 보이는 관계에 의하여 이해되고, 지자기가 생체막의 투과성을 통하여 생물에게 작동하는 것으로 고찰된다. 예를 들면, 의사는 지자기에 관련된 혈관 투과성의 변화를 보고하고 있으며, 또한 생물학자는 양파의 가스 교환 리듬이 지자기 변화에 의존하고 있다는 것을 보여주고 있다. 그리고 이 경우 생체 내에 함유되어 있는 물분자의 역할이 주목되고 있다. (중략)

통신용 비둘기의 귀소歸巢, 철새의 이동, 물고기의 회유回遊 등은 지자기의 영향을 받는 현상이며, 몇 가지 세균도 안전한 장소로 이동하기 위하여 지자기를 이용하고 있다. 꿀벌의 운동 및 벌집의 방향에도 지자기가 영향을 주고 있고, 흰개미는 통로 및 입구를 자기적磁氣的인 남쪽방향으로만 돌고 여왕개미도 그와 같은 방향에 위치한다. 파리는 동서 또는 남북방향으로 멈추는 경향이 있고, 뱀장어는 곧장 남북 방향으로 이동하려고 한다.

『생물은 자기磁氣를 느끼는가—자기생물학으로의 초대』 (마에다 가쓰구前田坦, 강담사)

암 환자의 집을 계측해보면 거의 대부분의 경우 지자기地磁氣가 비정상입니다. 지자기의 수치는 불규칙적으로 분산되어 있어 일정하지 않습니다. 암 환자 중에서 많은 사람이 자장이 극단적으로 불규칙적하게 분포되어 있는 곳에 침대가 있습니다.

지자기가 안정되어 있는 곳에 침실이 있는 사람이 암에 걸리는 비율은 저의 경험에 비추어볼 때 낮은 것으로 보입니다.

우리들 주위의 제반환경은 각각 그 자체로서 미약한 에너지 집합체이고 하나의 전자장電磁場 공간을 만들고 있습니다. 이것이 인간의 생체자장生体磁場, 그중에서도 특히 뇌내 자장에 강하게 영향을 주고 우리들의 생리 및 심리를 크게 변화시키는 것입니다.

가장 주의해야 할 점은 지자기의 강약이 확실히 나타나고 있는 장소를 침실로 해서는 안 된다는 것입니다. 왜냐하면 이러한 장소에서는 면역기능이 저하되어 중대한 질환의 원인이 되기 때문입니다.

아이들에게 많은 현상이 불면증, 야뇨증, 악몽을 꾸는 것 등의 증상입니다. 이는 아이들의 신경계, 뇌 및 내분비선 등에 악영향을 주기 때문에 생깁니다.

다동성증후군多動性症候群의 아이들 가운데 많은 수를 조사해보면 그들은 지자기가 혼란스러운 장場에 살고 있는 것으로 나타났습니다.

실 례
-지자기의 교란이 병을 낳는다

그림 1은 2003년 10월 골수성 암이 발생한 39세 남성이 살고 있는 집의 지자기 상태입니다.

암 환자가 자고 있는 침대 위치의 지자기에 극단적으로 불규칙한 분산현상이 보입니다.

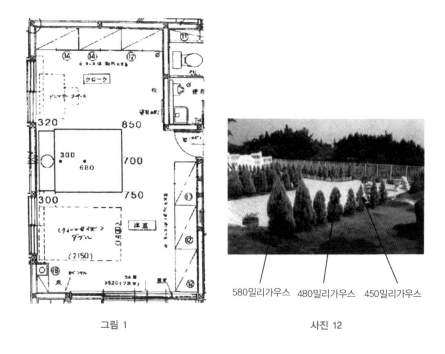

그림 1

580밀리가우스 480밀리가우스 450밀리가우스

사진 12

사진 12와 같이 같은 날 심은 식물의 성장에 뚜렷한 차이가 보입니다. 지자기의 차이가 식물의 성장에 영향을 주고 있음을 이해할 수 있습니다.

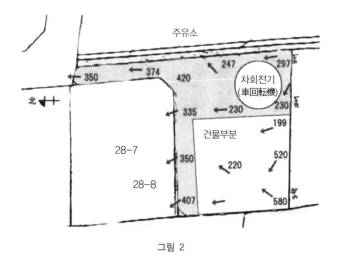

그림 2

그림 2는 어느 병원의 건설 예정지였습니다. 이미 착공한 상태이지만 제가 조사해보았더니 지자기가 낮고 또한 극단적으로 불규칙한 분산현상이 보였습니다. "이 장소는 병원으로는 적합하지 않습니다."라고 건의하여 건설이 유보되었습니다.

자장磁場이 비정상적인 땅은 인생을 비정상적으로 만든다

자장의 남북이 극단적으로 비정상적인 방에서는 잠을 잘 잘 수 없습니다. 왜냐하면, 뇌 내 호르몬인 멜라토닌 및 세로토닌의 분비에 좋지 않은 영향을 받는다고 생각되기 때문입니다.

그림 3은 도쿄 시내의 한 고층빌딩 어느 한 층의 지자기를 측정한 데이터입니다. 남북이 완전히 비정상적이고 수치도 전혀 안정되어 있지 않습니다. 고층빌딩의 상당수가 이와 같은 상태에 있습니다. 그 가장 큰 이유는 빌딩 안에 사용되고 있는 철근이 자기磁氣를 띠고 있고 빌딩 전체가 거대한 코일처럼 되어 있기 때문입니다. 접지earth를 함으로써 상당히 완화할 수 있게 되었지만 이런 사실을 알고 있는 택지개발업자developer는 거의 없습니다. 어떤 업자에게 "건축예정 빌딩의 경우에는 접지를 하여야 합니다."라고 제안하였더니 "그 안에 거주하는 사람의 건강 따위는 관심이 없다."라고 딱 잘라 말해서 매우 놀란 적이 있습니다.

이러한 장場에 몸을 두는 것은 매우 위험합니다. 이러한 곳에서 근무하는 종업원은 갖가지 병으로 고통받게 되며 사장은 그릇된 판단을 범하기 쉽습니다. 비정상적인 자장이 뇌를 비정상적으로 만드는 것입니다.

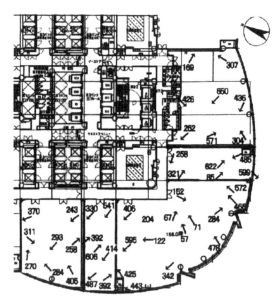

뇌세포 안에 있는 자석이 지구의 자장과 공명하고, 지구가 가리키는 남북방위와 다른 방향을 가리키는 장(場)에 장시간 있으면 뇌내자석이 비정상적으로 된다. 이에 따라 뇌내활동에 지장을 초래한다.

그림 3

지자기를 안정시켜 땅을 활기차게 하기 위해서는

대지에 흐르는 지전류地電流의 흐름을 가다듬고 이를 통하여 지자기를 안정시키고, 나아가 실내 공기 등 실내환경도 극적으로 개선하는 방법으로 현재 가장 주목받고 있는 것이 이온 컨트롤 어댑터 시스템입니다.

지전류의 흐름을 양호하게 하고 지자기를 안정시키는 방법으로 '매탄埋炭'이라고 하는 기술이 있습니다. 저 자신도 상담을 했던 주택에는 거의 다 매탄을 권장하였습니다.

탄炭을 땅 속에 묻음으로써 대지는 온난화되고 땅은 활성화됩니다. 이러한 기술은 천재적인 기술자였던 나라자키 사쓰키楢崎皐月 박사1899~1974에 의하여 확립되었습니다.

그러나 매탄을 하더라도 그 매설한 탄 자체가 물을 흡수하고 이것이 고여버리면 오히려 플러스 전기가 강해져 역효과가 나는 경우가 있기 때문에 탄을 매설할 장소와 그 분량에 대하여는 신중을 기할 필요가 있습니다.

그러나 이온 컨트롤 어댑터 시스템에서는 "탄소를 넣은 특수한 금속제 캡슐(어댑터)"을 땅속에 매설하기 때문에 탄이 물을 흡수해버리는 역효과가 나는 일은 발생할 수 없습니다.

다시 말해서 지전류를 안정적으로 계속 조정하고 지자기를 지속적으로 안정시킬 수 있다는 이치입니다.

땅 속에 매설한 캡슐에서 동선銅線을 연장하여 주택실내의 벽면에 도장되어 있는 특수 탄소도료(제품명 : 헬스코트)에 접속함으로써 캡슐에 모아진 지전류가 벽면에 공급되어 벽면 전체가 마이너스 전기를 띠게 되는 상태로 됩니다.

이에 따라 실내의 플러스 이온이 벽면으로 끌어당겨져 중화됨으로써 실내가 끊임없이 마이너스 이온의 우위 상태로 유지됩니다. 게다가 이 특수탄소도료 자체가 랍프 박사가 지적한 바 있는 "실내의 잡다한 유해화학물질을 다수 분해한다."라는 것이 실험에 의하여 입증되고 있습니다.

이 시스템을 저의 집 침실에 도입하였는데 공기질空氣質의 극적인 변화에 대단히 놀랐습니다.

이 시스템을 연구하고 있는 사람이 바로 이전에 다마가와玉川 대학교 공학부 교수로 있었던 데라사와 미쓰오寺沢充夫 박사입니다. 데라사와 박사는 이 시스템의 다양한 효과에 관하여 학회에 논문을 발표한 바 있는데 이들 논문 일부를 부록 A, B로 하여 게재하였습니다. 참고하여주십시오.

그런데 이 분이 2006년에 전립선암에 걸려 상당히 심각한 상황에 처하였습니다. 그래서 조속히 이 시스템을 자택의 침실에 도입하였더니 극적인 개선 효과가 나타났다고 합니다.

데라사와 박사가 작성한 리포트를 소개합니다.

전립선암의 증상이 3개월 만에 극적으로 변화!

데라사와 미쓰오寺澤 充夫
공학박사, 前 다마가와玉川 대학교 교수
일본의료복지학회 이사
생체건강과학연구소 소장

약력: 1975년 다마가와 대학교 대학원 공학연구과 수사修士과정 수료
프랑스 스트라스부르 국립위생의학연구소에서 학술연구에 종사
교토 대학교 대학원 건강정책관리학 연구원
현재는 전자정보통신학회, 미국 AAASAmerican Association for the Advancement Science 등의 학회원으로서 전자공학의 입장에서 마이너스이온에 관한 연구와 각종 임상 데이터를 토대로 수많은 논문을 학회에 발표하고 생체에 미치는 마이너스이온 연구에 기여하고 있음. 저서는 『마이너스이온 요법의 위력』(시휘출판) 등

저는 2006년 7월 22일 전립선암이 진행 중이라는 진단을 받았습니다.

도쿄 의료센터에서 검사를 받았더니 PSA수치[1]가 158이었습니다. 그리슨 스코어로 보면 2~10단계 중 8단계에 해당하였습니다. 이 단계에 이르면 5년 생존율이 60%로 알려지고 있습니다. 이 시점에서 이미 암은 림프선을 통하여 엉덩이뼈까지 전이된 상태였습니다. 전립선암은 전립선으로부터 뼈를 통하여 폐로, 그러고나서 다른 장기臟器로 전이되어가는 것이 통상의 패턴입니다.

전립선암의 치유 경과

	PSA	병원	검사	약 및 주사	치료	
7월 15일	113	다마가와 학원 건강원			타카타이온 등 개시	
22일	158	도쿄 의료센터				
24일	165	고카와 클리닉				위내시경 검사 결과 이상 없음
27일	158	도쿄 의료센터				
31일		도쿄 의료센터	생체검사			입원
8월 2일		도쿄 의료센터				퇴원
3일		도쿄 의료센터	뼈신치(그람)			
15일		도쿄 의료센터	검사 결과			전립선암으로 판명
24일		도쿄 의료센터	상복부조영 CT			
		도쿄 의료센터	전립선MRI			엉덩이뼈에 전이
9월 1일	189	IMHC 클리닉	혈액 및 오줌			오줌 디오키시피리지노린 5.4로 뼈 전이 가능성 있음

---

1   PSA(전립선특이항원, 前立腺特異抗原) 검사 : 전립선암의 검진으로서 우선 스크리닝 검사(암의 가능성이 있는 사람으로 하여금 검사내용을 보도록 하기 위한 검사)가 행해집니다. 그 하나가 PSA 검사로서 혈액검사에 의하여 PSA 수치를 조사하고 정상보다 높으면 전립선암이 아닌가 의심합니다. 참고로 혈액 중의 PSA는 정상이라 하더라도 나이가 듦에 따라 증가하기 때문에 연령층별로 기준치가 설정되고 있습니다.
또한, PSA 수치와 전립선암의 발견율을 나타낸 그래프에 있는 것과 같이 PSA 수치가 높으면 높을수록 전립선암의 확률도 높아지고, PSA 수치가 50~100ng/mL이면 암에 걸릴 확률은 거의 100%에 달합니다. 통상 PSA 수치가 10ng/mL 이상의 경우는 생체검사에 의한 확정 진단이 실시됩니다. 또한 PSA 수치가 4~10ng/mL의 경우에도 우선 비뇨기과 전문의로부터 진료를 받고 나아가 직장(直腸) 진료 등 2차 검진을 권유받습니다.

전립선암의 치유 경과(계속)

	PSA	병원	검사	약 및 주사	치료	
5일		도쿄 의료센터	검사 결과	정제 (카소덱스 복용)		전립선암
16일						침실에 ICAS 설치
19일		도쿄 의료센터		호르몬주사 (우) 및 정제		방사선치료 상담 만萬 선생
21일	24.5	다마가와 학원 건강원				
10일	9.96	다마가와 학원 건강원	검사 결과			
17일	4.5	도쿄의료센터		호르몬주사 (좌) 및 정제		
10월 31일	1.8		다마가와 건강원			
14일	1.01	도쿄 의료센터		주사 (우, 3개월) 및 정제		
12월 11일	0.41	다마가와 학원 건강원	검사 결과			
1월 16일	0.29	도쿄 의료센터				방사선치료 개시
2월 6일		도쿄 의료센터		주사 (좌, 3개월) 및 정제		
19일		도쿄 의료센터				방사선치료 21회째
20일	0.15	도쿄 의료센터				
3월 13일	0.14	도쿄 의료센터		카소덱스 6월 7일까지 있음		방사선치료 35회 종료
4월 17일		도쿄 의료센터				만萬 선생
24일	0.07	도쿄 의료센터	10:30~	주사 (우, 3개월)		나가다長田 선생
5월 22일	0.05	도쿄 의료센터	11:00~11:30			나가다長田 선생
6월 19일	0.03	도쿄 의료센터	10:30~11:00			나가다長田 선생
7월 31일	0.02	도쿄 의료센터	12:00~12:30			만萬 선생
		도쿄 의료센터	12:30~	주사 (좌, 3개월, 정제 49일분)		나가다長田 선생

전립선암의 치료에 관하여는 수술, 화학요법, 방사선요법 등 다양한 선택지選擇肢가 있습니다. PSA 수치가 낮고 암이 전립선으로부터 스며들어오지 않는 때에는 전립선에 요오드沃素 125를 채워 넣은 밀봉소선원영구삽입요법密封小線源永久挿入療法 혹은 방사선 외부조사外部照射 등의 치료를 합니다.

그러나 주치의로부터 "수술을 해도 소용이 없고 PSA 수치가 내려간 때에는 방사선치료가 가능합니다. 호르몬요법을 써봅시다."라는 말을 들었습니다. 주치의의 판단으로 항암제는 부작용이 많기 때문에 사용하지 않았습니다.

이와 병행하여 9월 16일 이온 컨트롤 어댑터 시스템(ICAS)을 저의 집 침실에 도입하였습니다. 도입하자마자 바로 느낀 점은 잠을 깊게 잘 수 있게 되었다는 것입니다. 공기질이 달라진 것도 확실히 알 수 있었습니다. 호흡이 편안해지고 마치 숲 속에 있는 듯한 상쾌한 기분이 들었습니다.

2006년 12월 11일에 다마가와玉川 대학교 건강원에서 혈액검사를 하였더니 PSA수치는 0.41이었습니다. 그리고 2007년 1월 16일부터 35일간 70그레이방사선의 흡수선량을 나타내는 국제단위-역자의 방사선 치료를 받았습니다만 그 시점에서의 PSA수치는 0.29였으며, 2007년 7월 31일 현재 PSA수치는 0.02로까지 내려갔습니다. 이는 검출된 수치로서는 한계치입니다.

집에서 온열요법 및 부負이온요법, 온천요법, 면역을 향상시키기 위한 식사요법, 항산화제의 보충섭취 등 다양한 대체요법도 병행하여 써보았지만, 이러한 시도 중에서 이온 컨트롤 어댑터 시스템이 커다란 효과가 있었다고 생각됩니다.

스스로 연구하여 그 효과는 알고는 있었지만 자기 자신의 몸으로 그 효과를 실감할 수 있게 되어 감사하다는 생각이 들었습니다.

건축의학이란 '환경의학 측면에서의 통합의학적 시도'이다

현재 의료 세계에서는 서양의학과 동양의학의 참된 의미에서의 융합, 즉 '통합의학'의 필요성이 강력하게 주창되고 있습니다. 환경의학의 분야에서는 서양에서 특히 독일의 경우 건강하고도 인간미 넘치는 거주환경을 실현하기 위하여 'Bau Biologie건축생물학·생태학'라고 불리는 학문이 40여 년 전에 탄생하여 발전을 거듭하고 있습니다.

그리고 동양에서는 동양의학으로부터 발전한 '풍수학'이 전승되고 있습니다. 리처드 거버 의학박사는 저서 『바이브레이셔널 메디슨Vibrational Medicine』(일본 교문사)에서 다음과 같이 기술하고 있습니다.

생물에게 지구 에너지장場이 영향을 주고 있다면 지역마다 바람직한 에너지 패턴, 바람직하지 않은 에너지장場이 있더라도 신비스럽지 않다. 고대 중국인은 환경 속에 흐르는 에너지 패턴의 존재를 알아차리고 있었다.

동양에서는 현대에 들어와서도 집을 짓거나 장사를 시작할 때에 에너지 상태가 양호한 장소를 선정하는 습관이 있다. 이와 같은 지식은 '풍수'라고 하는 일종의 환경진단체계로서 결론질 수 있다.

주거환경에 관한 서양의 최신 과학기술과 동양의학적 지혜(풍수학)를 융합함으로써 이상적인 주거환경을 실현할 수 있게 되었습니다.

이에 따라 심신心身의 병이 크게 줄어들었을 뿐만 아니라 나아가 사회적인 병인 '빈곤', 즉 '경제적인 병'까지 치유하는 것을 목적으로 '건축의학'을 제창하는 바입니다. 이것은 '환경의학 측면에서의 통합의학적 시도'라고 할 수 있습니다. 저는 사람의 건강과 그 주거환경의 관계에 대하여 동양의학의 지혜인 '풍수학'의 올바른 지식이 보다 더 알려지고 활용되어야 한다고 봅니다.

다만, 풍수학이 현재 항간에 유포되고 있는 것처럼 획일적이고 역술적인 것이 아니고, 목적에 부응하여 환경을 가다듬으로써 우리들이 살아가는 데 영향을 주고 있는 것이라는 점을 꼭 이해하여주셨으면 합니다. 건축의학의 측면에서 보는 '풍수학'이란 단순한 고전적 지식이나 기술의 계승이 아니고 현대생활에 맞게 진화하는 것입니다. 이는 현대와 풍수학이 탄생한 시대와는 라이프 스타일 및 문화가 전혀 다르기 때문에 당연한 귀결이라 하겠습니다.

풍수학風水學의 역사

중국 진대晉代 복무점후卜筮占候의 대가인 곽박郭璞 : 276~324이라고 하는 인물이 저술한 풍수학風水學의 '원전原典'의 하나인 『장서葬書』라는 서적이 있습니다. 이 책에 처음으로 '풍수'라는 말이 나옵니다.

"기승풍즉산계수즉지氣乘風則散界水則止 고인취지사불산古人聚之使不散 행지사유지고위지풍수行之使有止故謂之風水." 풀이하면, "기氣는 바람風에 실리면 흩어지고 물을 만나면 멈춘다. 그래서 옛 사람들은 이 기氣를 모으고 흩어지지 않도록 하였다. 기氣를 널리 퍼뜨리거나 멈추게 하기도 한다. 그런고로 이를 풍수라고 한다."라는 것입니다.

'풍수'라고 하는 용어는 이 『장서葬書』에서 처음으로 보이지만 전한대前漢代 : 기원전202~기원후8에는 『감여금궤堪輿金匱』 14권과 『궁택지형宮宅地形』 20권 등 풍수에 관한 서적들이 있었습니다.

그리고 그 기술 자체는 은殷 : 기원전16~11세기시대의 유적에서 보더라도 소박하지만 이미 존재하고 있었습니다. 고대 중국 사람들은 자기들이 생활하고 있는 땅과 지형, 산과 강, 바람과 비 등 대자연, 대우주의 풍경을 자주 관찰하여 어떠한 영향을 받고 있는가를 조사하였습니다. 이에 따라 어떠한 지형이나 어떠한 주거지에 살면 기氣 에너지가 제고되거나 잃게 된다는 것을 이해하게 되었습니다.

그들은 '기氣 에너지'는 모든 생명현상의 원천이 되며 땅속으로부터 나와 바람에 실리고 구름을 만나 비가 되어 내린다는 것을 이해하였습니다.

오랜 시간 많은 사람들에 의하여 연구되어 개선되고 체계화되어 왔습니다.

중국 역대 국가의 여러 수도首都들은 풍수학에 의하여 조영造營되었고 현재 수도인 베이징北京도 명·청 시대부터 수도였던 도시이고 풍수학에 의거하여 조성되었습니다.

공산당 정권 하의 중국에서 풍수학은 미신으로 간주되고 있지만 공산당 지도자였던 마오쩌둥毛澤東의 육체가 잠들어 있는 마오주석기념관毛主席 記念館은 분명히 풍수학을 응용하여 조영된 건물입니다. 인민에게는 미신이라고 말하면서 상층부는 이를 이용하고 있는 실정입니다. 확실히 근거 없는 미신과 야합野合으로 되어버린 풍수학도 있습니다만 본래의 풍수학은 기氣를 불러들여 조절하기 위한 정교하고 치밀한 테크놀로지였던 것입니다. 아이러니하게도 일본 및 구미지역으로부터의 역수입 형태로 중국 본토에서도 풍수학이 붐을 일으키고 있습니다.

일본에서는 오키나와沖繩를 제외하고 '풍수'라고 하는 말이 정착되지 못했지만 스이코推古 천황시대602에 '역본曆本', 천문지리서 및 '둔갑방술서遁甲方術書'를 백제의 승려가 일본 조정朝廷에 헌상하였다는 기록이 있고, 일본 최초의 도성인 후지와라쿄藤原京 : 694~710도 풍수학의 원리에 의거하여 조영되었습니다.

그 이후 일본의 각 수도인 교토, 가마쿠라鎌倉, 에도江戶 등의 도시도 분명히 풍수학에 입각하여 조영되었습니다. 그 기술은 일반에게는 알려지지 않은 형태로 음양사陰陽師 등에 의하여 면면히 계승되어 왔습니다.

참고로 이 풍수학의 기술과 이론에 대하여는 '지리地理', '감여堪輿', '지술地術' 등의 호칭도 있지만 이 책에서는 '풍수학'으로 통일합니다.

풍수학이란 공간을 대상으로 한 동양의학이다

공기가 탁한 곳, 습기가 많은 곳, 소음이 심한 곳 등은 건강하게 살아갈 수 없는 곳이라는 것은 곧 알 수 있습니다. 환경이 건강에 영향을 미친다는 것은 어느 누구도 부정할 수 없겠지요. 그리고 상쾌한 기분이 드는 장소와 단지 그곳에 있다는 것만으로도 조바심이 나는 장소가 있습니다. 다시 말해서 환경은 심리에도 영향을 미칩니다.

또한, 교통편도 나쁘지 않고 점포 구조가 초라하지 않음에도 불구하고 그곳에서 개업한 점포가 계속해서 잘 되지 않는 장소가 있습니다. 불가사의하다고 생각될지도 모르지만 여러분들도 이러한 실례를 한 두건은 알고 계실지도 모릅니다. 이는 환경이 경제에 영향을 미치는 것을 나타내고 있습니다. 게다가 사고가 빈발하는 장소로 일컬어지는 곳도 있습니다. 이러한 **환경의 영향을 '기氣'라고 하는 관점에서 정리, 체계화한 기술이 바로 풍수입니다.** '기氣'란 현재 과학으로서는 아직 해결되지 않은 생명에너지입니다. 뜸이라든가 지압은 이 '기氣'의 흐름이 막힌 것을 뚫어주는 기술인데 동양의학의 체계는 이러한 기의 존재를 전제로 하여 성립되고 있습니다.

풍수학의 전통 측면에서 땅의 기의 흐름을 '용맥龍脈'이라 부르고 그 용龍, 즉 기氣 에너지가 분출되는 장소를 '용혈龍穴'이라고 불렀습니다. 그리고 동양 의학에서는 인체에서 기 에너지가 흐르는 길을 '경락經絡'이라고 하며 기 에너지가 나오는 장소를 '경혈經穴'이라고 합니다. 여기에서 한 가지 유사성을 볼 수 있겠지요. 결론적으로 '풍수학이란 공간을 대상으로 한 동양의학'이라는 것입니다.

'기氣'란 마음과 몸을 연결해주는 것

동양의학에서 중심적인 개념이 '기氣'입니다. 기의 상태가 마음과 신체의 상태를 결정하고 있습니다. 즉, 기가 가다듬어지면 심신도 가다듬어지고 기가 혼란스러우면 심신도 혼란스러워집니다. 마음과 신체를 연결하는 것, 그것이 바로 '기'입니다. 기가 활성화되면 신체도 활성화되고 정신활동 또한 활발해집니다.

기는 '노여움'으로 격화되고, '슬픔'으로 쇠퇴하며, '공포'로 가라앉고, '차가움'으로 위축되며, '뜨거움'으로 달아나고, '놀라움'으로 혼란스러우며, '기쁨'으로 부드러워지고, '즐거움'으로 춤춘다고 하는 성질을 갖고 있습니다.

피로해지면 기는 소모되고 지나치게 생각하면 기가 막혀 버립니다. 기를 가다듬는 것은 마음에 풍요를 가져오고 심신 모두 건강해지며 경제적 힘을 가질 수 있습니다. 이는 진정한 의미에서의 '건강', 즉 신체적, 정신적, 사회적으로 건전한 상태를 실현하기 위한 필수조건입니다.

기氣의 음양陰陽과 허실虛實

중국에서는 자연현상을 2가지 성질의 힘이 길항작용拮抗作用을 하는 것으로 파악하여 음陰과 양陽으로 명명하였습니다. 그렇기 때문에 기에도 음과 양의 양면이 있습니다. 간단히 말해서 동적이고 적극적인 것이 양이고, 정적이고 소극적인 것이 음이라고 이해하고 있습니다.

예를 들면 남성은 양, 여성은 음, 낮은 양, 밤은 음, 여름은 양, 겨울은 음 등으로 분류됩니다.

병의 상태에 관하여 보면 만성이 음, 급성이 양, 기능저하가 음, 기능 향상이 양, 신체 내부의 증상은 음 신체 표면의 증상은 양 등으로 봅니다. 인간은 이러한 음양이기陰陽二氣의 결합에 의하여 유지되고 있고 **음양의 부조화에 의하여 병이 발생한다**고 동양의학에서는 고찰하고 있습니다. 결국 음과 양의 조화가 이루어진 상태가 바람직한 것으로 고려됩니다. 음양의 구분과는 별도로 기에는 허실虛實이라는 것이 있습니다. 허虛란 글자 그대로 텅 빈 상태, 실實은 충만한 상태입니다.

예를 들면 부족이 허이고 과잉이 실, 이완 상태가 허이고 긴장 상태가 실이라고 할 수 있습니다. 그런데 동양의학에서는 허·실 어느 쪽에도 치우치지 않는 중용中庸이 좋다고 가르치고 있습니다. 이를테면 과식은 물론 금식도 몸에 좋지 않다는 것과 같은 것입니다.

장기臟器와 감정의 관련성
– 오행五行으로 심신을 가다듬는다

또 한 가지 동양의학에서 자주 쓰이는 개념에 '오행五行'이 있습니다.

중국에서는 만물의 에너지 패턴은 5가지가 있다고 파악해왔습니다. 목木·화火·토土·금金·수水의 5가지로 이것을 '오행五行'이라고 합니다. 다음 표와 같이 동양의학에서는 만물의 변화양상을 갖가지 오행으로 적절하게 짝짓고 있습니다.

신체와 오행의 대응표

수(水)	금(金)	토(土)	화(火)	목(木)	오행(五行)
신장(腎)	폐장(肺)	비장(脾)	심장(心)	간장(肝)	5장(五臟)
방광(膀胱)	대장(大腸)	위(胃)	소장(小腸)	쓸개(膽)	5부(五腑)
두려움과 놀라움 (恐驚)	걱정과 슬픔(憂悲)	즐거움과 괴로움 (樂·苦)	기쁘게 웃음과 의심 (喜笑·疑)	노여움(怒)	5기(五氣)
짜다(塩辛)	맵다(辛)	달다(甘)	쓰다(苦)	시다(酸)	5미(五味)
귀(耳)	코(鼻)	몸(身)	혀(舌)	눈(眼)	5관(五官)
골수(骨髓)	피부(皮膚)	살(肉)	혈류(血流)	근육(筋)	5충(五充)
머리카락(髮)	숨(息)	입술(脣)	안색(顔色)	손·발톱(爪)	5화(五華)
북(北)	서(西)	중앙(中央)	남(南)	동(東)	5방(五方)

이 중에서도 특히 건축의학에서 활용되고 있는 것이 '장기臟器와 감정의 관련성'입니다.

이를 어떻게 건강 개선을 위하여 이용하는가 예를 들면, 폐는 감정상으로는 걱정·근심을 지배하고 있기 때문에 폐가 비정상적이 되면 걱정하기 쉬운 성격이 됩니다. 또한, 지나치게 슬퍼하면 폐에 지장을 초래하는 원인이 됩니다.

그런 까닭에 폐가 약한 사람의 거처는 걱정·근심을 덜어 주고 슬픔이 치유될 수 있도록 색상, 형태 및 방 배치를 조정하여야 합니다.

한편, 표에 있는 바와 같이 5장五臟과 5관五官은 대응하고 있습니다. 그 부분을 정리해보면 다음과 같이 됩니다.

신장腎의 경락 – 청각기능

간장肝의 경락 – 시각기능

심장心의 경락 – 미각기능

비장脾의 경락 – 촉각기능

폐장肺의 경락 – 후각기능

신장腎의 경락經絡은 귀와 통합니다. 청각기능이 좋지 않은 사람은 콩팥의 경락에 장애가 있는 것입니다. 신장의 기氣 흐름을 좋게 함으로써 청각기능은 제고됩니다. 주택의 경우는 배수 상태가 좋지 않으면 신장의 경락이 좋지 않게 되는 경향이 있습니다. 또한 화장실, 욕실, 물을 사용하는 모든 곳이 주택에서는 신장의 기와 관련됩니다.

시각기능은 간의 경락과 관련되므로 간의 기 흐름이 저해되면 면역력이 약해집니다. 또한 면역력이 약한 사람에게서 시력이 약한 사람을 많이 볼 수 있습니다. 주택의 경우는 거실이 현관 가까이에 있고 인테리어가 정돈되어 있으면 면역력이 제고됩니다.

주거환경에 의하여 내장內臟의 기氣를 가다듬는다

내장은 기氣 에너지에 의하여 활동합니다. 경락은 배선도配線圖이고, 기氣의 흐름이 저해되면 내장의 혈액순환이 좋지 않게 되어 신체의 안정도가 저하됩니다. 다리와 허리, 즉 하반신이 병에 걸린 경우는 신장경락腎臟經絡-수水, 간장경락肝臟經絡-목木, 비장경락脾臟經絡-토土의 기氣를 저해하는 것이 있다고 추측됩니다.

손과 팔을 비롯한 상반신의 병은 심장경락心臟經絡, 폐장경락肺臟經絡이 잘 작용하고 있지 않음을 나타내고 있습니다. 주택에서 다리와 허리, 즉 하반신에 해당하는 장소는 택지입니다. 어떠한 땅에 집이나 건물을 짓는가에 따라 그 상태가 좋지 않은 위·간·비장이 잘 활동하게 되는 경향이 있습니다.

땅의 기氣가 빠져나가면 간과 비장이 특히 병에 걸리기 쉽고, 땅에 습기가 많다든지 이끼가 끼어 있다면 신장, 비장이 병에 걸리기 쉽다고 합니다.

집의 기초 및 마룻바닥 아래의 상태, 마루재료, 카펫, 물을 사용하는 곳, 화장실, 욕실, 부엌 등의 건자재, 색상, 디자인 등이 좋지 않으면 간·신장·비장·위·방광·쓸개의 기氣 흐름을 좋지 않게 합니다.

주택의 경우 상반신에 해당하는 장소는 입체적인 부분 벽·현관·조명·침실 등 일체의 공간이고, 그 상태와 지붕 및 건물 형태, 디자인, 색상, 소재 등과 관련됩니다. 예를 들면 복도가 어두우면 긴장감과 스트레스가 발생하고 심장을 약하게 하는 경우가 있습니다.

현관의 천정이 낮으면 폐의 기능을 약하게 합니다. 악취가 나면 뇌의 활동에 장애가 생깁니다. 조명이 지나치게 어두우면 눈과 심장 및 사고력이 쇠퇴하는 경향이 있습니다.

• 주거환경에 의하여 신장의 기氣를 가다듬는다

한방약의 7할이 신장의 기氣를 강하게 한다고 합니다. 그 이유는 신장의 기는 정기精氣, 즉 스태미너와 관련되기 때문입니다. 정기란 하반신의 힘이기도 하며, 하반신이 약하게 되면 정력을 잃고 생명력도 상실하게 됩니다. 신장의 기가 약해지면 하반신이 나른해지고 무겁게 느껴집니다. **하반신을 차게 하는 듯한 주택은 신장의 기를 앗아갑니다.** 특히 아이가 없는 가정과 노인이 있는 가정은 하반신이 차지 않은 주택을 만들어야 합니다. 뼈나 관절이 약해지는 것도 신장의 기가 저해되는 듯한 주택에 살고 있는 것이 원인이 되는 경우가 많습니다.

습기가 많은 땅, 썰렁한 화장실, 욕실 및 목욕탕의 바닥이 지나치게 썰렁한 집, 이끼가 자라고 있는 땅 등은 거기에 살고 있는 사람들로부터 정력을 빼앗아버려 가족 전원의 활동력이 쇠퇴되지 않을 수 없습니다.

신체적으로는 단전호흡을 하고 집을 건축할 때에는 발바닥을 따스하게 하도록 설계하여야 합니다. **집은 기본적으로 전반에 걸쳐 온기가 흐르도록 지어야 합니다.** 그렇게 함으로써 신장의 기를 좋게 할 수 있습니다. 차가운 마룻바닥은 노르아드레날린을 분비시켜 그곳에 거주하는 사람들을 무의식중에 짜증을 잘 내는 성격으로 바꾸게 됩니다.

• 주거환경에 의하여 간장肝臟의 기氣를 가다듬는다

간肝의 기氣 흐름을 저해하면 자율신경의 활동 및 근육의 힘이 쇠퇴합니다. 자율신경의 상태가 좋지 않게 되면 신경에 이상이 오고 우울증 및 노이로제도 걸릴 수 있습니다.

몸을 이완할 수 있는 욕실이 있어 천천히 그리고 느긋하게 목욕을 할 수 있는 집에 사는 사람은 간의 기가 왕성해지고 자율신경계를 안정시킵니다. 욕실의 위치 및 상태가 좋지 않으면 간 경락의 기氣 흐름을 저해하여 노이로제 및 신경병에 걸리기 쉽게 됩니다.

온천지역에 온천욕으로 병을 치료하기 위하여 가는 경우에는 천천히 그리고 느긋하게 즐길 수 있는, 규모가 큰 목욕탕에 들어가면 신경장애에 매우 효과가 있습니다. 일반 가정에서 앞으로 지을 주택은 작더라도 욕실만은 크게 하고, 가능하면 나무와 돌로 된 목욕탕으로 만드는 것이 좋을 듯합니다. 그러나 돌은 원적외선遠赤外線을 다량으로 방출하는 약석藥石이 아니면 오히려 몸을 차게 할 수도 있습니다.

간의 기氣는 면역기능과 직접 관계가 있기 때문에 간의 기를 저해하는 주택에 사는 사람은 면역력이 약해지기 쉽습니다. **간의 기氣를 강하게 하기 위하여 넓은 거실과 넓고 따스한 욕실을 갖추어야 합니다.** 화학 약품을 많이 사용한 주택은 간의 기를 저해하고 면역기능을 저하시킵니다. 간의 기가 흐트러지면 근력筋力이 약해지기 때문에 스포츠맨은 특히 주의할 필요가 있습니다.

• 주거환경에 의하여 심장心臟의 기氣를 가다듬는다

혈액순환은 심장心臟의 기氣와 관계가 있습니다. 피로회복이 늦은 사람은 심장의 기 흐름이 반드시 저해되고 있습니다. 체내의 피로물질인 유산乳酸은 혈액순환이 양호하면 거의 발생하지 않습니다.

주택의 경우 침실이 심장의 기와 밀접한 관계가 있습니다. 짧은 잠을 자더라도 꿈도 꾸지 않고 푹 잘 수 있다면 심장의 기氣 흐름은 양호하게 됩니다.

침실의 위치가 좋지 않다든지 침대커버나 시트가 짙은 차가운 색상이라면 심장의 기를 약하게 하여 피로회복이 대단히 어렵게 됩니다.

• 주거환경에 의하여 비장脾臟의 기氣를 가다듬는다

비장脾의 기氣는 환경의 영향을 강하게 받습니다. 비장의 기는 영양을 흡수하는 에너지이며 활력의 원천과 같은 활동을 합니다. 물질이 갖고 있는 에너지를 흡수하는 힘이 있는 기氣가 비장脾臟의 기氣이고, 이 기가 약해지면 체력은 떨어지고 생기를 띠는 기력을 상실하게 됩니다. 비장의 기는 침의 분비와도 관련됩니다. 침의 상태가 좋지 않으면 체내에 에너지로서 기를 받아들일 수 없습니다.

비장의 기는 위胃의 기氣이기도 하며 입과 관계가 있습니다. 주택의 위치로 말하자면 비장의 기는 중심점에 대응합니다. 그 장場의 상태가 좋지 않으면 비장과 위를 상하게 합니다. 또한 **식당의 디자인, 위치, 색상 및 소재는 비장과 위의 기氣 흐름을 크게 좌우합니다.** 식탁의 색상은 차색이나 흙색 계통이 좋고 검정색 등은 극력 피해야 합니다. 또한 사각형보다 타원형 테이블 쪽이 비장의 기를 가다듬어 주는 힘이 있습니다.

거실living과 위는 관계가 있고 이 거실이 중심점이 됨으로써 위를 활성화시키게 됩니다. 위가 괜찮은 사람은 활동적인 사람이 되고 인내심이 길러져서 이러한 요인이 경제력을 제고하는 것과 연결됩니다. 그런 까닭에 중심점이 거실living에 있으면 경제력이 제고됩니다.

• 주거환경에 의하여 폐장肺臟의 기氣를 가다듬는다

폐肺의 기氣는 호흡기 전반과 관계되고 있습니다. 폐의 기氣 에너지가 저해되면 신체의 신진대사가 안 좋게 되고 정신력도 약해집니다. 폐의 기는 특히 정

250

신 안정, 사물의 관찰 및 감정조절과 관련됩니다. 이 기氣의 흐름이 흐트러지면 걱정과 불안이 바로 그 순간에 많아지게 됩니다.

주택의 경우 **폐의 기는 천정의 높이, 벽지의 색상 및 재료 그리고 공간의 넓이와 관련이 있습니다.** 이러한 요소들의 상태가 좋으면 폐의 기 흐름이 양호해지고 신체의 신진대사가 제고되며 정신은 활성화될 수 있습니다. 정신력을 제고하기 위하여 폐의 기 흐름을 원활하게 하는 것이 가장 효과적입니다. 아울러 창조성도 제고됩니다.

이상 이들 5가지 기氣가 조화됨으로써 심신이 모두 안정될 수 있고 방향성도 바르게 되어 건강한 인생을 보낼 수 있습니다.

내장內臟, 정신精神, 주거환경 등 모든 요소들이 서로 연계되어 있습니다. 모두가 하나의 흐름 가운데에 있습니다. 주택의 경우에도 외관, 각 방의 크기, 방의 배치 및 디자인 등의 균형을 잡는 것이 중요합니다. 기쁨이 지나치면 심장을 아프게 하고, 노여움이 지나치면 간을 상하게 하며, 걱정·근심이 지나치면 폐와 비장을 아프게 하고, 생각이 지나치면 비장을, 슬픔이 지나치면 폐를, 두려움과 놀람이 지나치면 신장을 각각 상하게 합니다.

이와 같이 감정과 내장은 연계되어 있는 것입니다.

기氣는 측정할 수 있다

신체에 흐르는 기氣 에너지의 상태를 측정하는 기기로서 가장 유명한 것이 AMI입니다.

AMIApparatus for Measuring the function of the meridians and their corresponding Internal organs는 경락의 전기생리학電氣生理學적 연구에 근거하여 모토야마 히로시本山博

博 박사가 개발한 경락·장기 기능검사 기기입니다(현재 미·일·유럽에서 이미 특허 취득). 경락반응에 의한 피부의 미세한 장애물impedance 변화를 검사하여 파악한 후 그 측정치를 토대로 경락·장기의 상태를 알아낼 수 있습니다.

실험대상자의 양수족手足 끝에 있는 경혈(pulse : 14개 경락의 정혈井穴 좌우 28점의 관전극関電極) 및 양측 팔뚝(不関電極 2점)에 전극을 대고 약간의 펄스pulse 전압(PC3V, 256μ sec의 단형파)을 흐르게 하여 정혈·불관전극 사이를 흐르는 전류량을 정밀하게 계측합니다(책머리사진 31). 각 경락마다 관찰된 전류파형電流波形으로부터 BP, AP, IQ, TC 4개의 모수母數 : parameter를 구하여 정상인의 기준치를 토대로 통계처리하고 표준화 데이터를 그래프로 표시합니다. BP 수치는 경락별 장기 기능의 활동 상황을 나타내고 AP수치는 자율신경 기능의 현황을 보여줍니다.

실험대상자 A

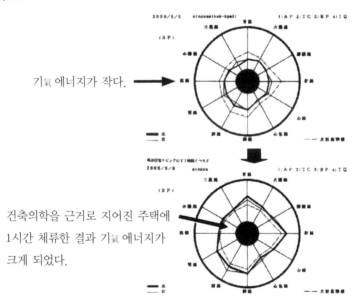

기氣 에너지가 작다.

건축의학을 근거로 지어진 주택에 1시간 체류한 결과 기氣 에너지가 크게 되었다.

252

실험대상자 B

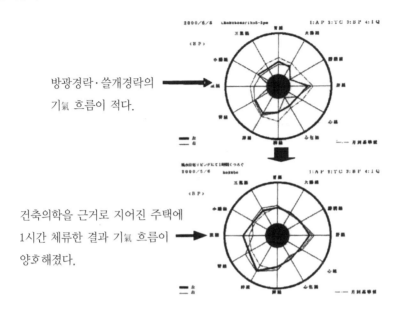

방광경락·쓸개경락의
기氣 흐름이 적다.

건축의학을 근거로 지어진 주택에
1시간 체류한 결과 기氣 흐름이
양호良好해졌다.

장場을 바꿈으로써 심신心身상태가 변화된다

　　　　　　　　　　　　　건축의학을 근거로 하여 정돈된
방(책머리사진 32)에서 1시간 지낸 결과 실험대상자 전원의 BP가 전반적으로
증가하고 있음을 분명히 알게 되었습니다(252쪽, 253쪽 그래프 참조).

실험대상자 A는 평균·편차 그래프로 표시해보면 사전 측정으로는 모든 경
락 BP가 정상인의 평균치를 밑돌고 있는데 특히 간경락은 정상인의 30%를 밑
돌고 있고 위경락은 정상인의 28%까지 하회下回하였습니다.

그러나 사후 측정에서는 간경락은 70%, 위경락은 60% 각각 개선되어 기
흐름이 양호해졌다는 것을 분명히 보여주고 있습니다.

또한 실험대상자 B의 경우는 사전 측정에서는 방광경락 및 쓸개경락의 기 흐름이 좋지 않았지만 사후 측정에서는 방광경락의 수치는 2배로, 쓸개경락의 수치는 4, 5배로 각각 상승하였습니다.

맺음말
– 건축의학과 자아실현 自我實現

중국 춘추시대의 사상가였던 맹자 孟子는 '뜻志은 기氣의 통솔자帥이고, 기氣는 몸을 가득 채운 것充'이라고 주장하였습니다.

다시 말해서, 인간의 목적의식과 사명감이 기氣의 흐름을 좌우한다고 그는 생각하였던 것입니다. 이는 다카다 아키오 高田明和 씨가 본 서의 내용 중에서 "뇌를 바꿀 수 있는 유일한 인간은 바로 그 자신이다."라고 술회하고 있는 것과 부합됩니다. 또한 다카다 씨는 "뇌는 다시 만들 수 있습니다. 뇌를 바꾸는 것, 병으로부터 회복되는 것, 병을 예방하는 것, 그 모두를 할 수 있는 유일한 존재는 우리들 한 사람 한 사람이고 의사는 단지 도와주는 입장에 있습니다. 이를 이해하는 것이야말로 우리들이 생활습관에서 오는 병으로부터 우리 몸을 지키는데 가장 중요하다고 생각합니다. 저는 이 점을 여러분에게 가장 강조하고 싶습니다."라고 하였습니다. 결국 명확하고도 강렬한 목적의식에 의하여 뇌를 바꿀 수 있습니다.

"어떠한 인생을 살고 싶은 걸까?", "어떠한 문제를 해결하고 싶은 걸까?"라는 명확한 목적의식이 우리들에게는 필요합니다. 이는 뇌와 함께 기氣의 흐름을 가다듬는 것입니다.

이러한 목적을 실현하는 데 도움이 될 수 있는 환경을 조성하는 것이야말로 건축의학의 주제라고 할 수 있습니다.

"지금부터 집을 지으려고 한다."든가 혹은 "집을 리모델링reform하고자 한다."라는 계획이 있는 사람들에게 저는 "집을 짓는다든가, 혹은 리모델링해서 어떠한 문제를 해결하고 싶습니까?", "어떠한 것을 실현하고 싶습니까?"라는 질문을 반드시 제기합니다.

그 집에 살게 되는 사람의 목적의식 및 테마를 제쳐두고서 설계 및 디자인을 한다는 것은 난센스라고 생각합니다. 단순히 신체적인 병을 고치는 데 그치지 않고 **그곳에 사는 사람의 삶의 질(QOL) 향상과 자아실현을 돕기 위한 환경 조성을 건축의학은 목표로 하고 있습니다.**

당 협회의 이사이기도 한 데라카와 구니미쓰寺川國秀 선생은 "건축의학은 제5세대, 제6세대의 건축학을 지향한다."라고 말씀하십니다. 건축의학은 제5세대, 즉 그 집에 사는 사람들 심신의 건강을 실현하는 건축학이지만 거기에 머물지 않고 제6세대 건축학, 즉 신체적 건강, 정신적 건강 및 사회적 건강이 실현되고 나아가 그 지향점에 있는 스피리츄얼한 건강이 실현되는 주거환경의 창조를 목표로 하고 있습니다. 이것이야말로 그 집에 살게 되는 사람의 개성과 테마·목적의식에 부응하여 토지를 선정하고 설계 및 디자인을 해나가는 것입니다.

이 새로운 건축학·의학의 영역을 개척하고 심화시키며 다양한 연구에 몰두하는 것, 그리고 거기서 얻은 지식과 견해의 보급 및 계몽을 통하여 건축과 의학의 융합을 추진해나가는 것, 나아가 이를 통하여 자연과 인간이 공생할 수 있는 새로운 문화 및 문명의 초석을 구축하는 것이야말로 '건축의학'에 부과된 사명이라고 저는 생각하고 있습니다.

참고문헌

02 암의 완전치유와 의식의 장(場) / 데라야마 신이치寺山 心一
- 『핀드혼에의 초대』, 데라야마 신이치寺山 心一, 산마르크출판.
- 『치유하는 마음, 병이 낫는 힘-자연발생적 치유란 무엇인가』, 앤드류 와일, 각천서점.
- 기(氣) 사진집 『기가 열어주는 내일로 향한 문』, 마쓰나가 슈가쿠松永 修岳, 일광사.
- 『암이 사라졌다』, 데라야마 신이치寺山 心一, 일본 교문사.

03 좋은 장을 만들자! - 자연치유력과 건축의학 / 오비쓰 료이치帶津 良一
- 『양생훈』, 이쓰키 히로유키五木 寛之·오비쓰 료이치帶津 良一 공저, 평범사.
- 『코스모폴리탄즈』, 서머싯 몸, 치쿠마 문고.

05 뇌와 마음 - 의학과 종교의 접점 / 다카다 아키오高田 明和
- 『운세를 넓히는 "반야심경"의 처방전』, 다카다 아키오高田 明和, 춘추사.

06 뇌·의식·건축 - 통합의료에서 건축이라는 새로운 조류 / 가메이 마노키亀井 眞樹
- 『생명의 빛을 밝히자 - 생명의 만요슈萬葉集 1』, 가메이 마노키亀井 眞樹, 다와구치 다카시川口恭 편저, 로하스 메디아.

08 건축의학의 도전 - 암에 걸리게 되는 장, 암이 치유되는 장 / 마쓰나가 슈가쿠松永 修岳
- 『암을 만드는 마음, 치유하는 마음』, 쓰치바시 가사다카土橋重隆, 주부와 생활사.
- 『하이 컨셉트』, 다니엘 핑크, 삼립서방.
- 『콘크리트 주택은 수명을 9년이나 앞당긴다』, 후나세 도시스케船瀬俊介, 리용사.
- 『색의 비밀』, 노무라 준이치野村 順一, 문예춘추.
- 『생물은 자기를 느끼는가 - 자기생물학으로의 초대』, 마에다 카키前田 坦, 강담사.
- 『바이브레이셔널 메디슨』, 리처드 거버, 일본 교문사.

부록

A. 헬스코트Healthcoat에 의한 실내개선효과

모로이시 토모코諸石 知子†, 요시마쓰 미치하루吉松 道晴†, 시라하마 다케시白濱毅†, 우에하라 타쓰야上原竜哉†,
데라시마 다이스케寺島 大助†, 다케우치 쥬다이竹内 周大†, 데라사와 미쓰오寺沢 充夫†

†Artech 코보 주식회사 223-0057 가나와나 현神奈川県 요코하마 시横兵市 코호쿠 구基北歐 니이와정新羽町 176번지
‡생체건강과학연구소 194-0035 도쿄 도東京都 마치다 시町市 충생忠生 2-15-75
E-mail: †atech@sweet.ocn.ne.jp, ‡terasawa77@w3.dion.ne.jp

개요 : 헬스코트Healthcoat는 고온에서 처리한 목탄과 특수수지로 만들어진 실내환경 개선자재이다. 그 효과로서 시크하우스sick house 증후군의 원인이 되는 휘발성 유기 화합물을 흡착, 분해할 수 있다. 또한 헬스코트가 발생하는 원적외선은 생체의 온도를 올린다는 것이 실험을 통하여 확인되었다. 이러한 실험 결과 헬스코트는 실내환경 개선과 생체에 양호한 효과를 미치고 있는 것으로 나타났다.

키워드 : 헬스코트, 휘발성유기화학물, 원적외선, 실내환경

The Effect of Healthcoat on Improving the Indoor Environment

Tomoko MOROISHI†, Michiharu YOSHIMATSU†, Takeshi SHIRAHAMA†, Tatsuya UEHARA†,
Daisuke TERASHIMA†, Syudai TAKEUCHI† and Mitsuo TERASAWA†
†Artech Kohboh Co., Ltd. 176Nippa-cho, Kohoku-ku, Yokohama-shi, Kanagawa, 223-0057 Japan
‡B.H.S,Lab 2-15-75 Tadao, Machida-shi, Tokyo, 194-0035 Japan
E-mail: †atech@sweet.ocn.ne.jp, ‡terasawa77@w3.dion.ne.jp

Abstract : The Healthcoat is an indoor, environmental friendly material which uses a special resin which is processed at high temperature. It has the ability to adsorb, and to resolve an Violatile Organic Compounds that causes a sick house syndrome effect. Moreover, far infrared rays is generated from

Healthcoat and absorbed in the living body, plus it has been experimentally confirmed to raise the temperature of the living body, It has been suggested that the Healthcoat have a good effect on the indoor environment. And it can have a positive effect on the living body.

Keyword : Healthcoat Volatile Organic Compounds far infrared rays indoor environment

1. 머리말

　현대의 생활환경은 고도사회, 자동차사회 등 기술의 발전에 따라 다량의 배출가스 및 공장매연에 의하여 공기는 오염되고, 다이옥신 등 인간에 대하여 독성을 갖는 물질이 증가하고 있다. 또한, 주택환경 측면에서 에너지 절감·저비용·편리성을 추구하는 주택으로 변모하여 왔지만 건자재 등으로부터 발생하는 휘발성 유기화합물과 집에서 발생하는 먼지 등이 공기 중에 충만하여 건강이 피해를 입는 원인이 되고 있다. 특히, 실내 화학물질이 원인으로 여겨지는 시크하우스sick house 증후군은 커다란 사회문제가 되고 있다.

　헬스코트는 고온으로 처리한 목질탄소와 특수수지로 만들어진 실내환경 개선자재이고 실내의 천정·벽면에 도장함으로써 시크하우스 증후군의 원인이 되는 포름알데히드를 흡착·분해할 수 있다. 또한, 헬스코트로부터 발생하는 원적외선은 생체의 온도를 올린다고 알려져 있는 바, 본 실험은 헬스코트의 특성과 원적외선이 생체에 미치는 효과를 실험을 통하여 조사하는 것이 그 목적이다.

2. 헬스코트

2.1 헬스코트의 특징

헬스코트는 부착강도가 높고 기체투과성·흡수성이 있으며 통전성通電性이 있는 등의 특징을 갖고 있다. 통기성通氣性을 갖는 특수 수지를 혼합함으로써 통상의 목질탄소에서는 나올 수 없는 기능성을 두루 갖추고 있다.

2.2 헬스코트의 기능성

냄새·휘발성 유기화합물(VOC)의 흡착특성, 흡수·분해·특성, 습도조절특성, 전자파특성, 원적외선특성 등이 있지만 본 연구에서는 냄새 및 휘발성 유기화합물의 흡착특성, 원적외선 특성에 대하여만 조사하고, 실내환경 개선과 생체에 관한 효과를 실험을 통하여 조사하였다.

VOCvolatile organic compounds란 휘발성이 있으며 대기 중에 기체상태로 있는 유기화합물의 총칭이고, 톨루엔·키실렌·초산에틸 등 다종다양한 물질이 함유되어 있다.

3. 실험방법과 결과

3.1 단독가스에 대한 흡수 특성

3.1.1 실험방법

검지관법檢知灌法 시험관검사 적출방법-역자으로 단독가스에 대하여 측정하였다.

시험관검사 적출방법이란 휘발성 유기화합물과 밀봉한 시약의 반응에 따라 변색 및 농도를 측정하는 방법이다.

그림 1 헬스코트에 의한 가스 흡착

　100×100mm 폴리프로필렌시트poly propylene seat에 헬스코트를 상당량 뿌리고, (주)Gastech사 제품인 검사시험기檢知器 및 검사시험관檢知管을 사용하여 측정한다. 이 측정에 의하여 단독가스에 대한 헬스코트의 시간 경과에 따른 디지털케이터 내의 농도 변화를 조사하였다. 시험방법은 JISJapanese Industrial Standards, 일본공업규격-역자에 의거한 디지털케이터 방법과 같다.

3.1.2 실험 결과

　그림 2에 규제 13물질의 실내 농도 지침 수치에 포함되어 있는 톨루엔·키실렌·스틸렌, p-시클로르벤젠을 대상으로 헬스코트에 의한 흡착 특성을 나타냈다. 휘발성유기용제의 농도는 시간과 더불어 지수함수적으로 감소하고 톨루엔은 26시간 후에 81%, 키실렌, 스틸렌은 24시간 후에 각각 83%, 87%, p-시클로르벤젠은 16시간 후에 80%의 흡착효과를 각각 보여주었다.

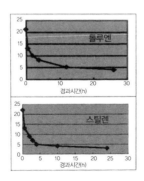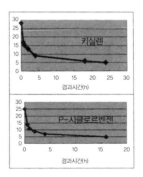

그림 2 헬스코트에 의한 톨루엔, 키실렌, 스틸렌, P-시클로르벤젠의 흡착 특성

그림 3에 냄새의 원인으로 생각되는 물질 유화수소, 암모니아, 아세트알데히드, 메르카프탄의 헬스코트에 의한 흡착 특성을 나타냈다. 그 어느 쪽도 시간의 경과와 더불어 지수함수적으로 농도의 감소가 보이고, 5시간 후에는 유화수소 98%, 암모니아 98%, 아세트알데히드 99%, 메르카프탄 98% 이상의 흡착효과가 각각 나타났다.

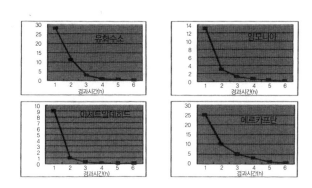

그림 3 헬스코트에 의한 유화수소, 암모니아, 아세트알데히드, 메르카프탄의 흡착특성

3.2 포름알데히드·키실렌에 대한 흡착 특성

3.2.1 실험방법

그림 4의 소형 챔버chamber법에 의거 단독가스(포름알데히드·톨루엔)에 대하여 측정하였다.

소형 챔버법이란 소형 챔버라고 불리는 스테인레스 용기 안에 시험 재료를 넣어 가스를 연속적으로 챔버 입구로부터 흐르게 하여 출구까지 나오는 가스 농도 변화를 측정하는 방법이다. 이 방법은 시험관검사적출방법과는 다르며 효과의 지속성을 측정할 수 있다.

챔버 용기는 스텐레스 용기를 사용하고 환기는 1시간에 용적의 절반 정도의 공기를 넣을 수 있는 0.5회/h. 시료부하율은 $2.2m^2/m^3$, 포름알데히드의 시험지속기간은 5일간, 톨루엔에 대하여는 3일간 측정하였다.

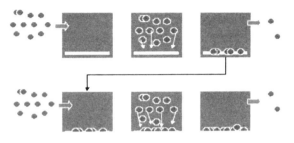

그림 4 소형 챔버법

3.2.2 실험결과

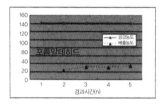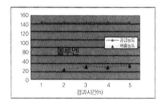

그림 5 헬스코트에 의한 포름알데히드, 톨루엔의 흡착특성

그림 5에 포름알데히드와 톨루엔의 흡착 특성을 나타냈다. 온습도는 각각 28°C±1, 50%±5로 측정을 하고 포름알데히드·톨루엔 모두 20시간 경과 후에 배출농도는 공급농도의 약 80%가 낮아지는 효과를 보였다.

3.3 혼합가스에 대한 흡착 특성

3.3.1 실험방법

소형 챔버법에 의거 혼합가스(포름알데히드·아세트알데히드·톨루엔·에틸벤젠·키실렌·스틸렌·p-시클로르벤젠·TVOC)에 대하여 측정하였다.

챔버 용기는 스테인레스 용기를 사용하고 알루미늄판에 헬스코트를 도장한 도료 샘플을 양생 7일째에 시험 챔버 내에 2세트를 고정시키고, 환기(1시간에 용적의 반의 공기를 바꾸어 넣을 수 있는 0.5회/h)를 24시간 실시하고 나서 측정을 개시하였다.

3.3.2 실험결과

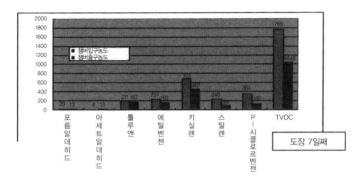

그림 6 기체 중 농도(제1회 측정결과)

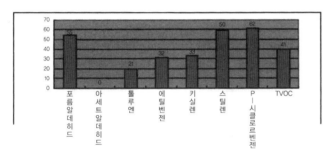

그림 7 기체 중 농도의 저감율(제1회 측정)

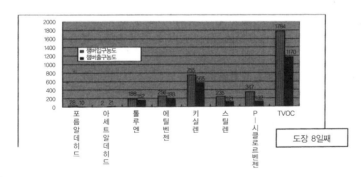

그림 8 기체 중 농도(제2회 측정)

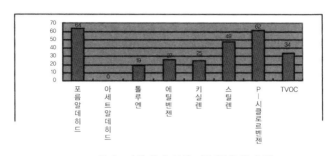

그림 9 기체 중 농도의 저감율(제2회 측정)

그림 6, 그림 7에 헬스코트를 도장 7일 후 챔버 실험(제1회 측정)의 기체 중 농도와 하락율 결과를 나타내고 그림 8, 그림 9에 헬스코트를 도장 8일 후 챔버 실험(제2회 측정)의 기중농도氣中濃度와 저감율低減率 결과를 나타냈다.

헬스코트 도장 7일째보다도 8일째 쪽이 흡착률이 약간 저하되고 있지만 아세트알데히드 이외의 포름알데히드·톨루엔·에틸벤젠·키실렌·스틸렌·p-시클로르벤젠·TVOC에 대하여는 흡착효과를 발휘하고 있음을 알 수 있었다. 그 중에서도 헬스코트는 공존하는 가스 중 톨루엔, 에틸벤젠, 키실렌에서의 흡착률이 높다는 것을 알 수 있었다.

4. 실험방법과 결과

4.1 원적외선 특성

4.1.1 실험방법

온도 50°C에서의 방사율측정은 바이오 라이드사 제품인 FTS 6000형 FT-IR을 사용하고 실내온도의 측정을 일본전자제 JIR-5500형 FT-IR을 사용하였다.

시료를 세트화하고 표준흑체標準黑體, 시료의 순으로 방사측정을 하여 표준흑체로에서 시료의 방사율·적분방사율을 산출하였다.

4.1.2 실험결과

그림 10에 온도 50°C, 실내온도로 원적외선 방사율을 나타냈다. 온도 50°C 에서의 방사율은 90%, 실내온도 21.3°C에서는 81.0%로 실내온도에서도 높은 방사율이 확인되었다.

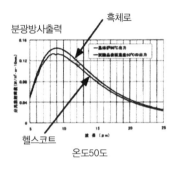 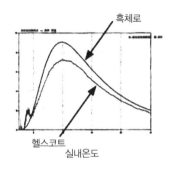

그림 10 원적외선 방사율

4.2 실내온도에서의 원적외선 효과

4.2.1 실험방법

450×450×450mm의 상자 안쪽에 헬스코트 300g/m² 상당 도포를 한 것과 도포하지 않은 것에 대하여 원적외선 방사율을 측정하였다. 플라스터 보드plaster board는 (주)요시노셋코사吉野石膏의 제품을 사용하고, 원적외선장치는 일본 (주) 아비오닉스판매사의 제품, 원적외선화상장치(고성능 적외선 서모그래피 수퍼 파인 서모thermography superfine thermo TVS-8500)를 사용하였다.

4.2.2 실험방법

그림 11에 방사온도계의 측정결과가 보인다. 실내온도, 습도는 각각 12°C±1, 33%±1로 측정을 하고 방사온도계에서는 헬스코트가 15.2°C, 컨트롤이 14.7°C, 헬스코트를 도포한 것은 도포하지 않은 것에 비하여 0.5°C의 온도상승이 보였다.

헬스코트   컨트롤

그림 11 시료의 원적외선효과

4.3 가열 시의 원적외선 효과

4.3.1 실험방법

플라스터보드((주)요시노셋코사 제품)에 헬스코트를 도포한 것과 도포하지 않은 것을 사용하였다. 보드 아래에 코드히터((주)일본전열기계사 제품: 전압 100V, 용량100W)를 넣고 가열 후의 온도 변화를 측정, 그 후 히터를 끄고 냉각시의 온도변화를 방사온도계로 측정하였다.

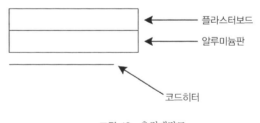

플라스터보드

알루미늄판

코드히터

그림 12 측정개략도

4.3.2 실험결과

실내온도 19.5℃±1, 습도 35%±1에서 측정을 하였다. 책머리사진 33에 측정 전과 가열 5분 후의 온도 변화가 보인다. 위의 그림은 에어리어 해석에 의하여 나타난 온도 변화이고 아래 그림은 히스토그램 표시에 의하여 나타난 온도 변화이다. 측정 직전의 손의 온도는 거의 같은 온도였는데 측정 5분 후에는 헬스코트 쪽이 컨트롤에 비하여 0.6°C의 온도 상승을 보였다.

4.4 체온변화

4.4.1 실험방법

플라스터보드((주)요시노셋코사 제품)에 헬스코트를 도포한 것과 도포하지 않은 것을 사용하였다. 보드 아래에 코드히터를 넣고 그것에 의해 따뜻하게 된 보드 위에 손을 놓고 30분 후의 온도 변화를 방사온도계로 측정하였다.

4.4.2 실험결과

실내온도 21°C±2, 습도 42%±1에서 측정을 하였다. 책머리사진34에 손의 온도변화가 보인다. 위의 그림은 에어리어 해석에 의거 나타난 온도변화이고, 아래 그림은 히스토그램 표시에 의하여 나타난 온도 변화이다. 측정 직전의 손의 온도는 같았던 것에 비하여 측정 30분 후에는 헬스코트 쪽이 컨트롤에 비하여 1.3°C의 온도 상승이 보였다.

5. 고 찰

헬스코트는 휘발성 유기화합물 및 냄새의 원인물질을 흡착할 수 있기 때문에 근래 문제시되어 온 시크하우스sick house 대책으로 효과가 기대된다고 생각된다. 또한, 원적외선 측정에 의하여 헬스코트는 따뜻해지기 쉬운 특성을 갖고 있음이 확인되었다. 이러한 특성에 의하여 온열기구로의 이용이 기대되고 에너지 절감효과와 연관되는 점이 시사되었다.

참고문헌

1 데라사와 미쓰오(寺沢充夫), 후지와라 히로키(藤原浩樹), 시라하마 다케시(白濱毅), 요시마쓰 미치하루(吉松道晴) : 플러스이온 환경에 있어서 목탄도료의 효과, 전자정 보통신학회, 신학기법, Vol. 104, No. 755, p9-12, 2005.

2 시라하마 다케시(白浜毅), 요시마쓰 미치하루(吉松道晴), 데라사와 미쓰오(寺沢充夫) : 목탄도료를 이용한 실내환경 개선에 의한 인체에의 영향-혈액상태 · 유산수치 · 혈당 수치변화, 전자정보통신학회, 신학기법 Vol.104, No, 755, p1-4, 2005.

3 시라하마 다케시(白浜毅), 요시마쓰 미치하루(吉松道晴), 데라사와 미쓰오(寺沢充 夫) : 목탄 도료를 이용한 실내환경 개선효과-실내 공기 이온수의 변화, 전자정보통신 학회, 신학기법, Vol. 104, No. 755 p5-8, 2005.

4 Terasawa M., Shirahama T. and Yoshimatsu M.:The effects of negative ions on the human body in an indoor environment using charcoal coating metal, The 3rd European Medical and Biomedical Engineering conf. IFBME Proc. 2005 11(1) November 20-25, p4621-4624, 2005 Prague. Czech Republic.

社團法人 電子情報通信學會

THE INSTITUTE OF ELECTRONICS,
INFORMATION AND COMMUNICATION ENGINEERS

信學技報 Vol. 106 No. 592
IEICE TECHNICAL REPORT
MBE2006-144(2007-3)

B. 목탄도료를 이용한 주택환경이 생체生体에 미치는 영향과 의료복지에 대한 기여

데라사와 미쓰오寺沢 充夫[1], 요시마쓰 미치하루吉松 道晴[2], 시라하마 다케시白浜 毅[2], 우에하라 다쓰오上原 竜哉[2], 고노데라 사토루小野寺 敏[1]

[1]쇼와 약과대학昭和藥科大學·병태과학病態科學 1194-8543 도쿄 도東京都 마치다 시町市 히가시다마가와학원東玉川 學園 3쵸메 3165번지

[2]Artech코보 주식회사 223-0057 가나와나 현神奈川県 요코하마 시横兵市 코호쿠 구港北欧 니이와쵸정新羽町 176번지

E-mail: [1]terasawa77@w3.dion.ne.jp, onodera@ac.shoyyaku.ac.jp.

  [2]atech@sweet.ocn.ne.jp

요약 : 현재의 주거환경은 시크하우스sick house 증후군과 같이 사람의 건강에 영향을 주는 것으로 나타나고 있다. 주택구조 자체도 높은 공기밀도, 고단열 주택 및 저비용·에너지 절감 주택, 디자인을 중시하는 주택 등이 많아지고 실내공기질에 대해서는 고려되지 않은 주택 건설이 늘어나고 있는 것도 그 원인의 하나가 되고 있다. 이에 따라 우리 주거환경의 공기 질은 공기플러스이온이 많아지고 이전에 비하여 공기플러스이온과 공기마이너스이온의 비율이 변화하고, 공기플러스이온 비율이 높은 환경은 생체를 산화되기 쉬운 환경에 놓아두고 있다. 그래서 대책으로서 목탄을 미분말상태로 목탄분 충전금속제원주형성체와 접속을 함으로써 실내 공기질을 개선(어댑터 환경)한다. 어댑터 환경이 통상 환경과 비교하여 성인 남녀 11명의 실험대상자에게서 유산치·혈당치·혈압 및 적혈구응집억제효과의 개선이 보여 생체에 좋은 효과를 얻을 수 있었다.

1. 머리말

일본인의 2005년도 평균 수명은 남성이 78.53세, 여성은 85.49세로 여성은 세계 제일이고 남성은 1위에서 4위로 떨어졌지만 평균 수명이 늘어나고 있는 경향은 변함없다고 후생노동성에 의하여 보고되었다.

고령화사회로 이행함에 따라 보험제도에 의지하는 시대에서 병에 걸리는 것을 사전에 예방하기 위한 대체의료代替医療가 중요해졌다. 대체의료란 영양보충제(비타민제, 미네랄 등), 허브 요법, 침술 및 뜸鍼灸, 기공氣功 등 현대의료에 대한 민간의료이다. 이들은 비교적 저가로서 부작용이 없고 만성질환에 효과가 있으며 자연치유력을 제고하는 데 중점을 두고 있다.

　또한, 현재의 의학은 소화기, 호흡기 등 장기별 의학이다. 이에 대하여 면역 및 신경, 호르몬 등을 중시한 전체 의료가 한쪽 편에 있다. 감기가 걸렸다고 해서 곧장 항생물질이나 점적点滴주사를 맞으러 달려가지 않고 자연회복을 기대한다. 그 때문에 일상생활에서 평소 체력(지구력, 인내력)을 키워나가는 제1차 예방의학이 지금부터 크게 존중받게 된다.

　또한, 중장년층이 걸리기 쉬운 생활습관병에 당뇨병·고혈압·고지혈 등이 있다. 그 하나하나는 가벼운 병이라 하더라도 이들 병이 중복되면 동맥경화가 진행되며 심근경색 및 뇌졸중을 야기하기 쉽다. 그 상태를 '메타볼릭 신드롬'이라고 부르고 있다. 이들 생활습관에서 오는 병을 개선하는 것이 중요하다고 생각된다.

　현재 우리들이 생활하고 있는 환경은 세계적인 환경오염에 의해 지구온난화·이온층의 파괴·산성비 등 지구 환경자원의 환경오염이 확대되고 있다. 또한, 신변 가까운 곳의 오염 원인으로서는 공장의 배기·폐수 및 자동차 등의 가스 배출 등 지역 차원의 오염, 나아가서는 우리들이 사는 주택에도 석유 화학제품을 이용한 건자재·접착제가 다양하게 사용되고 있기 때문에 거기서 발생하는 화학물질에 의하여 실내 환경까지도 오염되고 있는 실정이다.

　이들 오염물질은 예를 들면, 2003년의 건축기준법의 규제에 의한 시공에는 두통·현기증·인후증 등 사람의 건강에 영향을 주는 것으로 인식되고, 시크하우스sick house 증후군의 원인으로 되고 있다. 그러나, 이것만이 주택환경을 악화시키고 있는 원인은 아니다. 주택구조 자체로 높은 공기밀도, 고단열 주택 및 저비용·에너지 절감 주택, 디자인성을 중시重視하는 주택 등이 많아지고 실내 공기질에 대하여 고려되지 않은 주택 건축이 늘어나고 있는 것도 그 원인의 하나가

되고 있다. 이에 따라 우리들 주택환경의 공기질은 공기플러스이온이 많아지고 이전에 비하여 공기플러스이온과 공기마이너스이온의 비율이 변화하고, 공기플러스이온 비율이 높은 환경에서 생체는 산화되기 쉬운 환경에 놓여 있다.

그래서 대책으로서 목탄을 미분말로 하여 도료화한 목탄 도료를 주택 내벽과 천정에 도장하고, 땅속 깊이 1,500mm에 매설한 목탄분충전금속제원주상형성체木炭粉充填金屬製円柱狀形成体와 접촉함으로써 실내 공기질을 개선(어댑터 환경)한다.

어댑터 환경이 통상 환경과 비교하여 생체에 어떠한 개선 효과를 가져오는가를 검토하기 위하여 성인 남녀 11명을 실험대상자로 유산치·혈당치·혈압 및 적혈구 응집 억제효과와 관련된 것을 조사하는 것이 그 목적이다.

2. 실험방법

실험에는 실내 용적이 같은 방 2개를 준비하고 그 가운데 방 1개는 일반주택 환경에서 헬스코트를 도장하지 않은 방(통상 환경), 또 한 방은 헬스코트를 도장하여 이에 어댑터를 접속(어댑터 환경)한 2개의 실내주택환경을 만든다.

각 환경에 성인 남녀 중 20세에서부터 35세까지 평균 29세인 11명을 각 환경 안으로 입실시키고, 입실 전과 입실 2시간 후의 유산치·혈당치·혈압 및 적혈구응집 상태를 확인한다.

2.1 실험순서

(1) 각 환경에 실험대상자 11명이 입실하기 전에 유산치·혈당치·혈압의 측정 및 적혈구응집 상태를 확인한다.
(2) 각 환경에 실험대상자 11명이 입실 2시간 후의 유산치·혈당치·혈압의 측정 및 적혈구응집 상태를 확인한다.

2.2 실험환경

[실내환경] 벽면자재는 두꺼운 합판(t=15mm)을 사용하고 높이 2,600×가로 3,600×세로 3,600mm의 가설실내를 만든다. 바닥면은 합판 1장을 깔고 그 위에는 절연絶緣 시트를 둔다. 어댑터 환경의 실내를 벽면 4면과 천정 전체면全面에 목탄도료를 도장한다. 목탄도료는 아텍코보 사 제품에 헬스코트를 사용하고 이를 $450g/m^2$ 도포한다. 다음에 목탄도료를 도장한 방의 벽에 어댑터를 접속한다.

어댑터는 아텍코보 사 제품인 ICAS '이온 컨트롤 어댑터'를 사용하고 어댑터는 땅속 깊이 1,500mm에 매설한 것과 목탄도료 도장면을 3C2V의 동축 케이블로 접속한다. 참고로 어댑터의 형태는 직경 165×850mm의 목탄 분충전 원주상형성체이다.

실내에는 환기팬을 설치하여 환기를 한다.

그림 1은 실험환경 개략도이다.

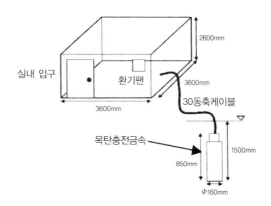

그림 1 실험환경 개략도

2.3 혈액 중의 유산수치 측정

성인 남녀 11명이 통상 환경과 어댑터 환경에 각각 입실하기 전과 입실 2시간 후에 손가락에서 채혈한 혈액 중의 유산수치를 측정하여 평균치와 표준편차를 구한다. 측정기는 간이형 혈중유산측정기를 사용한다.

2.4 혈액 중의 혈당수치 측정

성인 남녀 11명이 통상 환경과 어댑터 환경에 각각 입실하기 전과 입실 2시간 후에 손가락에서 채혈한 혈액 중의 혈당수치를 측정하여 평균치와 표준편차를 구한다. 측정기는 간이형 혈중혈당수치측정기를 사용한다.

2.5 혈압의 측정

성인 남녀 11명이 통상 환경과 어댑터 환경에 각각 입실하기 전과 입실 2시간 후에 11명의 혈압의 최고치와 최저치를 각각 측정하고 평균치와 표준편차를 구한다.

2.6 적혈구 응집 억제 효과 확인

성인 남녀 11명이 통상 환경과 어댑터 환경에 각각 입실하기 전과 입실 2시간 후에 실험대상자의 손가락에서 채혈한 혈액 응집 상태를 확인한다. 측정기는 위상차현미경位相差顯微鏡(1,600배)을 사용한다.

2.7 실험데이터의 통계 처리

실험데이터의 유의차有意差 검정에는 t검정을 사용하였다.

3. 실험결과

3.1 혈액 중의 유산수치

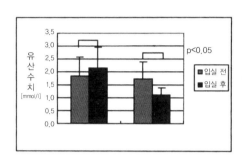

그림 2 통상환경과 어댑터 환경에서 입실 전후의 유산수치의 변화

그림 2에 통상 환경의 방과 어댑터 환경의 방에 입실하기 전보다 입실 2시간 후에 측정한 11명의 혈액 중 유산 수치의 평균치와 표준편차를 나타낸다. 통상 환경에서는 입실 후의 유산수치가 입실 전에 비하여 유의有意수준(P< 0.05)으로 올라갔다. 어댑터 환경에서는 입실 후의 유산수치가 입실 전에 비하여 유의수준(P< 0.05)으로 내려갔다.

3.2 혈액 중의 혈당 수치

그림 3에 통상 환경의 방과 어댑터 환경의 방에 입실하기 전과 입실 후 2시간 후에 측정한 11명의 혈액 중 혈당수치의 평균치와 표준편차를 나타낸다. 통상 환경의 방에서는 입실 후의 혈당수치가 입실 전에 비하여 그 변화가 보이지 않았다. 어댑터 환경에서는 입실 후의 혈당수치가 입실 전에 비하여 유의수준 (P< 0.05)으로 내려갔다.

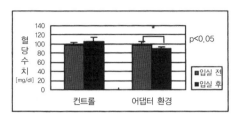

그림 3 통상환경과 어댑터 환경에서 입실 전후의 혈당수치의 변화

3.3 혈압의 측정

그림 4에 통상 환경의 방과 어댑터 환경의 방에 입실하기 전과 입실 2시간 후에 측정한 11명의 최고 혈압 평균치와 표준편차를 나타낸다.

통상 환경의 방에서는 입실 후의 최고 혈압이 입실 전에 비하여 그 변화가 보이지 않는다.

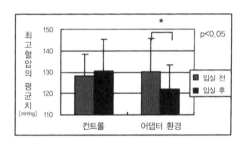

그림 4 통상환경과 어댑터 환경에서 입실 전후의 최고혈압의 변화

어댑터 환경에서는 입실 후의 최고 혈압이 입실 전에 비하여 유의수준($P < 0.05$)으로 낮아졌다.

그림 5에 통상 환경의 방과 어댑터 환경의 방에 입실하기 전과 입실 2시간 후에 측정한 11명의 최저 혈압 평균치와 표준편차를 보여준다.

통상 환경의 방에서는 입실 후의 최저 혈압이 입실 전에 비하여 변화가 보이지 않았다. 어댑터 환경에서는 입실 후의 최저 혈압이 입실 전에 비하여 유의 수준(P< 0.05)으로 낮아졌다.

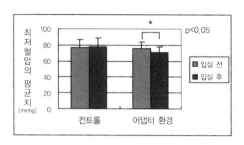

그림 5   통상환경과 어댑터 환경에서 입실 전후의 최저혈압의 변화

이상에서 보는 바와 같이 어댑터 환경에서는 최고 혈압과 최저 혈압도 유의
성 있게 감소하고 통상 환경에서는 혈압의 안정(변동)은 거의 보이지 않지만
어댑터 환경에서는 혈압이 안정되는 경향이 있음을 알 수 있었다.

3.4 적혈구 응집 억제 효과

통상 환경에서는 실험대상자 11명 중 1명에게서 적혈구 상태의 변화가 보였
지만 타 실험대상자에게서는 적혈구 응집 억제 효과가 보이지 않았다.

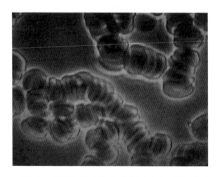

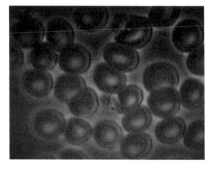

그림 6   어댑터 환경의 방에 들어가기 전의 혈액   그림 7   어댑터 환경의 방에 들어가서 2시간 후
　　　　응집사진　　　　　　　　　　　　　　　　　　　　　　의 혈액응집사진

그림 6은 실험대상자가 어댑터 환경의 방에 들어가기 전에는 적혈구가 연전형성連錢形成 엽전꾸러미-역자을 보였을 때의 상태였지만 2시간 후에는 그림 7과 같이 적혈구가 분리되어 좌르르 흩어지는 상태로 변하였다.

어댑터 환경에서는 실험대상자 11명 중 9명에게서 적혈구 상태의 변화가 보였고 80%의 비율로 적혈구 응집 억제 효과가 개선되는 것으로 나타났다.

이것으로 미루어 보아 어댑터 환경에서는 적혈구의 응집 억제 효과에도 유효한 것으로 확인되었다.

4. 고 찰

실내에 목탄도료의 헬스코트를 도장하고 그것과 목탄분충저어댑터를 접속한 이온 컨트롤 어댑터 시스템(ICAS)의 실내에서는 혈액상태·유산수치·혈당수치·혈압을 변화시킬 수 있었다.

목탄은 공기 마이너스 이온을 발생하지는 않지만 주택의 경우 ICAS공법은 실내의 공기 플러스 이온을 흡착, 중성화함으로써 실내의 이온 환경을 공기마이너스이온이 풍부한 환경으로 바꾸어 주었다. 최종 실험 결과로부터 판명된 공기마이너스이온 환경은 림프 구球의 증가에 의한 면역 능력의 향상, 혈액의 지질脂質의 산화를 억제하고 뇌간부腦幹部의 지질의 산화를 억제함에 따른 자율신경계의 안정, 췌장으로부터 분비되는 인슐린 호르몬에 의한 혈당수치의 인하 작용 및 유산수치를 저하시키는 효과가 있음을 확인하였다. 유산수치의 저하는 피로회복이 빠르고 업무 능률을 향상시키는 실내 공간을 만들 수 있었다.

ICAS는 실내 환경을 좋게 하는 효과가 있기 때문에 인체에 대하여 체내 변화, 예를 들면 적혈구 응집 억제 효과·유산수치·혈당수치·혈압 등의 개선 효과가 기대된다. 특히, 현대의 에너지 절감을 중시하는 실내 공간은 향후 의료분야에서도 목탄의 이용이 확대됨에 따라 실내 환경을 개선하고 고령화 사회에서의 고령자의 의료 복지에 도움을 주는 데에도 기여할 수 있을 것으로 생각된다.

5. 맺음말

목탄을 미세한 분말로 한 실내벽면도장용 목탄도료와 땅속에 매설한 목탄충전금속제원주성형물체를 접속함으로써 실내환경을 좋은 환경으로 개선하는 효과가 있고 그 결과 인체에 대해서도 적혈구 응집 억제 효과, 유산 수치, 혈당 수치, 혈압의 개선 효과가 확인되었다. ICAS는 목탄을 재료로 한 의료(보조적인 의료) 기기로서의 가능성 측면에서 사용할 수 있는 것으로 시사되었다.

참고문헌

1 데라사와 미쓰오(寺沢充夫), 후지와라 히로키(藤原浩樹), 시라하마 다케시(白浜毅), 요시마쓰 미치하루(吉松道晴) : 공기 플러스 이온 환경에 있어서의 목탄도료의 효과, 전자정보통신학회, 신학기법 Vol. 104, No. 755, p9-12, 2005.

2 시라하마 다케시(白浜毅), 요시마쓰 미치하루(吉松道晴), 데라사와 미쓰오(寺沢充夫) : 목탄도료를 이용한 실내 환경 개선에 의한 인체에의 영향-혈액상태·유산수치·혈당수치변화-, 전자정보통신학회, 신학기법 Vol. 104, No. 755, p1-4, 2005.

3 시라하마 다케시(白浜毅), 요시마쓰 미치하루(吉松道晴), 데라사와 미쓰오(寺沢充夫) : 목탄도료를 이용한 실내 환경 개선 효과- 실내의 공기 이온 수의 변화-, 전자정보통신학회, 신학기법 Vol. 104, No. 755, p5-8, 2005.

4 데라사와 미쓰오(寺沢充夫), 우에모리 히토키(上森一樹), 우다카와 히로유키(宇田川弘幸), 고스기 나고히데(小杉和秀), 미다 이시오(箕輪功), 시미즈 준(清水純), 와다 마사히로(和田政裕), 마노 히로시(真野博), 도리고에 겐지(鳥越健二) : 습식 마이너스 이온 사우나의 면역 효과, 전자정보통신학회, 신학기법 Vol. 104, No. 755, p13-16, 2005.

5 Terasawa M., Fuziwara H, Shirahama T. and Yoshimatsu M.: 'Effect of charcoal in

a positive ion environment', Proc. of IFMBE Vol. 8, 6th Asian-Pacific Conference on Med. and Biol, Eng. Tsukuba, Japan, 2005, PA-2-15.

6 Terasawa M. , Shirahama T. and Yoshimatsu M. : The effects of negative ions on the human body in an indoor environment using charcoal coating metal, The 3rd European Medical and Biomedical Engineering conf. IFBME Proc. 2005 11(1) November 20-25, 2005 Prague. Czech Rebublic.

7 데라사와 미쓰오(寺沢充夫), 나카자와 노리코(中澤紀子) : 마이너스 이온 요법의 위력, 후미데루(史光軍) 출판, 2002.

8 다가하시 히로(高橋弘憲) : 활동하는 피, 늙은 피, 위험한 피, 아스코보(工房), 2006.

상기 논문은 일본의료복지학회 제1회 전국학술대회(2006년 8월 27일)에서 발표되었습니다.

편저자 소개

일본건축의학협회

일본건축의학협회는 "건축의학·건축요법의 연구·연찬을 도모하고 또한 건축의학·건축요법에 관한 정확한 정보와 이해를 보급·계몽한다."라는 목적의 실현을 지향하여, 뜻을 같이하는 의사·의료관계자·과학자·건축가·건축사·건설회사 등에 종사하는 여러분들과 다방면에 걸친 연구와 그 실천에 몰두하고 있습니다.

건축의학을 활용한 주택 및 오피스텔 건축·의료시설 건설·시가지 조성·도시계획 등이 실현되는 것. 그것이야말로 바로 그곳에 살고 있는 사람이나 활동하고 있는 사람의 심신 상태를 현저하게 개선해줍니다.

건축의학의 비전에 찬동하고 그 연구·보급·계몽에 뜻을 같이하는 여러 분야의 분들과 이 책을 통하여 만날 수 있기를 바라는 바입니다.

역자 소개

이강훈(李康薰)

- 학력
  서울대학교 공과대학 건축학과 학사, 석사, 박사
  펜실베이니아 대학 건축학과 방문학자

- 경력
  설계사무소 아키반
  현 충북대학교 건축학과 교수

- 연구논문 및 작품
  한국건축에 있어서 음양공간의 질서 외
  주택 세안정, D 대학교 마스터플랜, C 대학교 NH관 등 설계
  현재 '살림공간', '한 칸의 미학'이란 주제로 연구와 작품 활동

석종욱(石鍾旭)

- 학력
  서울대학교 인문대학 독어독문학과 졸업
  서울대학교 대학원 경영학과 석사과정 수료
  한국방송통신대학교 중어중문학과 졸업
  한국방송통신대학교 일본학과 졸업
  한국방송통신대학교 불어불문학과 졸업

- 경력
  한국은행 지역본부장 역임
  학예사

환경이 마음을 만들고
마음이 건강을 만드는
건 축 의 학

초 판 인 쇄   2016년 4월 5일
초 판 발 행   2016년 4월 12일

편   저   일본건축의학협회
역   자   이강훈, 석종욱
펴 낸 이   김성배
펴 낸 곳   도서출판 씨아이알

책 임 편 집   박영지, 서보경
디 자 인   백정수, 최은선
제 작 책 임   이현상

등 록 번 호   제2-3285호
등 록 일   2001년 3월 19일
주   소   (04626) 서울특별시 중구 필동로8길 43(예장동 1-151)
전 화 번 호   02-2275-8603(대표)
팩 스 번 호   02-2275-8604
홈 페 이 지   www.circom.co.kr

I S B N   979-11-5610-209-0 93540
정   가   20,000원